버스운전
자격시험
문제지

시대에듀

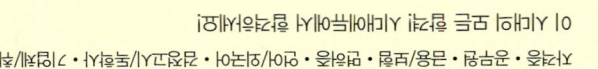

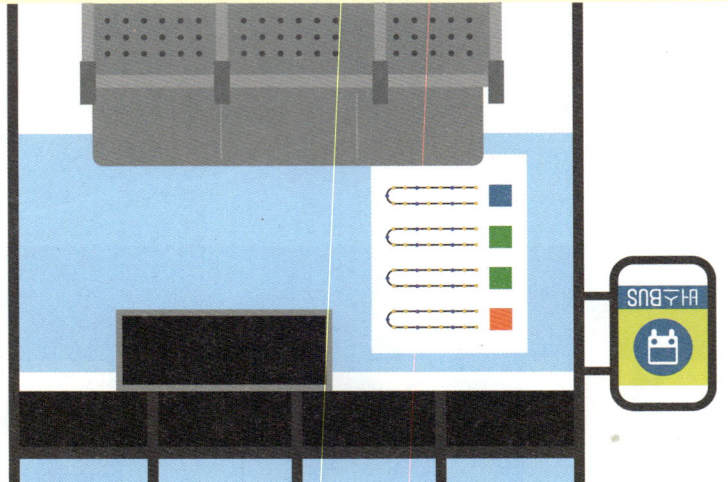

머리말

이 책들 통해 합격의 길(吉)을 잡으시기 바랍니다!!

버스 운전자격 관련 법규 정비와 함께 합격률 높은 여객자동차 운수사업법 개정 및 편리성에 따라 시내버스 · 농어촌버스 · 마을버스 · 시외버스 · 전세버스 등 사업용 자동차 운송사업의 종사자격을 버스운전자격시험에 응시하여 버스운전자격이 필요하게 되었다.

따라서 버스 운전자격을 취득하고자 하는 응시자는 시험에 대한 기본지식 및 총정리를 하여야 한다.

시내버스 · 농어촌버스 · 마을버스 · 시외버스 · 전세버스 공용으로 특수여객자동차 운송사업 등 사업용 버스 운전자격시험에 응시하는 운전자분들에게 도움이 되고자 이 책을 기획하여 출판하였다.

이 책은 출제기준에 따른 핵심요약, 가능경로지, 장애인운전자격시험, 배인교통공단의 자격, 운전직업상식 CBT 모의시험으로 편집 되어 있으며 현장에서 근무하시는 그룹 분야별 전문가들의 수감 책임감과 노력에 힘 입어 이 책은 깊이 있게 기획되어 출판되었다.

이 책은 장차 이 분야의 운전자격 응시자들 총 800문제와 특별야여 시험에 응시 할 시 시험적에 도움이 되고 공부하는 자격시험에 응시 이를 수 있도록 고안하였다.

끝으로 이 책을 통해 많은 기기 운전 운송업자 합격자들이 및 합격하실 수 있기를 바랍니다.

편저자 씀

시험안내 INFORMATION

합격의 공식 Formula of pass | 시대에듀 www.sdedu.co.kr

개 요

여객자동차 운수사업법령이 개정·공포(2012년 2월 1일)됨에 따라 노선 여객자동차 운송사업(시내·농어촌·마을·시외), 전세버스 운송사업 또는 특수여객자동차운송사업의 사업용 버스 운전업무에 종사하려는 운전자는 2012년 8월 2일부터 시행된 버스운전자격제도에 의해 자격시험에 합격 후 버스운전 자격증을 취득하여야 한다.

취득방법

1 시행처 : TS한국교통안전공단(www.kotsa.or.kr)

2 응시조건

㉠ 사업용 자동차를 운전하기에 적합한 제1종 대형 또는 제1종 보통 운전면허를 소지한 사람

㉡ 연령 : 만 20세 이상

㉢ 1종 보통 이상의 운전경력 1년 이상(운전면허 보유기간을 기준으로 하며, 취소 및 정지기간은 제외됨)

㉣ 여객자동차 운수사업법 제24조 제3항의 결격사유에 해당되지 않는 사람

㉤ 버스운전자격이 취소된 날부터 1년이 지나지 아니한 자는 운전자격시험에 응시할 수 없음

3 시험접수 및 시험안내

㉠ 시험과목 및 합격기준

구 분	교통 및 운수 관련 법규 및 교통사고 유형	자동차관리 요령	안전운행 요령	운송서비스
문항수	25문항	15문항	25문항	15문항
시험시간	총 80분			
합격기준	총점 100점 중 60점(총 80문제 중 48문제) 이상 획득 시 합격			

㉡ 시험접수

- 인터넷 접수 : TS국가자격시험 홈페이지(lic.kotsa.or.kr)에서 신청·조회 → 버스운전 → 예약접수 → 원서접수
- 방문 접수 : 전국 19개 시험장 방문

  ※ 현장 방문접수 시에는 응시 인원마감 등으로 시험 접수가 불가할 수도 있으니 가급적 인터넷으로 시험 접수현황을 확인하시고 방문해주시기 바랍니다.

㉢ 시험응시 : 각 지역본부 시험장(시험시작 20분 전까지 입실)

  ※ 상설시험장의 경우, 지역 특성을 고려하여 시험 시행 횟수는 조정 가능(소속별 자율 시행)
  ※ 1회차 09:20~10:40, 2회차 11:00~12:20, 3회차 14:00~15:20, 4회차 16:00~17:20

4 준비물

㉠ 시험접수 : 시험응시 수수료(11,500원), 운전면허증, 6개월 이내 촬영한 3.5 X 4.5cm 컬러사진(미제출자에 한함)

㉡ 자격증 교부 : 자격증 교부 수수료(10,000원이며, 인터넷의 경우 우편료 포함하여 온라인 결제), 운전면허증, 운전경력증명서(전체 기간), 버스운전 자격증 발급신청서(인터넷 신청 시 생략)

5 합격자 발표 : 시험 종료 후 시험 시행 장소에서 합격자 발표

목 차
CONTENTS

PART 01 핵심이론 요약 ········· 03

제1과목 교통안전관리론 및 교통사고조사론
교통교육 / 어린이교통안전 교통관리 / 교통사고 특성 / 운전자적성

●

제2과목 자동차관리 및 안전수칙
자동차의 구조 및 특성 / 자동차관리 / LPG·CNG자동차 안전관리 / 자동차 검사 시 안전수칙 / 자동차검사

●

제3과목 안전운행 및 운행관리
운전자의 자세 및 교통예절 / 운전자 안전운전 요인 / 도로 안전운전 및 운행관리 / 운행관리

●

제4과목 운송서비스(여객공통)
운수종사자의 기본자세 / 운수종사자 준수사항 / 교통사고 및 응급처치 / 운송서비스 실제 / 응급처치법

PART 02 실제예상 시험보기 ········· 47

제1회 ~ 10회 실제예상 시험보기
정답 및 해설

PART 1

버스운전자격시험

핵심이론 요약

제1과목 교통안전법령 및 교통사고유형

제2과목 자동차관리 및 안전수칙

제3과목 안전운행 및 운행관리

제4과목 운송서비스(예절포함)

배우자 자녀사망 공제지

www.sdedu.co.kr

과목 1. 교통안전법령 및 교통사고유형

01 도로교통법의 목적 및 용어의 정의 (도로교통법)

(1) 목적(법 제1조)
도로에서 일어나는 교통상의 모든 위험과 장해를 방지하고 제거하여 안전하고 원활한 교통을 확보하기 위함

(2) 용어의 정의(법 제2조)
① 도로
  ㉠ 도로법에 의한 도로
  ㉡ 유료도로법에 의한 유료도로
  ㉢ 농어촌도로 정비법에 따른 농어촌도로
  ㉣ 그 밖에 현실적으로 불특정 다수의 사람 또는 차마가 통행할 수 있도록 공개된 장소로서 안전하고 원활한 교통을 확보할 필요가 있는 장소
② 자동차전용도로 : 자동차만 다닐 수 있도록 설치된 도로
③ 고속도로 : 자동차의 고속 운행에만 사용하기 위하여 지정된 도로
④ 차도 : 연석선(차도와 보도를 구분하는 돌 등으로 이어진 선), 안전표지 또는 그와 비슷한 인공구조물을 이용하여 경계를 표시하여 모든 차가 통행할 수 있도록 설치된 도로의 부분
⑤ 중앙선 : 차마의 통행 방향을 명확하게 구분하기 위하여 도로에 황색 실선이나 황색 점선 등의 안전표지로 표시한 선 또는 중앙분리대나 울타리 등으로 설치한 시설물. 다만, 가변차로가 설치된 경우에는 신호기가 지시하는 진행방향의 가장 왼쪽에 있는 황색 점선
⑥ 차로 : 차마가 한 줄로 도로의 정하여진 부분을 통행하도록 차선으로 구분한 차도의 부분
⑦ 차선 : 차로와 차로를 구분하기 위하여 그 경계지점을 안전표지로 표시한 선
⑦의2 노면전차 전용로 : 도로에서 궤도를 설치하고, 안전표지 또는 인공구조물로 경계를 표시하여 설치한 도시철도법에 따른 도로 또는 차로
⑧ 자전거도로 : 안전표지, 위험방지용 울타리나 그와 비슷한 인공구조물로 경계를 표시하여 자전거 및 개인형 이동장치가 통행할 수 있도록 설치된 자전거 이용 활성화에 관한 법률에 따른 다음의 도로
  ㉠ 자전거 전용도로 : 자전거와 개인형 이동장치(이하 "자전거 등"이라 한다)만 통행할 수 있도록 분리대, 경계석, 그 밖에 이와 유사한 시설물에 의하여 차도 및 보도와 구분하여 설치한 자전거도로
  ㉡ 자전거·보행자 겸용도로 : 자전거 등 외에 보행자도 통행할 수 있도록 분리대, 경계석, 그 밖에 이와 유사한 시설물에 의하여 차도와 구분하거나 별도로 설치한 자전거도로
  ㉢ 자전거 전용차로 : 차도의 일정 부분을 자전거 등만 통행하도록 차선 및 안전표지나 노면표시로 다른 차가 통행하는 차로와 구분한 차로
  ㉣ 자전거 우선도로 : 자동차의 일일 통행량이 2천대 미만인 도로의 일부 구간 및 차로를 정하여 자전거 등과 다른 차가 상호 안전하게 통행할 수 있도록 도로에 노면표시로 설치한 자전거도로
⑨ 자전거횡단도 : 자전거 및 개인형 이동장치가 일반도로를 횡단할 수 있도록 안전표지로 표시한 도로의 부분
⑩ 보도 : 연석선, 안전표지나 그와 비슷한 인공구조물로 경계를 표시하여 보행자(유모차, 보행보조용 의자차, 노약자용 보행기 등 행정안전부령으로 정하는 기구·장치를 이용하여 통행하는 사람 및 ㉑의3에 따른 실외이동로봇을 포함)가 통행할 수 있도록 한 도로의 부분
⑪ 길가장자리구역 : 보도와 차도가 구분되지 아니한 도로에서 보행자의 안전을 확보하기 위하여 안전표지 등으로 경계를 표시한 도로의 가장자리 부분
⑫ 횡단보도 : 보행자가 도로를 횡단할 수 있도록 안전표지로 표시한 도로의 부분
⑬ 교차로 : '십'자로, 'T'자로나 그 밖에 둘 이상의 도로(보도와 차도가 구분되어 있는 도로에서는 차도)가 교차하는 부분
⑬의2 회전교차로 : 교차로 중 차마가 원형의 교통섬(차마의 안전하고 원활한 교통처리나 보행자 도로횡단의 안전을 확보하기 위하여 교차로 또는 차도의 분기점 등에 설치하는 섬 모양의 시설을 말함)을 중심으로 반시계방향으로 통행하도록 한 원형의 도로를 말한다.
⑭ 안전지대 : 도로를 횡단하는 보행자나 통행하는 차마의 안전을 위하여 안전표지나 이와 비슷한 인공구조물로 표시한 도로의 부분
⑮ 신호기 : 도로교통에서 문자·기호 또는 등화를 사용하여 진행·정지·방향전환·주의 등의 신호를 표시하기 위하여 사람이나 전기의 힘으로 조작하는 장치
⑯ 안전표지 : 교통안전에 필요한 주의·규제·지시 등을 표시하는 표지판이나 도로의 바닥에 표시하는 기호·문자 또는 선 등
⑰ 차마(車馬) : 다음의 차와 우마
  ㉠ 차 : 자동차, 건설기계, 원동기장치자전거, 자전거, 사람 또는 가축의 힘이나 그 밖의 동력으로 도로에서 운전되는 것. 다만, 철길이나 가설된 선을 이용하여 운전되는 것, 유모차, 보행보조용 의자차, 노약자용 보행기, ㉑의3에 따른 실외이동로봇 등 행정안전부령으로 정하는 기구·장치는 제외
  ㉡ 우마 : 교통이나 운수에 사용되는 가축
⑰의2 노면전차 : 도시철도법에 따른 노면전차로서 도로에서 궤도를 이용하여 운행되는 차
⑱ 자동차 : 철길이나 가설된 선을 이용하지 아니하고 원동기를 사용하여 운전되는 차(견인되는 자동차도 자동차의 일부로 봄)로서 다음의 차
  ㉠ 자동차관리법에 따른 승용자동차, 승합자동차, 화물자동차, 특수자동차, 이륜자동차(다만, 원동기장치자전거는 제외)
  ㉡ 건설기계관리법에 따른 덤프트럭, 아스팔트살포기, 노상안정기, 콘크리트믹스트럭, 콘크리트펌프, 천공기(트럭적재식), 도로보수트럭, 노면파쇄기, 노면측정장비, 콘크리트믹서트레일러, 아스팔트콘크리트재생기, 수목이식기, 터널용고소작업차, 트럭지게차

PART 1 핵심이론 요약

제1장 교통안전법 및 교통사고조사

용어정의

⑱의2 자동차운전학원 : 자동차운전에 관한 지식·기능을 교습하거나 또는 그 교습을 위한 시설을 갖추어 놓은 곳을 말하며, 자동차운전전문학원과 자동차운전일반학원으로 세분할 수 있다.

⑱의3 자동차운전전문학원 : 자동차운전학원 중 자동차운전면허에 관한 자동차운전 교육을 전문적으로 실시하는 교습과정을 두고 자동차운전면허시험의 면제를 받을 수 있는 학원을 말한다.

⑲ 원동기장치자전거 : 다음의 어느 하나에 해당하는 차를 말한다.
㉠ 자동차관리법 제3조에 따른 이륜자동차 가운데 배기량 125cc 이하(전기를 동력으로 하는 경우에는 최고정격출력 11kW 이하)의 이륜자동차
㉡ 그밖에 배기량 125cc 이하(전기를 동력으로 하는 경우에는 최고정격출력 11kW 이하)의 원동기를 단 차(자전거 이용 활성화에 관한 법률 제2조 제1호의2에 따른 전기자전거는 제외한다)

⑲의1 개인형 이동장치 : ⑲의 ㉠ 원동기장치자전거 중 시속 25km/h 이상으로 운행할 경우 전동기가 작동하지 아니하고 차체 중량이 30kg 미만인 것으로서 행정안전부령으로 정하는 것

⑳ 자전거 : 자전거 이용 활성화에 관한 법률 제2조 제1호 및 제1호의2에 따른 자전거 및 전기자전거

㉑ 자동차 등 : 자동차와 원동기장치자전거

㉒ 자전거 등 : 자전거와 개인형 이동장치

㉒의2 긴급자동차 : 다음의 자동차로서 그 본래의 긴급한 용도로 사용되고 있는 자동차
㉠ 소방차
㉡ 구급차
㉢ 혈액 공급차량
㉣ 그 밖에 대통령령으로 정하는 자동차

• 경찰용 자동차 중 범죄수사, 교통단속, 그 밖의 긴급한 경찰업무수행에 사용되는 자동차
• 국군 및 주한 국제연합군용 자동차 중 군 내부의 질서 유지나 부대의 질서 있는 이동을 유도하는데 사용되는 자동차
• 수사기관의 자동차 중 범죄수사를 위하여 사용되는 자동차
• 교도소·소년원 또는 보호관찰소의 자동차 중 도주자의 체포 또는 수용자, 보호관찰 대상자의 호송·경비를 위하여 사용되는 자동차
• 국내외 요인에 대한 경호업무 수행에 공무로 사용되는 자동차
• 전기사업, 가스사업, 그 밖의 공익사업을 하는 기관에서 위험 방지를 위한 응급작업에 사용되는 자동차
• 민방위업무를 수행하는 기관에서 긴급예방 또는 복구를 위한 출동에 사용되는 자동차
• 도로관리를 위하여 사용되는 자동차 중 도로상의 위험을 방지하기 위한 응급작업에 사용되거나 운행이 제한되는 자동차를 단속하기 위하여 사용되는 자동차
• 전신·전화의 수리공사 등 응급작업에 사용되는 자동차
• 긴급한 우편물의 운송에 사용되는 자동차
• 전파감시업무에 사용되는 자동차
㉠ 그 본래의 긴급한 용도로 운행되고 있는 자동차
㉡ 경찰용의 긴급자동차에 의하여 유도되고 있는 자동차
• 국군 및 주한 국제연합군용의 긴급자동차에 의하여 유도되고 있는 국군 및 주한 국제연합군의 자동차
• 생명이 위급한 환자 또는 부상자나 수혈을 위한 혈액을 운송 중인 자동차

㉓ 어린이통학버스 : 다음의 시설 중 어린이(13세 미만인 사람)를 교육대상으로 하는 시설에서 어린이의 통학 등(현장체험학습 등 비상시적으로 이루어지는 교육활동을 위한 이동을 제외한다)에 이용되는 자동차와 여객자동차운수사업법에 의한 여객자동차운송사업의 한정면허를 받아 어린이를 여객대상으로 하여 운행되는 운송사업용 자동차를 말한다.

㉠ 유아교육법에 따른 유치원
㉡ 초·중등교육법에 따른 초등학교, 특수학교, 대안학교 및 외국인학교
㉢ 영유아보육법에 따른 어린이집
㉣ 학원의 설립·운영 및 과외교습에 관한 법률에 따른 학원
㉤ 체육시설의 설치·이용에 관한 법률에 따른 체육시설
㉥ 아동복지법에 따른 아동복지시설(아동보호전문기관은 제외)
㉦ 청소년활동진흥법에 따른 청소년수련시설
㉧ 장애인복지법에 따른 장애인복지시설(장애인 직업재활시설은 제외)
㉨ 도서관법에 따른 공공도서관
㉩ 평생교육법에 따른 시·도평생교육진흥원 및 시·군·구평생학습관
㉪ 사회복지사업법에 따른 사회복지시설 및 사회복지관

㉔ 주차 : 운전자가 승객을 기다리거나 화물을 싣거나 차가 고장 나거나 그 밖의 사유로 차를 계속 정지 상태에 두는 것 또는 운전자가 차에서 떠나서 즉시 그 차를 운전할 수 없는 상태에 두는 것

㉕ 정차 : 운전자가 5분을 초과하지 아니하고 차를 정지시키는 것으로서 주차 외의 정지 상태

㉖ 운전 : 도로(㉗ 주취운전, ㉘ 과로운전, ㉙ 사고발생 시의 조치 및 ㉚ 자동차이용 범죄 등에 대해서는 도로 외의 곳을 포함)에서 차마 또는 노면전차를 그 본래의 사용방법에 따라 사용하는 것(조종 또는 자율주행시스템을 사용하는 것을 포함)

㉗ 초보운전자 : 처음 운전면허를 받은 날(2년이 지나기 전에 운전면허의 취소처분을 받은 경우에는 그 후 다시 운전면허를 받은 날을 말함)부터 2년이 지나지 아니한 사람. 이 경우 원동기장치자전거 면허만 받은 사람이 원동기장치자전거 면허 외의 운전면허를 받은 경우에는 처음 운전면허를 받은 것으로 본다.

㉘ 서행(徐行) : 운전자가 차 또는 노면전차를 즉시 정지시킬 수 있는 정도의 느린 속도로 진행하는 것을 말한다.

㉙ 앞지르기 : 차의 운전자가 앞서가는 다른 차의 옆을 지나서 그 차의 앞으로 나가는 것

㉚ 일시정지 : 차 또는 노면전차의 운전자가 그 차 또는 노면전차의 바퀴를 일시적으로 완전히 정지시키는 것

㉛ 보행자전용도로 : 보행자만이 다닐 수 있도록 안전표지나 그와 비슷한 인공구조물로 표시한 도로

㉜ 자동차운전학원 : 자동차운전에 관한 지식·기능을 교습하는 시설 중 다음의 것 이외의 시설

㉠ 교육관계법령에 따른 학교에서 당해 학교의 교육목적을 위하여 설치되고 운영되는 시설

㉡ 사업장 등의 시설로서 소속직원의 연수를 위한 시설

ⓔ 지방자치단체 등이 신체장애인의 운전교육을 위하여 설치하는 시설 가운데 시·도경찰청장이 인정하는 시설
ⓜ 대가(代價)를 받지 아니하고 운전교육을 하는 시설
ⓗ 운전면허를 받은 사람을 대상으로 다양한 운전경험을 체험할 수 있도록 하기 위하여 도로가 아닌 장소에서 운전교육을 하는 시설

㉝ 모범운전자 : 무사고운전자 또는 유공운전자의 표시장을 받거나 2년 이상 사업용 자동차 운전에 종사하면서 교통사고를 일으킨 전력이 없는 사람으로서 경찰청장이 정하는 바에 따라 선발되어 교통안전 봉사활동에 종사하는 사람

㉞ 음주운전 방지장치 : 술에 취한 상태에서 자동차등을 운전하려는 경우 시동이 걸리지 아니하도록 하는 것으로서 행정안전부령으로 정하는 것

02 차로에 따른 통행차의 기준(도로교통법 시행규칙 [별표 9])

도 로	차로구분	통행할 수 있는 차종
고속도로 외의 도로	왼쪽 차로	승용자동차 및 경형·소형·중형 승합자동차
	오른쪽 차로	대형승합자동차, 화물자동차, 특수자동차, 도로교통법에 따른 건설기계, 이륜자동차, 원동기장치자전거(개인형 이동장치는 제외)
고속도로	편도 2차로	1차로	앞지르기를 하려는 모든 자동차. 다만, 차량통행량 증가 등 도로상황으로 인하여 부득이하게 80km/h 미만으로 통행할 수밖에 없는 경우에는 앞지르기를 하는 경우가 아니라도 통행할 수 있다.
		2차로	모든 자동차
	편도 3차로 이상	1차로	앞지르기를 하려는 승용자동차 및 앞지르기를 하려는 경형·소형·중형 승합자동차. 다만, 차량통행량 증가 등 도로상황으로 인하여 부득이하게 80km/h 미만으로 통행할 수밖에 없는 경우에는 앞지르기를 하는 경우가 아니라도 통행할 수 있다.
		왼쪽 차로	승용자동차 및 경형·소형·중형 승합자동차
		오른쪽 차로	대형승합자동차, 화물자동차, 특수자동차, 도로교통법에 따른 건설기계

(비 고)

① 위 표에서 사용하는 용어의 뜻은 다음과 같다.
　㉠ "왼쪽 차로"란 다음에 해당하는 차로를 말한다.
　　• 고속도로 외의 도로의 경우 : 차로를 반으로 나누어 1차로에 가까운 부분의 차로. 다만, 차로수가 홀수인 경우 가운데 차로는 제외
　　• 고속도로의 경우 : 1차로를 제외한 차로를 반으로 나누어 그중 1차로에 가까운 부분의 차로. 다만, 1차로를 제외한 차로의 수가 홀수인 경우 그중 가운데 차로는 제외
　㉡ "오른쪽 차로"란 다음에 해당하는 차로를 말한다.
　　• 고속도로 외의 도로의 경우 : 왼쪽 차로를 제외한 나머지 차로
　　• 고속도로의 경우 : 1차로와 왼쪽 차로를 제외한 나머지 차로
② 모든 차는 위 표에서 지정된 차로보다 오른쪽에 있는 차로로 통행할 수 있다.
③ 앞지르기를 할 때에는 위 표에서 지정된 차로의 왼쪽 바로 옆 차로로 통행할 수 있다.
④ 도로의 진출입 부분에서 진출입하는 때와 정차 또는 주차한 후 출발하는 때의 상당한 거리 동안은 이 표에서 정하는 기준에 따르지 아니할 수 있다.
⑤ 이 표 중 승합자동차의 차종 구분은 자동차관리법 시행규칙 [별표 1]에 따른다.
⑥ 다음의 차마는 도로의 가장 오른쪽에 있는 차로로 통행하여야 한다.
　㉠ 자전거 등
　㉡ 우 마
　㉢ 도로교통법에 따른 건설기계 이외의 건설기계
　㉣ 다음의 위험물 등을 운반하는 자동차
　　• 위험물안전관리법에 따른 지정수량 이상의 위험물
　　• 총포·도검·화약류 등의 안전관리에 관한 법률에 따른 화약류
　　• 화학물질관리법에 따른 유독물질
　　• 폐기물관리법에 따른 지정폐기물과 의료폐기물
　　• 고압가스 안전관리법 및 시행령에 따른 고압가스
　　• 액화석유가스의 안전관리 및 사업법에 따른 액화석유가스
　　• 원자력안전법에 따른 방사성물질 또는 그에 따라 오염된 물질
　　• 산업안전보건법 및 시행령에 따른 제조 등이 금지되는 유해물질과 허가 대상 유해물질
　　• 농약관리법에 따른 원제
　㉤ 그 밖에 사람 또는 가축의 힘이나 그 밖의 동력으로 도로에서 운행되는 것
⑦ 좌회전 차로가 2차로 이상 설치된 교차로에서 좌회전하려는 차는 그 설치된 좌회전 차로 내에서 위 표 중 고속도로 외의 도로에서의 차로 구분에 따라 좌회전하여야 한다.

03 전용차로의 종류와 전용차로로 통행할 수 있는 차(도로교통법 시행령 [별표 1])

전용차로 종류	통행할 수 있는 차	
	고속도로	고속도로 외의 도로
버스 전용차로	9인승 이상 승용자동차 및 승합자동차(승용자동차 또는 12인승 이하의 승합자동차는 6명 이상이 승차한 경우로 한정)	1. 36인승 이상의 대형승합자동차 2. 36인승 미만의 사업용 승합자동차 3. 증명서를 발급받아 어린이를 운송할 목적으로 운행 중인 어린이통학버스 4. 대중교통수단으로 이용하기 위한 자율주행자동차로서 자동차관리법에 따라 시험·연구 목적으로 운행하기 위하여 국토교통부장관의 임시운행허가를 받은 자율주행자동차 5. 1.에서 4. 외의 차로서 도로에서의 원활한 통행을 위하여 시·도경찰청장이 지정한 다음의 어느 하나에 해당하는 승합자동차 　가. 노선을 지정하여 운행하는 통학·통근용 승합자동차 중 16인승 이상 승합자동차 　나. 국제행사 참가인원 수송 등 특히 필요하다고 인정되는 승합자동차(시·도경찰청장이 정한 기간 이내에 한한다) 　다. 관광숙박업자 또는 전세버스운송사업자가 운행하는 25인승 이상의 외국인 관광객 수송용 승합자동차(외국인 관광객이 승차한 경우에 한한다)
다인승 전용차로	3인 이상 승차한 승용·승합자동차(다인승전용차로와 버스전용차로가 동시에 설치되는 경우에는 버스전용차로를 통행할 수 있는 차는 제외한다)	
자전거 전용차로	자전거 등	

04 긴급자동차 특례와 이의 준용자동차로 통행할 수 있는 경우 (도로교통법 시행령 제2조)

① 긴급자동차가 그 본래의 긴급용도로 운행되고 있는 경우
② 긴급자동차를 유도하기 위해 유도하고 있는 경우로 수사차량이 경호업무 수행에 소요되는 차량 등 부득이한 경우에는 경광등을 켜거나 사이렌을 작동하여야 한다.
③ 국민의 생명, 신체, 그 밖에 부득이한 경우에 긴급용도로 사용되는 경우에 한정 통행할 수 있는 경우

05 안전표지의 종류 (도로교통법 시행규칙 제8조)

① 주의표지 : 도로상태가 위험하거나 도로 또는 그 부근에 위험물이 있는 경우에 필요한 안전조치를 할 수 있도록 이를 도로사용자에게 알리는 표지
② 규제표지 : 도로교통의 안전을 위하여 각종 제한 · 금지 등의 규제를 하는 경우에 이를 도로사용자에게 알리는 표지
③ 지시표지 : 도로의 통행방법 · 통행구분 등 도로교통의 안전을 위하여 필요한 지시를 하는 경우에 도로사용자가 이를 따르도록 알리는 표지
④ 보조표지 : 주의표지 · 규제표지 또는 지시표지의 주기능을 보충하여 도로사용자에게 알리는 표지
⑤ 노면표시 : 도로교통의 안전을 위하여 각종 주의 · 규제 · 지시 등의 내용을 노면에 기호 · 문자 또는 선으로 도로사용자에게 알리는 표지

06 자동차 등과 노면전차의 도로통행속도 (도로교통법 시행규칙 제19조)

(1) 도로별 · 차로수별 속도 (제1항)

도로 구분		최고속도	최저속도
일반 도로	주거 · 상업 및 공업지역 안의 일반 도로	• 50km/h • 시 · 도경찰청장이 원활한 소통을 위해 필요한 경우 60km/h	제한 없음
	이외의 일반 도로	80km/h	
		60km/h	
자동차전용도로		• 100km/h • 80km/h(적재중량 1.5t 초과 화물자동차, 위험물운반자동차, 건설기계)	50km/h
고속 도로	편도 2차로 이상	• 120km/h • 90km/h(적재중량 1.5t 초과 화물자동차, 위험물운반자동차, 건설기계)	50km/h
	편도 1차로	80km/h	50km/h
	자동차전용도로	90km/h	30km/h

07 앞지르기 방법 (도로교통법)

(1) 앞지르기 방법(법 제21조)

① 모든 차의 운전자는 다른 차를 앞지르려면 앞차의 좌측으로 통행하여야 한다.
② 자전거 등의 운전자는 서행하거나 정지한 다른 차를 앞지르려면 앞차의 우측으로 통행할 수 있다. 이 경우 자전거 등의 운전자는 정지한 차에서 승차하거나 하차하는 사람의 안전에 유의하여 서행하거나 필요한 경우 일시정지해야 한다.
③ 위 ①과 ②의 경우 앞지르려고 하는 모든 차의 운전자는 반대방향의 교통과 앞차 앞쪽의 교통에도 주의를 충분히 기울여야 하며, 앞차의 속도 · 진로와 그 밖의 도로상황에 따라 방향지시기 · 등화 또는 경음기(警音器)를 사용하는 등 안전한 속도와 방법으로 앞지르기를 하여야 한다.

(2) 앞지르기 금지(법 제22조)

① 앞지르기 금지 시기(제1 · 2항)
ⓛ 앞차의 좌측에 다른 차가 앞차와 나란히 가고 있는 경우
ⓒ 앞차가 다른 차를 앞지르고 있거나 앞지르려고 하는 경우
ⓒ 도로교통법이나 이 법에 따른 명령에 따라 정지하거나 서행하고 있는 차
② 경찰공무원의 지시에 따라 정지하거나 서행하고 있는 차
ⓜ 위험을 방지하기 위하여 정지하거나 서행하고 있는 차
② 앞지르기 금지 장소(법 제22조)
ⓛ 교차로, 터널 안, 다리 위
ⓒ 도로의 구부러진 곳, 비탈길의 고갯마루 부근 또는 가파른 비탈길의 내리막 등 시 · 도경찰청장이 도로에서의 위험을 방지하고 교통의 안전과 원활한 소통을 확보하기 위하여 필요하다고 인정하는 곳으로서 안전표지로 지정한 곳

(2) 비 · 안개 · 눈 등으로 인한 거친 날씨의 감속운행속도 (제2항)

이상기후 상태	운행 속도
• 비가 내려 노면이 젖어 있는 경우 • 눈이 20mm 미만 쌓인 경우	최고속도의 20/100을 줄인 속도
• 폭우, 폭설, 안개 등으로 가시거리가 100m 이내인 경우 • 노면이 얼어붙은 경우 • 눈이 20mm 이상 쌓인 경우	최고속도의 50/100을 줄인 속도

※ 경찰청장 또는 시 · 도경찰청장이 가변형 속도제한표지로 최고속도를 정한 경우에는 이에 따라야 하며, 가변형 속도제한표지로 정한 최고속도와 그 밖의 안전표지로 정한 최고속도가 다를 때에는 가변형 속도제한표지에 따라야 한다.

08 교차로 통행방법 (도로교통법 제25조)

① 모든 차의 운전자는 교차로에서 우회전을 하려는 경우에는 미리 도로의 우측 가장자리를 서행하면서 우회전하여야 한다. 이 경우 우회전하는 차의 운전자는 신호에 따라 정지하거나 진행하는 보행자 또는 자전거 등에 주의하여야 한다.
② 모든 차의 운전자는 교차로에서 좌회전을 하려는 경우에는 미리 도로의 중앙선을 따라 서행하면서 교차로의 중심 안쪽을 이용하여 좌회전하여야 한다. 다만, 시·도경찰청장이 교차로의 상황에 따라 특히 필요하다고 인정하여 지정한 곳에서는 교차로의 중심 바깥쪽을 통과할 수 있다.
③ ②에도 불구하고 자전거 등의 운전자는 교차로에서 좌회전하려는 경우에는 미리 도로의 우측 가장자리로 붙어 서행하면서 교차로의 가장자리 부분을 이용하여 좌회전하여야 한다.
④ ①부터 ③까지의 규정에 따라 우회전이나 좌회전을 하기 위하여 손이나 방향지시기 또는 등화로써 신호를 하는 차가 있는 경우에 그 뒤차의 운전자는 신호를 한 앞차의 진행을 방해하여서는 아니 된다.
⑤ 모든 차 또는 노면전차의 운전자는 신호기로 교통정리를 하고 있는 교차로에 들어가려는 경우에는 진행하려는 진로의 앞쪽에 있는 차 또는 노면전차의 상황에 따라 교차로(정지선이 설치되어 있는 경우에는 그 정지선을 넘은 부분)에 정지하게 되어 다른 차 또는 노면전차의 통행에 방해가 될 우려가 있는 경우에는 그 교차로에 들어가서는 아니 된다.
⑥ 모든 차의 운전자는 교통정리를 하고 있지 아니하고 일시정지나 양보를 표시하는 안전표지가 설치되어 있는 교차로에 들어가려고 할 때에는 다른 차의 진행을 방해하지 아니하도록 일시정지하거나 양보하여야 한다.

09 긴급자동차의 우선 통행 (도로교통법 제29조)

① 긴급자동차는 긴급하고 부득이한 경우에는 도로의 중앙이나 좌측 부분을 통행할 수 있다.
② 긴급자동차는 도로교통법이나 동법에 따른 명령에 따라 정지하여야 하는 경우에도 불구하고 긴급하고 부득이한 경우에는 정지하지 아니할 수 있다.
③ 긴급자동차의 운전자는 ①이나 ②의 경우에 교통안전에 특히 주의하면서 통행하여야 한다.
④ 교차로나 그 부근에서 긴급자동차가 접근하는 경우에는 차마와 노면전차의 운전자는 교차로를 피하여 일시정지하여야 한다.
⑤ 모든 차와 노면전차의 운전자는 ④에 따른 곳 외의 곳에서 긴급자동차가 접근한 경우에는 긴급자동차가 우선통행할 수 있도록 진로를 양보하여야 한다.
⑥ 긴급자동차(제2조 제22호)의 자동차 운전자는 해당 자동차를 그 본래의 긴급한 용도로 운행하지 아니하는 경우에는 자동차관리법에 따라 설치된 경광등을 켜거나 사이렌을 작동하여서는 아니 된다. 다만, 대통령령으로 정하는 바에 따라 범죄 및 화재 예방 등을 위한 순찰·훈련 등을 실시하는 경우에는 그러하지 아니하다.

10 긴급자동차에 대한 특례 (도로교통법 제30조)

긴급자동차에 대하여는 다음의 사항을 적용하지 아니한다. 다만, ④부터 ⑫까지의 사항은 긴급자동차 중 제2조 제22호 가목부터 다목까지의 자동차와 대통령령으로 정하는 경찰용 자동차에 대해서만 적용하지 아니한다.

① 제17조에 따른 자동차 등의 속도 제한(단, 제17조에 따라 긴급자동차에 대하여 속도를 제한한 경우에는 같은 조의 규정을 적용)
② 제22조에 따른 앞지르기의 금지
③ 제23조에 따른 끼어들기의 금지
④ 제5조에 따른 신호위반
⑤ 제13조 제1항에 따른 보도침범
⑥ 제13조 제3항에 따른 중앙선 침범
⑦ 제18조에 따른 횡단 등의 금지
⑧ 제19조에 따른 안전거리 확보 등
⑨ 제21조 제1항에 따른 앞지르기 방법 등
⑩ 제32조에 따른 정차 및 주차의 금지
⑪ 제33조에 따른 주차금지
⑫ 제66조에 따른 고장 등의 조치

11 서행 또는 일시정지할 장소 (도로교통법 제31조)

① 서행 장소
  ㉠ 교통정리를 하고 있지 아니하는 교차로
  ㉡ 도로가 구부러진 부근
  ㉢ 비탈길의 고갯마루 부근
  ㉣ 가파른 비탈길의 내리막
  ㉤ 시·도경찰청장이 도로에서의 위험을 방지하고 교통의 안전과 원활한 소통을 확보하기 위하여 필요하다고 인정하여 안전표지로 지정한 곳
② 일시정지 장소
  ㉠ 교통정리를 하고 있지 아니하고 좌우를 확인할 수 없거나 교통이 빈번한 교차로
  ㉡ 시·도경찰청장이 도로에서의 위험을 방지하고 교통의 안전과 원활한 소통을 확보하기 위하여 필요하다고 인정하여 안전표지로 지정한 곳

12 주차 및 정차 (도로교통법)

(1) 정차 및 주차의 방법 등 (영 제11조)

① 차의 운전자가 지켜야 하는 정차 또는 주차의 방법 및 시간은 다음 각 호와 같다.

㉠ 모든 차의 운전자는 도로에서 정차할 때에는 차도의 오른쪽 가장자리에 정차할 것. 다만, 차도와 보도의 구별이 없는 도로의 경우에는 도로의 오른쪽 가장자리로부터 중앙으로 50cm 이상의 거리를 둘 것

㉡ 여객자동차의 운전자는 승객을 태우거나 내려주기 위하여 정류소 또는 이에 준하는 장소에서 정차하였을 때에는 승객이 타거나 내린 즉시 출발하여야 하며 뒤따르는 다른 차의 정차를 방해하지 아니할 것

㉢ 모든 차의 운전자는 도로에서 주차할 때에는 시·도경찰청장이 정하는 주차의 장소·시간 및 방법에 따를 것

② 자동차의 운전자는 ①에 따라 그 차에서 떠나 있는 경우 차가 빠져나올 수 있는 공간을 확보하는 등 다른 차의 통행에 방해가 되지 아니하도록 필요한 조치를 하여야 한다.

㉠ 고장으로 인하여 부득이하게 주차하는 경우
  - 자동차의 주차제동장치를 작동한 후에 다음 어느 하나에 해당하는 조치를 취할 것
  - 경사의 내리막 방향으로 바퀴에 고임목, 고임돌, 그 밖에 고무, 플라스틱 등 자동차의 미끄럼 사고를 방지할 수 있는 것을 설치할 것
  - 조향장치(操向裝置)를 도로의 가장자리(자동차에서 가까운 쪽을 말한다) 방향으로 돌려놓을 것
  - 그 밖에 ㉠ 또는 ㉡에 준하는 방법으로 미끄럼 사고의 발생 방지를 위한 조치를 취할 것

(2) 정차 및 주차의 금지 (법 제32조)

모든 차의 운전자는 다음 각 호의 어느 하나에 해당하는 곳에서는 차를 정차하거나 주차하여서는 아니 된다. 다만, 이 법이나 이 법에 따른 명령 또는 경찰공무원의 지시를 따르는 경우와 위험방지를 위하여 일시정지하는 경우에는 그러하지 아니하다.

① 교차로·횡단보도·건널목이나 보도와 차도가 구분된 도로의 보도(주차장법에 따라 차도와 보도에 걸쳐서 설치된 노상주차장은 제외한다)
② 교차로의 가장자리나 도로의 모퉁이로부터 5미터 이내인 곳
③ 안전지대가 설치된 도로에서는 그 안전지대의 사방으로부터 각각 10미터 이내인 곳
④ 버스여객자동차의 정류지(停留地)임을 표시하는 기둥이나 표지판 또는 선이 설치된 곳으로부터 10미터 이내인 곳. 다만, 버스여객자동차의 운전자가 그 버스여객자동차의 운행시간 중에 운행노선에 따르는 정류장에서 승객을 태우거나 내리기 위하여 차를 정차하거나 주차하는 경우에는 그러하지 아니하다.
⑤ 건널목의 가장자리 또는 횡단보도로부터 10미터 이내인 곳
⑥ 다음의 곳으로부터 5미터 이내인 곳
  ㉠ 「소방기본법」 제10조에 따른 소방용수시설 또는 비상소화장치가 설치된 곳
  ㉡ 「소방시설 설치 및 관리에 관한 법률」에 따른 소방시설로서 대통령령으로 정하는 시설이 설치된 곳
⑦ 시·도경찰청장이 도로에서의 위험을 방지하고 교통의 안전과 원활한 소통을 확보하기 위하여 필요하다고 인정하여 지정한 곳
⑧ 시장 등이 지정한 어린이 보호구역

(3) 주차금지의 장소 (법 제33조)

① 터널 안 및 다리 위
② 다음의 곳으로부터 5미터 이내인 곳 그 도로공사의 양쪽 가장자리
③ 다중이용업소의 영업장이 속한 건축물로 소방본부장의 요청에 의하여 시·도경찰청장이 지정한 곳
④ 시·도경찰청장이 도로에서의 위험을 방지하고 교통의 안전과 원활한 소통을 확보하기 위하여 필요하다고 인정하여 지정한 곳

13 운전면허(도로교통법)

(1) 운전할 수 있는 차의 종류(규칙 [별표 18])

운전면허		운전할 수 있는 차량
종별	구분	

제1종	대형면허	• 승용자동차
		• 승합자동차
		• 화물자동차
		• 건설기계
		  - 덤프트럭, 아스팔트살포기, 노상안정기
		  - 콘크리트믹서트럭, 콘크리트펌프, 천공기(트럭적재식)
		  - 콘크리트믹서트레일러, 아스팔트콘크리트재생기
		  - 도로보수트럭, 3t 미만의 지게차, 트럭지게차
		• 특수자동차[대형견인차, 소형견인차 및 구난차(이하 "구난차 등"이라 한다)는 제외]
		• 원동기장치자전거

제1종	보통면허	• 승용자동차 • 승차정원 15명 이하의 승합자동차 • 적재중량 12t 미만의 화물자동차 • 건설기계(도로를 운행하는 3t 미만의 지게차에 한정) • 총중량 10t 미만의 특수자동차(구난차 등은 제외) • 원동기장치자전거
제1종	소형면허	• 3륜화물자동차 • 3륜승용자동차 • 원동기장치자전거
제1종	특수면허 - 대형견인차	• 견인형 특수자동차 • 제2종 보통면허로 운전할 수 있는 차량
제1종	특수면허 - 소형견인차	• 총중량 3.5t 이하의 견인형 특수자동차 • 제2종 보통면허로 운전할 수 있는 차량
제1종	특수면허 - 구난차	• 구난형 특수자동차 • 제2종 보통면허로 운전할 수 있는 차량
제2종	보통면허	• 승용자동차 • 승차정원 10인 이하의 승합자동차 • 적재중량 4t 이하의 화물자동차 • 총중량 3.5t 이하의 특수자동차(구난차 등은 제외) • 원동기장치자전거
제2종	소형면허	• 이륜자동차(운반차를 포함) • 원동기장치자전거
제2종	원동기장치자전거면허	원동기장치자전거
연습면허	제1종 보통	• 승용자동차 • 승차정원 15명 이하의 승합자동차 • 적재중량 12t 미만의 화물자동차
연습면허	제2종 보통	• 승용자동차 • 승차정원 10명 이하의 승합자동차 • 적재중량 4t 이하의 화물자동차

(2) 결격사유(법 제82조 제1항)

① 18세 미만(원동기장치자전거의 경우에는 16세 미만)인 사람
② 교통상의 위험과 장해를 일으킬 수 있는 정신질환자 또는 뇌전증 환자로서 대통령령으로 정하는 사람
③ 듣지 못하는 사람(제1종 운전면허 중 대형면허·특수면허만 해당), 앞을 보지 못하는 사람(한쪽 눈만 보지 못하는 사람의 경우에는 제1종 운전면허 중 대형면허·특수면허만 해당)이나 그 밖에 대통령령으로 정하는 신체장애인
④ 양쪽 팔의 팔꿈치관절 이상을 잃은 사람이나 양쪽 팔을 전혀 쓸 수 없는 사람. 다만, 본인의 신체장애 정도에 적합하게 제작된 자동차를 이용하여 정상적인 운전을 할 수 있는 경우에는 그러하지 아니하다.
⑤ 교통상의 위험과 장해를 일으킬 수 있는 마약·대마·향정신성의약품 또는 알코올 중독자로서 대통령령으로 정하는 사람
⑥ 제1종 대형면허 또는 제1종 특수면허를 받으려는 경우로서 19세 미만이거나 자동차(이륜자동차는 제외)의 운전경험이 1년 미만인 사람
⑦ 대한민국의 국적을 가지지 아니한 사람 중 외국인등록을 하지 아니한 사람(외국인등록이 면제된 사람은 제외)이나 국내거소신고를 하지 아니한 사람

(3) 운전면허 행정처분기준의 감경(규칙 [별표 28])

① 감경사유

㉠ 음주운전으로 운전면허 취소처분 또는 정지처분을 받은 경우 운전이 가족의 생계를 유지할 중요한 수단이 되거나, 모범운전자로 처분 당시 3년 이상 교통봉사활동에 종사하고 있거나, 교통사고를 일으키고 도주한 운전자를 검거하여 경찰서장 이상의 표창을 받은 사람으로서 다음의 어느 하나에 해당되는 경우가 없어야 한다.
  • 혈중알코올농도가 0.1%를 초과하여 운전한 경우
  • 음주운전 중 인적피해 교통사고를 일으킨 경우
  • 경찰관의 음주측정요구에 불응하거나 도주한 때 또는 단속경찰관을 폭행한 경우
  • 과거 5년 이내에 3회 이상의 인적피해 교통사고의 전력이 있는 경우
  • 과거 5년 이내에 음주운전의 전력이 있는 경우

㉡ 벌점·누산점수 초과로 인하여 운전면허 취소처분을 받은 경우 운전이 가족의 생계를 유지할 중요한 수단이 되거나, 모범운전자로서 처분당시 3년 이상 교통봉사활동에 종사하고 있거나, 교통사고를 일으키고 도주한 운전자를 검거하여 경찰서장 이상의 표창을 받은 사람으로서 다음의 어느 하나에 해당되는 경우가 없어야 한다.
  • 과거 5년 이내에 운전면허 취소처분을 받은 전력이 있는 경우
  • 과거 5년 이내에 3회 이상 인적피해 교통사고를 일으킨 경우
  • 과거 5년 이내에 3회 이상 운전면허 정지처분을 받은 전력이 있는 경우
  • 과거 5년 이내에 운전면허행정처분 이의심의위원회의 심의를 거치거나 행정심판 또는 행정소송을 통하여 행정처분이 감경된 경우

㉢ 그 밖에 정기 적성검사에 대한 연기신청을 할 수 없었던 불가피한 사유가 있는 등으로 취소처분 개별기준 및 정지처분 개별기준을 적용하는 것이 현저히 불합리하다고 인정되는 경우

핵심이론 요약

(1) 사고결과에 따른 벌점기준

구분	벌점	내용
인적 피해 교통사고	사망 1명마다	90	사고발생 시부터 72시간 내에 사망한 때
	중상 1명마다	15	3주 이상의 치료를 요하는 의사의 진단이 있는 사고
	경상 1명마다	5	3주 미만 5일 이상의 치료를 요하는 의사의 진단이 있는 사고
	부상신고 1명마다	2	5일 미만의 치료를 요하는 의사의 진단이 있는 사고

(비고)
1. 교통사고 발생원인이 불가항력이거나 피해자의 명백한 과실인 때에는 행정처분을 하지 아니한다.
2. 자동차등 대 사람 교통사고의 경우 쌍방과실인 때에는 그 벌점을 2분의 1로 감경한다.
3. 자동차등 대 자동차 교통사고의 경우에는 그 사고원인 중 중한 위반행위를 한 운전자만 적용한다.
4. 교통사고로 인한 벌점산정에 있어서 처분받을 운전자 본인의 피해에 대하여는 벌점을 산정하지 아니한다.

(2) 조치 등 불이행에 따른 벌점기준

불이행사항	벌점	내용
교통사고야기 시 조치불이행	15	물적 피해가 발생한 교통사고를 일으킨 후 조치를 하지 아니한 때
	30	교통사고를 일으킨 즉시(그때, 그 자리에서 곧)사상자를 구호하는 등의 조치를 하지 아니하였으나 그 후 자진신고를 한 때 - 고속도로, 특별시·광역시 및 시의 관할구역과 군(광역시의 군을 제외)의 관할구역 중 경찰관서가 위치하는 리 또는 동 지역에서 3시간(그 밖의 지역에서는 12시간) 이내에 자진신고를 한 때
	60	위에 따른 시간 후 48시간 이내에 자진신고를 한 때

(3) 교통법규 위반 시 벌점기준

벌점	위반사항
100	• 속도위반(100km/h 초과) • 술에 취한 상태의 기준을 넘어서 운전한 때(혈중알코올농도 0.03% 이상 0.08% 미만) • 자동차등을 이용하여 형법상 특수상해 등(보복운전)을 하여 입건된 때
80	• 속도위반(80km/h 초과 100km/h 이하)
60	• 속도위반(60km/h 초과 80km/h 이하) • 정차·주차위반에 대한 조치불응 등(단체에 소속되거나 다수인에 포함되어 경찰공무원의 3회 이상의 이동명령에 따르지 아니하고 교통을 방해한 경우에 한한다)
40	• 생명·신체 위협 운전 • 승객의 차내 소란행위 방치운전 • 출석기간 또는 범칙금 납부기간 만료일부터 60일이 경과될 때까지 즉결심판을 받지 아니한 때
30	• 통행구분 위반(중앙선 침범에 한함) • 속도위반(40km/h 초과 60km/h 이하) • 철길건널목 통과방법위반 • 회전교차로 통행방법 위반(통행 방향 위반에 한정한다) • 어린이통학버스 특별보호 위반 • 어린이통학버스 운전자의 의무위반(좌석안전띠를 매도록 하지 아니한 운전자는 제외한다) • 고속도로·자동차전용도로 갓길통행 • 고속도로 버스전용차로·다인승전용차로 통행위반 • 운전면허증 등의 제시의무위반 또는 운전자 신원확인을 위한 경찰공무원의 질문에 불응

(4) 벌점기준(공식) [별표 28]

위반사항	벌점
• 속도위반(20km/h 초과 40km/h 이하) • 속도위반(어린이보호구역 안에서 오전 8시부터 오후 8시까지 사이에 제한속도를 20km/h 이내에서 초과한 경우에 한정한다) • 신호·지시위반 • 보행자 보호 불이행(정지선위반 포함) • 승객의 차내 소란행위 방치 운전 • 안전운전 의무 위반 • 노상 시비·다툼 등으로 차마의 통행 방해행위 • 어린이통학버스 및 운전자의 의무 위반(좌석안전띠를 매도록 하지 아니한 운전자는 제외) • 도로공사·작업용 자동차 공사·작업 등 방해 • 돌·유리병·쇳조각이나 그 밖에 도로에 있는 사람이나 차마를 손상시킬 우려가 있는 물건을 던지거나 발사하는 행위	15

(5) 범칙행위 및 범칙금액 [별표 8]

범칙행위	차량종별 범칙금액(만원)			
	승합	승용	이륜	자전거(손수레등)
• 속도위반(60km/h 초과) • 어린이통학버스 운전자의 의무 위반(좌석안전띠를 매도록 하지 아니한 운전자는 제외)	13	12	8	-
• 인적사항 제공의무 위반(주·정차된 차만 손괴한 경우)	13	12	8	6
• 개인형 이동장치 무면허 운전 및 술에 취한 상태에서의 자전거 운전·약물복용 등	-	-	-	10(단독)
• 속도위반(40km/h 초과 60km/h 이하)	10	9	6	-
• 승객의 차 안에서의 소란행위 방치운전 • 어린이통학버스 특별보호 위반 • 안전표지가 설치된 곳에서의 정차·주차금지 위반	9	8	6	4
• 속도위반(20km/h 초과 40km/h 이하) • 신호·지시위반 • 중앙선침범·통행구분 위반 • 자전거횡단도 앞 일시정지 의무 위반 • 안전운전 의무 위반 • 어린이통학버스 운전자의 의무 위반(좌석안전띠를 매도록 하지 아니한 운전자는 포함) • 보행자 보호 불이행(정지선 위반 포함) • 승차 인원 초과, 승객 또는 승하차자 추락방지조치 위반	7	6	4	3

범칙행위	차종별 범칙금액(만원)			
	승합	승용	이륜	자전
• 어린이·앞을 보지 못하는 사람 등의 보호 위반 • 운전 중 휴대용 전화 사용 • 운전 중 운전자가 볼 수 있는 위치에 영상 표시 • 운전 중 영상표시장치 조작 • 운행기록계 미설치 자동차 운전 금지 등의 위반 • 고속도로·자동차전용도로 갓길 통행 • 고속도로버스전용차로·다인승전용차로 통행 위반	7	6	4	3
• 통행금지·제한 위반 • 일반도로 전용차로 통행 위반 • 노면전차 전용로 통행 위반 • 고속도로·자동차전용도로 안전거리 미확보 • 앞지르기의 방해 금지 위반 • 교차로 통행방법 위반 • 회전교차로 진입·진행방법 위반 • 교차로에서의 양보운전 위반 • 보행자 통행 방해 또는 보호 불이행 • 정차·주차금지 위반(영 제10조의3 제2항에 따라 안전표지가 설치된 곳에서의 정차·주차 금지 위반은 제외) • 주차금지 위반 • 정차·주차방법 위반 • 경사진 곳에서의 정차·주차방법 위반 • 정차·주차 위반에 대한 조치 불응 • 적재 제한 위반·적재물 추락 방지 위반 또는 영유아나 동물을 안고 운전하는 행위 • 안전운전의무 위반 • 도로에서의 시비·다툼 등으로 인한 차마의 통행 방해 행위 • 급발진·급가속·엔진 공회전 또는 반복적·연속적인 경음기 울림으로 인한 소음 발생 행위 • 화물 적재함에의 승객 탑승 운행 행위 • 개인형 이동장치 인명보호 장구 미착용 • 자율주행자동차 운전자의 준수사항 위반 • 고속도로 지정차로 통행 위반 • 고속도로·자동차전용도로 횡단·유턴·후진 위반 • 고속도로·자동차전용도로 정차·주차 금지 위반 • 고속도로 진입 위반 • 고속도로·자동차전용도로에서의 고장 등의 경우 조치 불이행	5	4	3	2
• 혼잡 완화조치 위반 • 차로통행 준수의무 위반, 지정차로 통행 위반, 차로 너비보다 넓은 차 통행금지 위반(진로변경 금지 장소에서의 진로변경을 포함) • 속도위반(20km/h 이하) • 진로 변경방법 위반 • 급제동 금지 위반 • 끼어들기 금지 위반 • 서행의무 위반 • 일시정지 위반 • 방향전환·진로변경 및 회전교차로 진입·진출 시 신호 불이행 • 운전석 이탈 시 안전확보 불이행 • 동승자 등의 안전을 위한 조치 위반 • 시·도경찰청 지정·공고 사항 위반 • 좌석안전띠 미착용 • 이륜자동차·원동기장치자전거(개인형 이동장치는 제외) 인명보호장구 미착용 • 등화점등 불이행·발광장치 미착용(자전거 운전자 제외) • 어린이통학버스와 비슷한 도색·표지 금지 위반	3	3	2	1

범칙행위	차종별 범칙금액(만원)			
	승합	승용	이륜	자전
• 최저속도위반 • 일반도로 안전거리 미확보 • 등화 점등·조작 불이행(안개가 끼거나 비 또는 눈이 올 때는 제외) • 불법부착장치 차 운전(교통단속용 장비의 기능을 방해하는 장치를 한 차의 운전을 제외) • 사업용 승합자동차 또는 노면전차의 승차 거부 • 택시의 합승(장기 주·정차하여 승객을 유치하는 경우로 한정)·승차거부·부당요금 징수행위 • 운전이 금지된 위험한 자전거 등의 운전	2	2	1	1
술에 취한 상태에서의 자전거 등 운전	개인형 이동장치(10), 자전거(3)			
술에 취한 상태에 있다고 인정할 만한 상당한 이유가 있는 자전거 등 운전자가 경찰공무원의 호흡조사 측정에 불응	개인형 이동장치(13), 자전거(10)			
술에 취한 상태에 있다고 인정할 만한 상당한 이유가 있는 사람으로서 법 제44조 제5항을 위반하여 자전거 등을 운전한 후 같은 항에 따른 음주측정방해행위를 한 경우	개인형 이동장치(13), 자전거(10)			
• 돌, 유리병, 쇳조각, 그 밖에 도로에 있는 사람이나 차마를 손상시킬 우려가 있는 물건을 던지거나 발사하는 행위(동승자 포함) • 도로를 통행하고 있는 차마에서 밖으로 물건을 던지는 행위(동승자 포함)	모든 차마(5)			
특별교통안전교육의 미이수 • 과거 5년 이내에 술에 취한 상태에서 운전금지를 1회 이상 위반하였던 사람으로서 다시 같은 내용을 위반하여 운전면허효력 정지처분을 받게 되거나 받은 사람이 그 처분기간이 끝나기 전에 특별교통안전교육을 받지 않은 경우	차종 구분 없음(15)			
• 위 경우 외의 경우	차종 구분 없음(10)			
경찰관의 실효된 면허증 회수에 대한 거부 또는 방해	차종 구분 없음(3)			

(비 고) 1. 승합(승합자동차 등) : 승합자동차, 4t 초과 화물자동차, 특수자동차, 건설기계 및 노면전차
2. 승용(승용자동차 등) : 승용자동차 및 4t 이하 화물자동차
3. 이륜(이륜자동차 등) : 이륜자동차 및 원동기장치자전거(개인형 이동장치는 제외)
4. 손수레 등 : 손수레, 경운기 및 우마차

14 교통사고처리 특례법령

(1) 특례의 적용 및 배제(교통사고처리 특례법 제3조)

① 차의 운전자가 교통사고로 인하여 형법의 업무상과실·중과실 치사상의 죄를 범한 경우에는 5년 이하의 금고 또는 2,000만원 이하의 벌금에 처한다.

② 차의 교통으로 ①의 죄 중 업무상과실치상죄(業務上過失致傷罪) 또는 중과실치상죄(重過失致傷罪)와 도로교통법의 다른 사람의 건조물이나 그 밖의 재물을 손괴한 죄를 범한 운전자에 대하여는 피해자의 명시적인 의사에 반하여 공소(公訴)를 제기할 수 없다.

15 어린이통학버스 특별보호 및 운행 등

(1) 특성(법 제51조)

어린이통학버스가 도로에 정차하여 어린이나 영유아가 타고 내리는 중임을 표시하는 점멸등 등의 장치를 작동 중일 때에는 어린이통학버스가 정차한 차로와 그 차로의 바로 옆 차로로 통행하는 차의 운전자는 어린이통학버스에 이르기 전에 일시정지하여 안전을 확인한 후 서행하여야 한다.

(2) 정의(법 제2조, 영 제2조, 규칙 제2조)

① "어린이통학버스"란 다음의 시설 가운데 어린이(13세 미만인 사람을 말한다)를 교육 대상으로 하는 시설에서 어린이의 통학 등에 이용되는 자동차와 여객자동차 운송사업의 한정면허를 받아 어린이를 여객대상으로 하여 운행되는 운송사업용 자동차를 말한다.

② "어린이통학버스"에 사용되는 자동차는 다음에 해당하는 자동차로서 도로교통공단에 신고하고 신고증명서를 발급받은 것이어야 한다.

③ "여객자동차운송사업"이란 다른 사람의 수요에 응하여 자동차를 사용하여 유상(有償)으로 여객을 운송하는 사업을 말한다.

④ "여객자동차운송사업용 자동차"란 여객자동차 운수사업법에 따른 사업용 자동차를 말한다.

⑤ "운행"이란 사람 또는 화물의 운송 여부에 관계없이 자동차를 그 용법(用法)에 따라 사용하는 것을 말한다.

⑥ "어린이통학버스"란 어린이를 교육 대상으로 하는 시설에서 어린이의 통학 등에 이용되는 자동차와 여객자동차 운수사업법에 따른 한정면허를 받아 어린이를 여객대상으로 하여 운행되는 운송사업용 자동차를 말한다.

⑦ "어린이"는 13세 미만인 사람을 말한다.

⑧ "영유아"란 6세 미만인 사람을 말한다.

(3) 어린이통학버스의 종류와 시설

① 어린이통학버스의 종류(법 제52조)

㉠ 노선(路線): 어린이통학버스가 운행하는 경우 그 경로
㉡ 학교 등에서 어린이 통학에 사용되는 자동차 : 다음의 어느 하나에 해당하는 경우
 • 유치원, 학교, 학원 등 어린이 교육시설에서 교육대상인 어린이의 통학 등을 위하여 소유하고 있는 자동차
 • 유치원, 학교, 학원 등 어린이교육시설에서 어린이의 통학 등을 위하여 운영하는 계약에 의한 자동차
㉢ "어린이통학버스"란 다음에 해당하는 시설 가운데 어린이를 교육대상으로 하는 시설에서 어린이의 통학 등에 이용되는 자동차로서 도로교통공단에 신고하고 신고증명서를 발급받은 것을 말한다.

---

12 제4장 교통안전교육 및 교통사고조사

등 중앙선으로부터 차량 앞부분에 이르는 거리가 1m 이상 15㎝ 이내인 사람에게 정하여진 사람이 이르게 된 사람들이 아닌 3년 이상의 경우

④ 어린이보호구역(제도조치)는 재정령)

정의
㉠ 이 조 제1항부터 제3항까지 및 이르기 전 5년 이하의 징역이나 5,000만원 이상 1억원 이하의 벌금

③ 공동위험행위(제도조치)

정의
㉠ 피해자가 상해에 이르기 전에 피해자가 3년 이하의 징역
㉡ 피해자를 상해에 이르게 하거나, 도주 후 피해자가 사망한 경우 무기 또는 5년 이상의 징역
㉢ 피해자가 사망한 경우 무기 또는 5년 이상의 징역

(제도조치)

정의
㉠ 피해자를 상해에 이르게 하고, 도주 후 피해자가 사망한 경우 500만원 이상 3,000만원 이하의 벌금
㉡ 피해자가 사망하고 도주하거나 도주 후 피해자가 사망한 경우 무기 또는 5년 이상의 징역
㉢ 피해자를 상해에 이르게 한 경우 3년 이상의 징역

(제도조치)

정의
㉠ 피해자를 상해에 이르게 하여 도주하는 경우 1년 이상의 유기징역 또는 500만원 이상 3,000만원 이하의 벌금
㉡ 피해자가 사망하고 도주하거나 도주 후 피해자가 사망한 경우 무기 또는 5년 이상의 징역

(2) 자동차 등(자동차 및 자동차)의 운행 금지 사항

① 사고운전자가 피해자를 구호하는 등의 조치를 하지 않고 도주한 경우

㉠ 공동위험, 고속도로 등에서의 주정 도중 교통사고를 일으킨 경우
㉡ 경찰·긴급·자동차 통행금지를 위반하여 운전한 경우
㉢ 중앙선(시·도지사 20㎞/h)를 초과하여 운전한 경우
㉣ 임시운전자격을 받지 않고 운전한 경우
㉤ 보도침범 운전한 경우
㉥ 승객·화물·선박·항공기·음식 운송 운전한 경우
㉦ 철도건널목 통과방법을 위반하여 운전한 경우
㉧ 앞지르기의 방법을 위반하여 운전한 경우
㉨ 음주(酒)에 이르게 한 경우
㉩ 운수사업법에 따라 이용한 운전자가 안전 시설을 하지 아니하고 자동차 문이 열린 상태로 운행하여 승객이 떨어지는 경우
㉪ 자동차의 화물이 떨어지지 아니하도록 필요한 조치를 하지 아니하고 운전한 경우

② 여객자동차운송사업의 세분(영 제3조)
　㉠ 노선(路線) 여객자동차운송사업 : 시내버스운송사업, 농어촌버스운송사업, 마을버스운송사업, 시외버스운송사업
　㉡ 구역(區域) 여객자동차운송사업 : 전세버스운송사업, 특수여객자동차운송사업, 일반택시운송사업, 개인택시운송사업

(4) 여객자동차운송사업에 사용되는 자동차의 종류(규칙 [별표 1])

구 분	자동차의 종류
1. 시내버스 운송사업 및 농어촌버스 운송사업	중형 이상의 승합자동차(관할관청이 필요하다고 인정하는 경우 농어촌버스운송사업에 대해서는 소형 이상의 승합자동차). 이 경우 운행형태에 따라 자동차의 종류를 다음과 같이 구분한다. • 시내좌석버스 : 광역급행형, 직행좌석형 및 좌석형에 사용되는 것으로 좌석이 설치된 것 • 시내일반버스 : 일반형에 사용되는 것으로서 좌석과 입석이 혼용 설치된 것
2. 시외버스 운송사업	중형 또는 대형승합자동차. 이 경우 운행형태에 따라 자동차의 종류를 다음과 같이 구분한다. • 시외우등고속버스 : 고속형에 사용되는 것으로서 원동기 출력이 자동차 총 중량 1t당 20마력 이상이고 승차정원이 29인승 이하인 대형승합자동차 • 시외고속버스 : 고속형에 사용되는 것으로서 원동기 출력이 자동차 총 중량 1t당 20마력 이상이고 승차정원이 30인승 이상인 대형승합자동차 • 시외고급고속버스 : 고속형에 사용되는 것으로서 원동기 출력이 자동차 총 중량 1t당 20마력 이상이고 승차정원이 22인승 이하인 대형승합자동차 • 시외우등직행버스 : 직행형에 사용되는 것으로서 원동기 출력이 자동차 총 중량 1t당 20마력 이상이고 승차정원이 29인승 이하인 대형승합자동차 • 시외직행버스 : 직행형에 사용되는 중형 이상의 승합자동차 • 시외고급직행버스 : 직행형에 사용되는 것으로서 원동기 출력이 자동차 총 중량 1t당 20마력 이상이고 승차정원이 22인승 이하인 대형승합자동차 • 시외우등일반버스 : 일반형에 사용되는 것으로서 원동기 출력이 자동차 총 중량 1t당 20마력 이상이고 승차정원이 29인승 이하인 대형승합자동차 • 시외일반버스 : 일반형에 사용되는 중형 이상의 승합자동차
3. 택시 운송사업	승용자동차 또는 다음에 해당하는 승합자동차 • 배기량이 2,000cc 이상이고 승차정원이 13인승 이하인 승합자동차 • 환경친화적 자동차의 개발 및 보급 촉진에 관한 법률의 자동차로서 승차정원이 13인승 이하인 승합자동차
4. 마을버스 운송사업	중형승합자동차. 다만, 관할관청이 필요하다고 인정하는 경우에는 소형 또는 대형승합자동차로 할 수 있다.
5. 전세버스 운송사업	중형 이상의 승합자동차(승차정원 16인승 이상의 것만 해당)
6. 특수여객 자동차 운송사업	특수형 승합자동차 또는 승용자동차. 이 경우 일반장의자동차 및 운구전용 장의자동차로 구분한다.
7. 수요응답형 여객자동차 운송사업	승용자동차 또는 소형 이상의 승합자동차

16 여객자동차운송사업의 운전업무 종사자격 (여객자동차 운수사업법)

(1) 여객자동차운송사업의 운전업무 종사자격(법 제24조 제1항)
여객자동차운송사업의 운전업무에 종사하려는 사람은 ① 및 ②의 요건을 모두 갖추고, ③ 또는 ④(여객자동차운송사업에 한정)의 요건을 갖추어야 한다.
① 국토교통부령으로 정하는 나이와 운전경력 등 운전업무에 필요한 요건을 갖출 것
② 국토교통부령으로 정하는 바에 따라 국토교통부장관이 시행하는 운전 적성(適性)에 대한 정밀검사 기준에 맞을 것
③ 국토교통부장관 또는 시·도지사가 시행하는 여객자동차 운수 관계 법령과 지리 숙지도(熟知度) 등에 관한 시험에 합격한 후 국토교통부장관 또는 시·도지사로부터 자격을 취득할 것
④ 국토교통부장관이 교통안전법에 따른 교통안전체험에 관한 연구·교육시설에서 교통안전체험, 교통사고 대응요령 및 여객자동차 운수사업법령 등에 관하여 실시하는 이론 및 실기 교육을 이수하고 자격을 취득할 것

(2) 사업용 자동차 운전자의 자격요건 등(규칙 제49조 제1~3항)
① 여객자동차 운송사업용 자동차의 운전업무에 종사하려는 자의 요건
　㉠ 사업용 자동차를 운전하기에 적합한 운전면허를 보유하고 있을 것
　㉡ 20세 이상으로서 다음의 어느 하나에 해당하는 요건을 갖출 것
　　• 해당 사업용 자동차 운전경력이 1년 이상일 것
　　• 국토교통부장관 또는 지방자치단체의 장이 지정하여 고시하는 버스운전자 양성기관에서 교육과정을 이수할 것
　　• 운전을 직무로 하는 군인이나 의무경찰대원으로서 다음의 요건을 모두 갖출 것
　　　- 해당 사업용 자동차에 해당하는 차량의 운전경력 등 국토교통부장관이 정하여 고시하는 요건을 갖출 것
　　　- 소속 기관의 장의 추천을 받을 것
　㉢ 국토교통부장관이 정하는 운전 적성에 대한 정밀검사 기준 또는 화물자동차 운수사업법 시행규칙 제18조의2에 따른 운전 적성에 대한 정밀검사 기준에 적합할 것
　㉣ 운전자격시험 합격 또는 교통안전체험교육 수료의 요건을 갖추고 운전자격을 취득할 것
② ①의 ㉢에 따른 정밀검사기준에 적합한지에 관한 검사(운전적성정밀검사)는 기기형 검사와 필기형 검사로 구분한다.

PART 1 핵심이론 요약

③ 운전적성정밀검사는 신규검사ㆍ특별검사 및 자격유지검사로 구분하며, 그 대상은 다음과 같다.

㉠ 신규검사 대상

- 신규로 여객자동차 운송사업용 자동차 또는 화물자동차 운수사업법에 따른 화물자동차 운송사업용 자동차를 운전하려는 자
- 여객자동차 운송사업용 자동차 또는 「화물자동차 운수사업법」에 따른 화물자동차 운송사업용 자동차의 운전업무에 종사하다가 퇴직한 자로서 신규검사를 받은 날부터 3년이 지난 후 재취업하려는 자. 다만, 재취업일까지 무사고로 운전한 자는 제외한다.
- 신규검사의 적합판정을 받은 자로서 운전적성정밀검사를 받은 날부터 3년 이내에 취업하지 아니한 자. 다만, 신규검사를 받은 날부터 3년이 지나지 아니한 때에는 운전적성정밀검사를 받은 것으로 본다.

㉡ 특별검사 대상

- 중상 이상의 사상(死傷)사고를 일으킨 자
- 과거 1년간 「도로교통법 시행규칙」에 따른 운전면허 행정처분기준에 따라 계산한 누산점수가 81점 이상인 자
- 질병, 과로, 그 밖의 사유로 안전운전을 할 수 없다고 인정되는 자인지 알기 위하여 운송사업자가 신청한 자

㉢ 자격유지검사 대상

- 65세 이상 70세 미만인 사람(자격유지검사의 적합판정을 받고 3년이 지나지 아니한 사람은 제외)
- 70세 이상인 사람(자격유지검사의 적합판정을 받고 1년이 지나지 아니한 사람은 제외)

과목 2 자동차관리 및 안전수칙

01 자동차의 구조

자동차는 많은 부품으로 구성되어 있으나 주요 부분을 크게 나누면 차체(Body & Frame)와 섀시(Chassis)로 구분할 수 있다.

(1) 차체(Body)
① 자동차의 겉을 이루고 있는 부분이며, 프레임 위나 현가장치와 직접 연결되어 있어 사람이나 화물을 싣는 부분을 말한다.
② 모양은 용도에 따라 승용차, 버스, 화물차 등 다르며, 차체는 엔진룸(Engine Room), 트렁크(Trunk) 등으로 구성되어 있다.

(2) 프레임(Frame)
프레임은 차량의 골격을 형성하고 주행 중의 차체하중, 각종 반력 등을 받아 지탱하는 빔으로서, 충분한 강도와 강성을 필요로 한다. 승용차의 경우는 대부분 바디구조와 일체형으로 차체골격을 형성하고 있다.

(3) 섀시(Chassis)
① 섀시란 그 자체가 자동차로서의 기능을 충분히 발휘할 수 있는 부분을 말한다.
② 주행의 원동력이 되는 엔진을 비롯하여 동력전달장치, 조향장치, 차륜, 차축, 현가장치 등의 주행장치 그리고 전기장치 등으로 나눌 수 있다.

02 자동차 안전과 관련된 주요 현상

(1) 계기판 용어
① 속도계 : 자동차의 단위 시간당 주행거리를 나타낸다.
② 회전계(태코미터) : 엔진의 분당 회전수(rpm)를 나타낸다.
③ 수온계 : 엔진냉각수의 온도를 나타낸다.
④ 연료계 : 연료탱크에 남아 있는 연료의 잔류량을 나타낸다. 동절기에는 연료를 가급적 충만한 상태를 유지한다(연료탱크 내부의 수분침투를 방지하는 데 효과적).
⑤ 주행거리계 : 자동차가 주행한 총거리(km 단위)를 나타낸다.
⑥ 엔진오일 압력계 : 엔진오일의 압력을 나타낸다.
⑦ 공기 압력계 : 브레이크 공기탱크 내의 공기압력을 나타낸다.
⑧ 전압계 : 배터리의 충전 및 방전 상태를 나타낸다.

(2) 주요 안전장치
① 제동장치 : 제동장치는 주행하는 자동차를 감속 또는 정지시킴과 동시에 주차 상태를 유지하기 위하여 필요한 장치이다.
  ㉠ 핸드브레이크 : 차를 주차 또는 정차시킬 때 사용하는 제동장치로서 손으로 조작한다. 풋브레이크와 달리 레버를 당기면 와이어에 의해 좌우의 뒷바퀴가 고정된다.
  ㉡ 풋브레이크 : 주행 중에 발로써 조작하는 주요 제동장치로서 브레이크 페달을 밟으면 페달의 바로 앞에 있는 마스터 실린더 내의 피스톤이 작동하여 브레이크액이 압축되고, 압축된 브레이크액은 파이프를 따라 휠실린더로 전달된다. 휠실린더의 피스톤에 의해 브레이크 라이닝을 밀어 주어 타이어와 함께 회전하는 드럼을 잡아 멈추게 한다.
  ㉢ 엔진브레이크 : 가속페달을 밟았다 놓거나 고단기어에서 저단기어로 바꾸게 되면 엔진브레이크가 작용하여 속도가 떨어지게 된다. 내리막길에서 풋브레이크만 사용하게 되면 라이닝의 마찰에 의해 제동력이 떨어지므로 엔진브레이크를 사용하는 것이 안전하다.
  ㉣ ABS(Anti-lock Brake System) : 빙판이나 빗길 등 미끄러운 노면상이나 통상의 주행에서 제동 시에 바퀴를 로크시키지 않음으로써 핸들의 조정이 용이하고 가능한 최단거리로 정지시킬 수 있도록 하는 제동장치이다.
② 주행장치
  ㉠ 휠(Wheel) : 휠은 타이어와 함께 차량의 중량을 지지하고 구동력과 제동력을 지면에 전달하는 역할을 한다. 휠은 무게가 무겁고 노면의 충격과 측력에 견딜 수 있는 강성이 있어야 하고 타이어에서 발생하는 열을 흡수하여 대기 중으로 잘 방출시켜야 한다.
  ㉡ 타이어
    • 휠의 림에 끼워져서 일체로 회전하며 자동차가 달리거나 멈추는 것을 원활히 한다.
    • 자동차의 중량을 떠받쳐 준다.
    • 지면으로부터 받는 충격을 흡수해 승차감을 좋게 한다.
    • 자동차의 진행방향을 전환하거나 조정안정성을 향상시킨다.
③ 조향장치
  ㉠ 운전석에 있는 핸들(Steering Wheel)에 의해 앞바퀴의 방향을 틀어서 자동차의 진행방향을 바꾸는 장치이다.
  ㉡ 자동차가 주행할 때는 항상 바른 방향을 유지해야 하고, 핸들의 조작이나 외부의 힘에 의해 주행방향이 잘못되었을 때는 즉시 직전 상태로 되돌아가는 성질이 요구된다.
  ㉢ 주행 중의 안정성이 좋고 핸들의 조작이 용이하도록 앞바퀴 정렬이 잘 되어 있어야 한다.
④ 완충장치
  ㉠ 스프링 : 차체와 차측 사이에 설치, 주행 중 노면의 충격이나 진동을 흡수하여 차체에 전달되지 않게 하는 것으로 판 스프링, 코일 스프링, 토션바 스프링, 공기 스프링이 있다.
  ㉡ 쇽업소버 : 노면에서 발생한 스프링의 진동을 가급적 많이 흡수, 승차감 향상과 스프링의 피로를 줄이기 위해 설치하는 장치이다.

PART 1 해킹이론 요약

(3) 물리적 현상

① 속도의 물리적 개념
- 주로 노면이 평탄하지 않아야 하는 경우 일정한 기울기 및 승차
감에 영향을 주므로 운전자가 피로를 많이 느낄 때 크다.

② 관성력 : 속도가 빠르면 자동차 정지거리나 추돌 시 사고의 정
도에 영향을 미치는 운동량이 크게 증가한다.

⑤ 공기 타이어의 특징
- 자동차는 공기 타이어를 사용한다.
- 타이어는 누수 공기압에 의하여 자동차의 진동이 직접 자동차에 전달되지 않는다.
- 도로 노면의 작은 충격을 흡수하여 차체에 전달되지 않는다.
- 연료소비를 작게하여 경제성이 좋다.
- 구동력과 제동력의 전달이 확실하다.
- 바퀴 접지면의 마찰력이 크고 타이어가 미끄러지지 않는다.
- 안전운행에 필요한 제동력의 축 차량을 전달할 수 있다.

⑥ 공기 타이어의 특징
- 타이어는 노면 위에 마찰을 통하여 움직일 수 있다.
- 공기 압력으로 차체를 지지하고, 공기 압력을 받을 수 있다.
- 적정한 공기 압력은 마모를 최소화하고 타이어의 수명을 연장할 수 있다.
- 눈길 등에 요철이 있는 노면에서는 마찰력이 낮아 승차감이 떨어진다.
- 자동차가 고속주행 시 이상 발열에 의해 휠에 변형이 생긴다.

⑦ 스탠딩 웨이브(Standing Wave) 현상
- 일반구조에서 타이어의 공기압이 낮은 경우 고속주행 시 타이어
의 변형량 크기에 따라 타이어의 원심력과 변형량에 복원이
지면에 접하기 이전에 다른 접촉이 시작되지 않고 타이어 표면
에 파상의 변형이 일어나 사인(sin)파를 이루는 파상이 생기는
현상으로 타이어 공기압이 낮은 경우 대체 150km/h 정도의 주행
속도에서 이상전 현상이 발생한다.

(4) 정지거리의 물리량

자동차의 정지거리는 공주거리와 제동거리를 합산한 거리이므로, 정지
거리는 정지시간(공주시간+제동시간)이다.

① 공주거리와 공주시간 : 공주시간 동안 자동차가 이동한 거
리를 공주거리라 한다. 자동차 운전자가 자동차를 정지하려고
생각하고 브레이크 페달에 발을 올려놓을 때까지의 거리를 가리
키고 있다.

② 제동거리와 제동시간 : 공주시간 동안 자동차가 제동되기 시
작하여 자동차가 완전히 정지할 때까지의 거리를 가리키며 시간
등 제동시간이며, 이때까지의 자동차가 진행한 거리를 제동거리
라고 한다.

PART 1 해킹이론 요약

④ 수막(Hydroplaning) 현상
- 자동차가 물이 고인 노면을 고속으로 주행할 때 타이어는 그루
브(홈) 사이에 있는 물을 배수하는 기능이 감소되어 물의 저
항에 의해 노면으로부터 떠올라 물 위를 미끄러지듯이 되는 현
상을 수막현상이라 하고, 이 현상이 일어날 때의 속도를 수막
현상 발생임계속도라 한다.

© 타이어가 새 것일 때에는 수막현상이 잘 일어나지 않는 경향이
있으며 타이어가 마모될수록 수막현상 발생속도는 낮아진다.

© 물이 고인 노면을 고속으로 주행할 때에는 수막현상이 일어
나며, 주행속도가 평균 도로 타이어는 공회전의 형상이 되므로
자동차는 마치 얼음판을 미끄러지듯이 이동하게 된다.

② 타이어의 공기압이 낮거나 마모된 타이어는 수막현상이 발
생되기 쉬우므로 타이어 공기압을 평소보다 2.5~10mm 정도
더 많이 주입하고 한다.

⑤ 페이드(Fade) 현상
① 비탈길을 내려갈 경우 브레이크를 반복하여 사용하면 마찰
열이 라이닝에 축적되어 브레이크의 제동력이 저하되는 현상
을 말한다.
© 이는 마찰계수가 떨어지며, 브레이크가 제 기능을 발휘하지
못하는 것을 말한다.
© 브레이크 슈의 재질 변형 및 새롭게 연마하는 과정이 베이퍼
록 현상과 함께 나타난다.

⑥ 베이퍼 록(Vapor Lock) 현상
① 액체를 사용한 계통에서 열에 의하여 액체가 증기(베이퍼)로
되어 어떤 부분에 갇혀 계통의 기능이 정지되는 현상을 말한다.

⑦ 모닝 록 현상
① 장마철이나 습도가 높은 날, 장시간 주차한 후에는 브레이크
드럼에 미세한 녹이 발생하는 현상을 말한다.
© 이러한 현상이 발생하면 브레이크 드럼과 라이닝, 브레이크
패드와 디스크의 마찰계수가 높아져 평소보다 브레이크가 민
감하게 작동된다.

⑧ 노즈 다운(Nose Down) 현상
: 자동차를 제동할 때 바퀴는 정지하려 하고 차체는 관성에 의해 이동하려는 성질 때문에 앞 범퍼 부분이 내려가는 현상을 말한다.

⑨ 노즈 업(Nose Up) 현상
: 자동차가 출발할 때 구동 바퀴는 이동하려 하
고 차체는 정지하고 있기 때문에 앞 범퍼 부분이 올라가는 현상
을 말한다.

03 운전자의 기본 점검사항

(1) 엔진 오일의 점검
① 엔진 오일은 주 1회 정도 점검하도록 한다.
② 엔진 오일의 점검은 오일의 양은 적당한지, 오일의 점도는 적당한지를 점검한다.
③ 엔진 오일의 점검은 평탄한 곳에서 차량의 시동을 끄고 엔진의 열을 식힌 후 점검한다.
④ 오일의 양은 부족하지만 색깔이 맑다면 오일을 적당히 보충하면 되고, 오일의 양도 부족하고 색깔도 탁하다면 오일을 교환하도록 한다.
⑤ 엔진 오일은 반드시 동일 등급의 오일로 교환해야 한다.
⑥ 엔진 오일을 교환할 때에는 반드시 엔진 오일 필터도 함께 교환한다.
⑦ 엔진 오일의 교환주기는 보통 5,000~10,000km 사이가 적당하다.
⑧ 엔진 오일을 점검할 때에 에어 클리너도 함께 점검해서 더러워진 상태라면 교환한다.

(2) 배터리의 점검
① 차량의 모든 전기부품에 전기를 제공하는 곳이 배터리이므로 배터리의 상태가 좋지 못하면 사실상 차량의 운행은 불가능해진다.
② 배터리의 상태는 투시창의 색깔로 구분해서 판단할 수 있다. 색깔이 초록색을 띠면 양호한 상태이며, 붉은색을 띠면 증류수의 보충이 필요한 상태이고, 흰색을 띠면 배터리의 수명이 다한 것이므로 교환을 하도록 한다.
③ 배터리도 일종의 소모품이기 때문에 일정 기간마다 교환해 주는 것이 바람직하다.
④ 배터리의 교환주기는 3~4년 정도가 적당하다.
⑤ (+)와 (-)단자의 연결부분이 헐겁지는 않은지 확인한다. 조임이 좋지 못하면 전기가 제대로 공급되지 않아서 전기적인 결함이 생길 수 있다.

(3) 브레이크 오일의 점검
① 브레이크는 사고의 직접적인 원인을 제공할 수 있기 때문에 무엇보다도 브레이크 오일의 점검이 중요하다.
② 브레이크 오일의 점검은 수시로 해야 한다.
③ 브레이크 오일은 오일 탱크의 상한선(MAX)과 하한선(MIN) 사이에 있으면 적당하다.
④ 오일을 보충했음에도 불구하고 오일의 양이 줄어든다면 이때는 반드시 정비업체나 A/S센터에 문의하는 것이 바람직하다.
⑤ 오일이 줄어들면 브레이크 패드가 심하게 마모된 것이므로 패드를 확인하고 교환을 하는 것이 바람직하다.

(4) 냉각수 점검
① 냉각수는 주행하는 차량의 엔진을 알맞은 온도로 유지해 주므로 수시로 점검한다.
② 보조탱크의 냉각수의 양이 H와 L 사이에 있으면 적당하다.
③ 냉각수의 양이 적다면 보충을 해야 하고 보충을 했음에도 불구하고 냉각수의 양이 줄어든다면 냉각수가 새는 곳이 있는지 점검해야 한다.
④ 겨울철에는 냉각수를 부동액으로 바꾸어야 한다. 물과 부동액의 비율은 1 : 1로 하는 것이 적당하다.
⑤ 여름철에는 엔진과열의 발생이 높기 때문에 수시로 점검하고 보충할 수 있는 냉각수를 미리 준비해 두고 운행하는 것이 바람직하다.
⑥ 라디에이터의 캡을 열 때는 두꺼운 헝겊 등으로 감싸서 열도록 한다.
⑦ 냉각수의 보충을 위해서 물을 많이 사용했다면 날씨가 추워지기 전에 반드시 부동액으로 바꾸어 주어야 한다.

(5) 타이어의 점검
① 출발하기 전 타이어의 공기압은 적당한지, 찢어진 곳은 없는지 수시로 점검한다.
② 운전자는 출발하기 전에 반드시 차량의 바퀴상태를 점검해서 못이나 유리 등 이물질이 타이어에 박혀서 손상을 주지는 않았는지, 타이어가 파손된 부분은 없는지 확인한다.
③ 타이어의 마모 상태가 심하지는 않은지 확인해야 한다.
④ 핸들이 한쪽으로 쏠리는 현상이 생긴다면 타이어의 공기압을 점검해 볼 필요가 있다.
⑤ 타이어의 휠 조임은 풀려 있지 않은지 수시로 점검한다.
⑥ 타이어의 공기압이 맞지 않으면 제동력이 약해지고 이상 마모현상이 생긴다.
⑦ 예비타이어를 항상 준비하고 주행을 해야 타이어의 펑크 시 빠르게 조치를 취할 수 있다.

04 자동차의 일상점검

(1) 차량점검 및 주의사항
① 운행 전 점검을 실시한다.
② 적색경고등이 들어온 상태에서는 절대로 운행하지 않는다.
③ 운행 전에 조향핸들의 높이와 각도가 맞게 조정되어 있는지 점검한다.
④ 운행 중에는 조향핸들의 높이와 각도를 조정하지 않는다.
⑤ 주차 시에는 항상 주차브레이크를 사용한다.
⑥ 파워핸들(동력조향)이 작동되지 않더라도 트럭을 조향할 수 있으나 조향이 매우 무거움에 유의하여 운행한다.
⑦ 주차브레이크를 작동시키지 않은 상태에서 절대로 운전석에서 떠나지 않는다.
⑧ 트랙터 차량의 경우 트레일러 주차 브레이크는 일시적으로만 사용하고 트레일러 브레이크만을 사용하여 주차하지 않는다.
⑨ 라디에이터 캡은 주의해서 연다.
⑩ 캡을 기울일 경우에는 최대 끝 지점까지 도달하도록 기울이고 스트러트(캡지지대)를 사용한다.
⑪ 캡을 기울인 후 또는 원위치시킨 후에 엔진을 시동할 경우에는 반드시 기어레버가 중립위치에 있는지 다시 한 번 확인한다.
⑫ 캡을 기울일 때 손을 머드가드(흙받이 밀폐고무) 부위에 올려놓지 않는다(손이 끼어서 다칠 우려가 있다).
⑬ 컨테이너 차량의 경우 잠금장치가 작동되는지를 확인한다.

05 재정비 자동점검

(1) 점 검

① 자동차의 점검은 엔진이 정지된 평탄한 장소에서 변속 레버는 중립(주차 시 P)에 위치시킨 후 주차 브레이크를 당긴 후 점검한다.
② 연료장치 또는 브레이크 계통의 점검 시 엔진 시동을 걸 때에는 환기가 잘 되는 곳에서 실시한다.
③ 자동차 밑에서 점검할 때에는 바퀴를 고임목 등 으로 확실히 고정해야 한다.
ⓐ 디스크 브레이크 패드 및 라이닝 등의 교환 작업 시에는 이물질을 입으로 불어 내지 말고 반드시 소제용 기구를 사용한다.
⑤ 자동차 시동을 걸 때에는 배기가스에 의해 질식하지 않도록 환기가 잘 되는 곳에서 한다.

(2) 공통 점검 점검사항

① 공조장치 점검 : 덕트, 에어컨냉각핀과 응축기 및 냉방장치, 서리제거장치, 윈드실드 와이퍼 및 와셔기, 정화장치, 실내공기 필터 등의 상태가 양호한가?
② 전기장치 점검 : 배선 상태의 손상 유무 및 접속부의 이완, 부식상태, 냉각수온 센서, 공기유량센서, 크랭크각 센서, 노크센서, 산소센서, 차고센서, 차속센서, 공회전 속도조절장치, 점화 및 기동장치 등의 작동상태가 양호한가?

ⓒ 등화장치 점검 : 전조등, 방향지시등, 제동등, 후미등, 차폭등, 번호등, 후진등, 주차등, 비상점멸등, 안개등 등의 고정상태 및 작동상태가 양호한가?

동력 전달 시 점검사항
ⓛ 동력전달장치 : 클러치 페달의 유격 및 디스크의 미끄러짐, 변속기오일의 오염 및 누유, 추진축의 센터 베어링 및 자재이음부의 이완 · 변형 등의 상태가 양호한가?
ⓜ 제동장치 : 브레이크 페달의 유격 및 작동상태, 브레이크 오일의 누유 및 변색상태, 브레이크 호스 · 파이프 · 캘리퍼 등의 누유 및 변형상태 등이 양호한가?
ⓝ 조향장치 : 핸들 유격 및 조향기어의 오일누유, 조향링키지 및 볼조인트 이완 등의 상태가 양호한가?

작동 중 점검사항
• 조향장치는 부드럽게 작동되고 있는가?
• 제동장치는 확실하게 작동되고 있는가?
• 주행 중에는 잡음, 진동등으로 불쾌감은 없는가?
• 조향장치는 한쪽으로 쏠리지 않는가?
• 클러치는 확실하게 작동하고 있는가?
• 변속기 조작이 부드러운가?
• 주행 중에는 각종 경고등이 점등되지 않는가?
• 엔진오일의 이상연소나 배출물질 등의 이상이 없는가?
• 자동차에서 이상한 냄새가 나지 않는가?

운행 후 점검사항
ⓞ 외관점검 : 차체 기울기, 부품 이완, 조명등 손상, 배선 등의 이상 유무를 점검한다.
ⓟ 엔진점검 : 냉각계통의 이상 유무, 엔진오일, 배터리액, 클러치 및 브레이크 오일 누출상황 등을 점검한다.
ⓠ 하체점검 : 타이어, 브레이크, 조향장치나 현가장치, 배기계 누설여부 등을 점검한다.

(3) 원동기 점검사항
① 시동이 쉽고 잡음이 없는가?
② 배기가스의 색깔이 깨끗하고 유독가스 및 매연이 없는가?
③ 엔진오일의 양이 충분하고 색깔이 이상 없으며 누출이 없는가?
④ 연료 및 냉각수가 충분하고 새는 곳이 없는가?
⑤ 연료소비량과 엔진오일 소비량이 양호한가?
⑥ 엔진 이상음이나 진동 상태가 양호한가?

(4) 동력전달장치 점검사항
① 클러치 페달의 유동이 없고 클러치 유격은 적당한가?
② 변속기의 조작이 쉽고 변속기 오일의 누출은 없는가?
③ 추진축 연결부의 이완이나 소음은 없는가?

(5) 조향장치 점검사항
① 타이어의 공기압 · 마모 · 손상은 없는가?
② 조향핸들의 유동 · 느슨함은 없는가?

(6) 제동장치 점검사항
① 브레이크 페달을 밟았을 때 상판과의 간격은 적당한가?
② 브레이크의 작동은 확실한가?
③ 브레이크 오일의 누출은 없는가?
④ 핸드브레이크 레버의 유동 · 느슨함 및 풀린 정도는 양호한가?
⑤ 에어브레이크의 공기 누출은 없는가?
⑥ 에어탱크의 공기압은 적당한가?

(7) 완충장치 점검사항
① 새시스프링 및 쇽업소버의 이완이나 느슨함 또는 누출은 없는가?
② 쇽업소버의 결손은 없는가?
③ 새시스프링이 절손된 곳은 없는가?

(8) 주행장치 점검사항
① 휠 너트의 느슨함은 없는가?
② 타이어의 이상마모나 손상은 없는가?
③ 타이어의 공기압은 적당한가?

(9) 기 타
① 부속품의 작동은 양호한가?
② 완충장치 등은 양호한가?
③ 전조등의 광도 및 조사각도는 양호한가?
④ 배터리액의 누출이나 결선 상태는 양호한가?
⑤ 클러치페달의 유동이 정상에 있는가?

⑤ 엔진 오일의 상태를 점검하고 상태에 따라서 교환 혹은 보충해 주도록 한다.
⑥ 겨울철에는 다른 계절보다 전기사용량이 많으므로 전선의 피복이 벗겨진 부분이나 소켓 부분의 부식이 없는지 살펴본다.

(2) 여름철
① 여름에는 엔진의 과열이 쉬우므로 냉각수의 양은 충분한지, 냉각수가 새지는 않는지 수시로 점검을 해야 한다.
② 팬벨트의 장력도 수시로 점검하고 냉각수와 팬벨트는 여유분을 준비하는 것이 바람직하다.
③ 여름철에는 비가 많이 내리기 때문에 와이퍼의 작동이 정상적인지 확인해야 한다.
④ 워셔액은 깨끗하고 충분한지 확인한다.
⑤ 여름철에는 차량 내부에 습기가 찰 때가 있는데 이런 경우에는 고무매트 밑이나 트렁크 내에 신문지를 깔아 두면 습기가 제거되어 차체의 부식과 악취발생을 방지할 수 있다.
⑥ 물에 잠긴 차량의 경우는 각종 배선에서 수분이 완전히 제거되지 않아서 합선이 일어날 수 있으므로 시동을 거는 행위 등 전기장치를 작동하지 않도록 해야 한다.
⑦ 에어컨이 정상적으로 작동하는지 점검하고 냉매가스가 부족하지는 않은지도 점검해야 한다.
⑧ 에어컨에서 이상한 냄새가 나면 증발기를 떼어 내어 세척해야 한다.
⑨ 에어컨은 겨울철에도 한 달에 한 번 정도 작동시켜서 냉매가스 및 오일의 윤활작용을 시켜주어야 한다.

(3) 가을철
① 바닷가를 주행한 차량은 바닷가의 염분이 차체를 부식시키므로 깨끗이 씻어내고 페인트가 벗겨진 곳은 칠을 해서 녹이 슬지 않도록 한다.
② 기온이 급격히 떨어져서 유리창에 서리가 끼게 되므로 열선의 연결부분이 이상 없이 정상적으로 작동하는지를 점검한다.
③ 가을은 행사가 많은 계절이므로 장거리 운전이 많아 출발 전 점검은 필수사항이다. 타이어를 비롯해서 엔진 오일, 냉각수, 브레이크 오일, 팬벨트 등을 수시로 점검하고 항상 예비용을 준비하도록 한다.
④ 가을철에는 날이 빨리 어두워지기 때문에 등화장치의 점검도 빼놓지 않도록 해야 한다.

(4) 겨울철
① 겨울철에는 반드시 스노타이어로 교환하거나 체인을 준비하도록 해야 한다.
② 눈이 많이 내릴 때는 스노타이어가 효과적이지만 빙판길에서는 체인을 사용하는 것이 유리하다.
③ 냉각수의 동결을 막기 위해서 부동액을 사용할 때는 일반적으로 부동액과 물의 비율을 1 : 1로 해서 사용한다. 부동액은 피부를 상하게 하고 차체를 변색시키므로 피부나 차체에 묻지 않도록 주의해야 한다.

06 LPG자동차 안전관리

(1) 액화석유가스 사용시설의 설치와 검사(액화석유가스의 안전관리 및 사업법)
① 설치 : 액화석유가스를 사용하려는 자는 산업통상자원부령으로 정하는 시설기준과 기술기준에 맞도록 액화석유가스의 사용시설과 가스용품을 갖추어야 한다(법 제44조 제1항).
② 완성검사 : 가스시설시공업자는 액화석유가스를 사용하려는 자로서 산업통상자원부령으로 정하는 자(액화석유가스 특정사용자)의 액화석유가스 사용시설의 설치공사나 산업통상자원부령으로 정하는 변경공사를 완공하면 액화석유가스 특정사용자가 그 시설을 사용하기 전에 시장·군수·구청장의 완성검사를 받아야 한다(법 제44조 제2항).
③ 규정에 따른 액화석유가스 특정사용자는 다음의 구분에 따라 완성검사나 정기검사를 받은 것으로 본다(규칙 제71조 제9항).
  ㉠ 완성검사를 받은 것으로 보는 경우(액화석유가스 특정사용자가 다음의 어느 하나에 해당하는 경우)
    • 자동차관리법에 따라 자기인증을 한 경우
    • 자동차관리법에 따른 튜닝검사를 받은 경우
  ㉡ 정기검사를 받은 것으로 보는 경우 : 액화석유가스 특정사용자가 자동차관리법에 따른 정기검사를 받은 경우

(2) 자동차에 대한 액화석유가스 충전행위의 제한(액화석유가스의 안전관리 및 사업법 제29조)
① 액화석유가스를 자동차의 연료로 사용하려는 자는 액화석유가스 충전사업소에서 액화석유가스를 충전 받아야 하며, 자기가 직접 충전하여서는 아니 된다. 다만, 자동차의 운행 중 연료가 떨어지거나 자동차의 수리를 위하여 연료의 충전이 필요한 경우 및 일정한 충전설비 등을 갖춘 액화석유가스 충전사업소에서 연료를 충전하는 경우 등 산업통상자원부령으로 정하는 경우에는 직접 충전할 수 있다.
② ① 단서에 따른 액화석유가스의 충전방법 및 충전설비 등에 필요한 사항은 산업통상자원부령으로 정한다.
※ '일정한 충전설비 등을 갖춘 액화석유가스 충전사업소에서 연료를 충전하는 경우 등'의 내용이 추가되었다. [시행일 : 2025. 11. 28.]

(3) 일상점검(연료의 누출점검)
① 용기의 충전밸브(녹색)는 LPG 충전 시를 제외하고 잠겨 있는지 점검한다.
② 용기가 트렁크 내에 있는 잭, 부속공구, 예비타이어 등과 접촉하여 손상을 주지 않도록 단단하게 고정되어 있는지 점검한다.
③ LPG는 본래 무색·무취이나 극소량의 부취제를 첨가하여 LPG 특유의 냄새가 나므로 항상 냄새에 유의한다.

(4) 엔진시동 전 점검사항
① LPG용기 밸브개폐 확인 : 용기의 충전밸브는 연료충전 시 이외에는 반드시 잠겨져 있는가 확인한다. 확인한 다음 연료출구밸브는 반드시 완전히 열어준다.
② 비눗물을 사용하여 각 연결부로부터 누출이 있는지 점검
  ㉠ 가스가 샐 경우에는 냄새가 나며, 비눗물을 사용하여 점검하고, 만일 누출이 있다면 LPG누설방지용 씰테이프를 감아준다.

07 CNG(압축천연가스) 자동차

(1) 점검 시 유의사항

① 가스누출이 의심되는 경우에는 즉각적인 환경조치 없이 계기장치와 차량 등을 점검하지 않는다.
② 단락, 스파크 등 인화원이 될 수 있는 상황을 피한다.
③ 가스검지 등을 이용하여 누설점검을 공인된 곳에서 확인받는다.

(2) 주차 시 주의사항

① LPG 자동차의 엔진룸이나 트렁크 실내 등의 밀폐된 장소에서는 가스누출 시 고열 및 스파크에 의해 화재, 가스누출 시 고연 및 폭발할 수 있으므로 옥외의 통풍이 잘되는 곳에 주차한다.
② 과도하게 장시간 자동차의 연료장치 이상유무와 연료계통을 점검하여 누출부분을 수리하여야 한다.
③ 장기간 주차시킬 경우에는 용기의 연료출구밸브를 잠그어 두어야 한다.
④ 연료 충전 시 충전하기 전에 반드시 엔진시동을 끄고 항상 충전하여야 한다.
⑤ 자동차의 장기간 또는 장시간 주차 시 지하주차장이나 밀폐된 장소는 피하여야 한다.
⑥ 연료장치의 이상발견 및 사고 등으로 인하여 용기안전밸브에서 가스분출 징후가 보이면 그 차량 주변의 화기사용을 금하고 엔진시동을 끄고 이동한다.

(4) 공조시 주의사항

① LPG 자동차의 연료장치 주정비 시 반드시 가스누출 감지기로 누설점검을 한다.
② 가스누출 시 고열이 있는 곳을 피하고, 주위의 화기에 조심하여 점검한다.
③ 점검시간, 정차 시에는 엔진을 정지시키고, 충전 중에는 반드시 엔진시동을 끄고 점검한다.
④ 엔진 정비 시에는 반드시 연료출구밸브를 잠그고 엔진을 시동한 다음 엔진 내부 연료를 소진한 후 정비한다.
⑤ 연료 충전 시 자동차는 시동을 끄고 승객은 모두 자동차에서 내려야 한다.
⑥ 엔진룸과 트렁크 등을 점검할 때에는 가스 안전상의 이유로 반드시 엔진시동을 끄고 점검한다.

(5) 주행 시 주의사항

① 주행 중 LPG 스위치에 손을 대지 말아야 한다. LPG 스위치의 작동 상태에 따라 가스공급을 조절할 수 있다.
② LPG 용기의 고정상태를 수시로 점검하여, 공기조절 시 및 급경사로 주차 시 흔들림이 없도록 점검하여야 한다.
③ 충격이 우려되는 도로에서는 서행하고 잦은 브레이크를 사용을 줄여준다.

(6) 가스 누출 시 조치요령

① 가스 누출 시
  ㉠ 엔진시동을 정지시킨다.
  ㉡ LPG 스위치를 끈 후 트렁크 안에 있는 용기의 연료출구밸브(적색, 황색) 2개를 잠근다.
  ㉢ 필요한 정비를 한다.
② 교통사고 발생 시
  ㉠ LPG 스위치를 끈 후 연료출구밸브를 잠근다.
  ㉡ 누출을 대피시킨다.
  ㉢ LPG 용기의 안전밸브를 잠근다.
  ㉣ 누출 부위에 불이 붙었을 경우 물로 불을 끄고 수리는 정비공장에 의뢰한다.
③ 화급 연료장치 시
  ㉠ 근처의 불기를 차단시킨다.
  ㉡ 경찰서, 소방서 등에 신고한다.
  ㉢ 자동차에서 떨어지게 관계자의 접근을 금지시킨다.

(7) 운전자 공조사항

① 엔진성능 : 가솔린엔진 및 디젤엔진 자동차에 비해 출력이 낮다.
② LPG 고압 : 1.4~1.8kg·f/cm²의 고압이 발생한다.
③ 누출경사 : 누출 시 공기보다 무거워 가스가 확산되지 않고 'On'에 잔류되기 쉽다.

08 자동차 응급조치방법

(1) 오감으로 판별하는 자동차 이상 징후

① 시각적인 이상 징후 예를 들면 불안정한 파손의 흔적을 발견할 수 있다.

② 오감이 알아차리는 이상 징후
  ㉠ 진동이 느껴질 때
  • 핸들이 떨린다 : 주행 중 핸들이 이상하게 떨리거나 주행 방향이 한쪽으로 쏠리는 경우는 타이어의 공기압이 부족하거나 바퀴 자체의 휠 밸런스가 맞지 않을 수 있다.
  • 엔진이 떨린다 : 엔진 공회전 상태에서 비정상적인 진동이 느껴질 경우 엔진 자체의 고장일 수도 있으나 단순히 플러그 배선이 빠져있거나 플러그 자체가 이상일 수 있다.
  ㉡ 냄새로 알 수 있는 이상 징후
  • 고무 냄새 : 전기장치의 배선이 단락되어 전선 등의 피복이 녹아 타면서 발생하기도 하고, 계속적인 브레이크 사용으로 바퀴에서 연기가 날 정도로 제동장치의 마찰재가 타면서 냄새가 나기도 한다.
  • 오일 타는 냄새 : 엔진 오일이나 트랜스미션 오일 등이 새어 엔진의 뜨거운 부분에 묻어 타면서 냄새가 나기도 한다.
  • 휘발유 냄새 : 연료장치에서 연료가 새는 경우 휘발유 냄새가 진하게 날 수 있으며, 배기관에서 연료가 완전 연소되지 못한 냄새가 날 수도 있다.
  ㉢ 소리로 알 수 있는 이상 징후
  • 가속페달 : 주행 중 가속페달을 힘껏 밟는 순간 "끼익!" 하는 소리가 나기도 하는데, 이는 팬벨트 또는 기타의 V벨트가 이완되어 걸려 돌아가는 풀리 사이에서 미끄러져 일어나는 현상이다.
  • 브레이크 : 브레이크 페달을 밟아 차를 세우려고 할 때 "끼익!" 하는 소리가 날 경우 브레이크 라이닝(패드)의 마모가 심하거나 라이닝에 결함이 있을 때 일어나는 현상이다.
  • 조향장치 : 핸들이 돌려는 경우에 유압펌프의 오일이 부족하거나 휠얼라인먼트 조정이 안되어 있을 때 소리가 날 수 있다.
  • 현가장치 : 비포장 도로의 울퉁불퉁한 험한 노면상을 달릴 때 "딱각닥각" 하는 소리나 "킁!" 하는 소리가 날 때에는 현가장치인 쇽업소버의 고장일 수 있다.
  ㉡ 열이 있을 때
  • 바퀴 부분 : 바퀴마다 드럼에 손을 대면 어느 한쪽만 뜨거울 경우가 있는데 이는 브레이크 라이닝 간격이 좁아 브레이크가 끌리기 때문이다.

- 브레이크장치 부분 : 단내가 심하게 나는 경우는 주브레이크의 간격이 좁든가, 주차 브레이크를 당겼다 풀었으나 완전히 풀리지 않았을 경우이다.
- 바퀴 부분 : 바퀴마다 드럼에 손을 대보면 어느 한쪽만 뜨거울 경우가 있는데, 이때는 브레이크 라이닝 간격이 좁아 브레이크가 끌리기 때문이다.

ⓒ 배출 가스 : 자동차 후부에 장착된 머플러(소음기) 파이프에서 배출되는 가스의 색을 자세히 살펴보면, 엔진의 건강 상태를 알 수 있다.
- 무색 : 완전 연소 시 배출 가스의 색은 정상 상태에서 무색 또는 약간 엷은 청색을 띤다.
- 검은색 : 농후한 혼합 가스가 들어가 불완전 연소되는 경우이다. 초크 고장이나 에어 클리너 엘리먼트의 막힘, 연료 장치 고장 등이 원인이다.
- 백색 : 엔진 안에서 다량의 엔진 오일이 실린더 위로 올라와 연소되는 경우로, 헤드 개스킷 파손, 밸브의 오일 씰 노후 또는 피스톤 링의 마모 등 엔진 보링을 할 시기가 됐음을 알려준다.

(2) 배터리 방전 시 응급조치 및 점검방법

① Key를 'On'으로 했을 경우에 자동차의 모든 전기장치가 작동되지 않는다.
② 계기판의 경고등이 희미하게 점등된다.
③ 시동을 걸었을 때 '딱딱' 소리만 나면서 시동이 불가능하다.
④ 오랜 시간 동안 운행을 하지 않고 주차를 했을 경우에도 배터리가 방전되어 시동이 불가능하게 된다.
⑤ 배터리액이 부족할 경우에도 시동이 불가능하다.
⑥ 인디게이터의 색깔이 적색으로 나타난다.
⑦ 경음기를 눌러보거나 전조등을 켜서 배터리의 방전 유무를 확인한다.
⑧ 배터리 옆면을 살펴보아 배터리액이 있는지 점검한다.
⑨ 배터리 (+), (-)케이블을 흔들어서 케이블의 장착상태를 확인한다.
⑩ 배터리 케이블을 분리해서 배터리 단자와 케이블의 접촉부위를 확인한다.
⑪ 항상 (-)케이블을 먼저 분리한다.
⑫ 발전기와 연결되는 퓨즈를 확인한다.
⑬ 배터리가 방전된 경우에는 배터리 점프로 시동을 건다.
⑭ 점프 케이블이 없을 경우 밀어서 시동을 건다.
  ㉠ 수동변속기 자동차의 경우에만 해당된다.
  ㉡ Key는 'On' 위치에 놓고 기어를 2~3단으로 넣은 후 클러치를 밟은 상태에서 자동차가 탄력을 받으면 클러치를 떼서 시동을 건다.
  ㉢ 자동차를 미는 사람이 넘어질 수 있으므로 매우 주의해야 한다.

(3) 타이어 교환

① 휠캡이 있으면 드라이버로 휠캡을 탈거하고 탈거할 수 없는 경우에는 바로 휠너트를 푼다. 휠너트 렌치를 사용하여 휠너트를 한 바퀴 정도만 풀어 놓는다. 너무 많이 풀지 않아도 된다.
② 잭 설치위치에 잭을 설치하고, 잭핸들을 사용하여 자동차를 들어 올린다.
③ 타이어가 지면에서 떨어질 때까지 올린 다음 휠너트를 완전히 풀고 타이어를 분리한다. 분리된 타이어는 잭 옆의 차체 밑에 넣어 잭이 넘어져서 생길 수 있는 안전사고에 대비한다.
④ 예비타이어로 교환한 후 손으로 휠너트를 조인 후 휠너트 렌치를 사용하여 적당히 조인다.
⑤ 잭핸들을 사용하여 자동차를 내린 후 휠너트를 대각선 방향으로 완전히 조인다. 탈거한 휠캡을 끼우고 예비타이어와 공구들을 원위치시키고 주변을 정리한다.
⑥ 가까운 정비업소를 찾아 펑크 난 타이어를 수리하고 예비타이어와 다시 교환한다.

(4) 엔진의 과열 점검방법 및 조치

① 계기판의 온도게이지가 High로 올라간다.
② 전동팬이 작동하지 않는다.
③ 전동팬은 작동하지만 엔진이 과열된다.
④ 에어컨을 켰을 때 전동팬이 작동하지 않는다.
⑤ 온도게이지가 High로 올라가면서 엔진이 과열되면 에어컨을 켜본다.
⑥ 에어컨을 켜서 냉각팬과 콘덴서팬이 같이 구동이 되면 냉각팬 자체에는 이상이 없다. 그러나 구동이 되지 않으면 냉각팬에 이상이 있는 것이다.
⑦ 퓨즈와 릴레이를 점검하고 이상이 있으면 교환한다. 릴레이는 주행에 지장이 없는 품번이 같은 다른 릴레이를 응급조치로 사용한다.
⑧ 냉각팬의 작동이 이상이 없는데도 엔진이 과열되면 냉각수의 양을 점검(부족하면 보충)한다.
⑨ 엔진이 과열된 상태에서 라디에이터 캡을 열면 냉각수가 분출되어 위험하므로 엔진의 온도를 낮춘 후에 점검해야 한다.
⑩ 라디에이터와 연결되는 위아래 호스를 만져보아 온도차가 있으면 정온기(서모스탯)가 이상이 있는 것이다.

(5) 브레이크가 작동되지 않을 경우의 점검방법과 조치

① 브레이크 페달이 스펀지처럼 푹 들어갈 경우
② 브레이크액의 부족
③ 계속적인 브레이크의 사용으로 인한 베이퍼 록 현상의 발생
④ 브레이크 라이닝이 타는 냄새가 나면서 제동이 잘되지 않을 경우
⑤ 계속적인 브레이크의 사용으로 인한 페이드 현상의 발생
⑥ 브레이크 오일의 양과 점도 등을 점검한다.
⑦ 브레이크 오일에 에어가 찼을 경우에는 2인이 1조가 되어 에어빼기 작업을 실시한다.
⑧ 에어빼기 작업을 할 수 없는 경우에는 자동차를 세우고 브레이크 라이닝의 온도를 낮춘 후에 서행하면서 정비공장으로 이동한다.

(6) 핸들조작이 힘들고 핸들이 떨릴 경우

① 공기압이 부족한 경우는 휴대용 공기펌프나 정비업소를 찾아 보충한다.
② 파워 벨트가 끊어졌을 경우에도 핸들 조작은 가능하므로 안전운행하면서 정비업소로 이동한다. 예비벨트가 있다면 현장에서 교환하면 된다.
③ 특정 속도에서 핸들이 떨릴 경우에는 휠밸런스가 맞지 않는 경우이므로 정비업소를 방문하여 수리한다.
④ 웜기어 마모가 심하여 웜기어를 교환했을 경우에는 교환하기 전보다 핸들의 조작이 힘들게 되는데 이것은 정상이다. 어느 정도 기간이 지나면 원래의 조향 상태로 회복된다.

09 자동차의 점검과 검사 (자동차관리법)

(1) 검사의 종류 및 방법 등(법 제43조)

① 시장·군수·구청장은 자동차에 관하여 다음에 해당하는 검사를 실시해야 한다. 이 경우 국토교통부령으로 정하는 바에 따라 검사의 일부를 생략할 수 있다.

㉠ 신규검사: 신규등록을 하려는 경우에 실시하는 검사
㉡ 정기검사: 신규등록 후 일정 기간마다 정기적으로 실시하는 검사
㉢ 튜닝검사: 자동차를 튜닝한 경우에 실시하는 검사
㉣ 임시검사: 이 법 또는 이 법에 따른 명령이나 자동차 소유자의 신청을 받아 비정기적으로 실시하는 검사
㉤ 수리검사: 전손 처리 자동차를 수리한 후 운행하려는 경우에 실시하는 검사

② 시장·군수·구청장은 ①에 따른 검사(이하 "자동차검사"라 한다)를 할 때에는 해당 자동차의 구조 및 장치가 국토교통부령으로 정하는 검사기준(이하 "자동차검사기준"이라 한다)에 적합한지 여부를 확인하여야 하며, 자동차검사를 실시한 검사 장면 및 결과를 국토교통부령으로 정하는 바에 따라 기록하여야 한다.

③ ①에 따라 자동차검사를 실시하여 합격한 자동차에 대하여는 다음의 구분에 따른 조치를 하여야 한다. 이 경우 ㉠의 검사유효기간은 자동차의 종류·용도·검사의 종류에 따라 국토교통부령으로 정한다.

(2) 자동차검사(법 제43조 제1항)

자동차 소유자(제1항 제3호의 경우에는 자동차를 튜닝하려는 자를 말한다)는 해당 자동차에 대하여 다음에 따라 국토교통부령으로 정하는 바에 따라 시장·군수·구청장이 실시하는 검사를 받아야 한다.

① 신규검사: 신규등록을 하려는 경우에 실시하는 검사
② 정기검사: 신규등록 후 일정 기간마다 정기적으로 실시하는 검사
③ 튜닝검사: 자동차를 튜닝한 경우에 실시하는 검사
④ 임시검사: 이 법 또는 이 법에 따른 명령이나 자동차 소유자의 신청을 받아 비정기적으로 실시하는 검사
⑤ 수리검사: 전손 처리 자동차를 수리한 후 운행하려는 경우에 실시하는 검사

(3) 자동차검사의 유효기간(규칙) [별표 15의2]

구분			검사 유효기간
차종	사업용 구분	규모	
승용 자동차	비사업용	경형·소형·중형·대형	2년(신조차로서 신규검사를 받은 것으로 보는 자동차의 최초 검사 유효기간은 4년)
	사업용	경형·소형·중형·대형	1년(신조차로서 신규검사를 받은 것으로 보는 자동차의 최초 검사 유효기간은 2년)
승합 자동차	비사업용	경형·소형	차령이 4년 이하인 경우 2년
			차령이 4년 초과인 경우 1년
		중형·대형	차령이 8년 이하인 경우 1년
			차령이 8년 초과인 경우 6개월
	사업용	경형·소형	차령이 4년 이하인 경우 2년
			차령이 4년 초과인 경우 1년
		중형·대형	차령이 8년 이하인 경우 1년
			차령이 8년 초과인 경우 6개월
화물 자동차	비사업용	경형·소형	차령이 4년 이하인 경우 2년
			차령이 4년 초과인 경우 1년
		중형·대형	차령이 5년 이하인 경우 1년
			차령이 5년 초과인 경우 6개월

구 분				검사 유효기간
차 종	사업용 구분	규 모	차 령	
화물 자동차	사업용	경형·소형	모든 차령	1년(신조차로서 법 제43조 제5항에 따라 신규검사를 받은 것으로 보는 자동차의 최초 검사 유효기간은 2년)
		중 형	차령이 5년 이하인 경우	1년
			차령이 5년 초과인 경우	6개월
		대 형	차령이 2년 이하인 경우	1년
			차령이 2년 초과인 경우	6개월
특수 자동차	비사업용 및 사업용	경형·소형· 중형·대형	차령이 5년 이하인 경우	1년
			차령이 5년 초과인 경우	6개월

(4) 자동차종합검사

① 운행차 배출가스 정밀검사 시행지역에 등록한 자동차 소유자 및 특정경유자동차 소유자는 정기검사와 배출가스 정밀검사 또는 특정경유자동차 배출가스 검사를 통합하여 국토교통부장관과 환경부장관이 공동으로 다음에 대하여 실시하는 자동차종합검사를 받아야 한다. 종합검사를 받은 경우에는 정기검사, 정밀검사, 특정경유자동차 검사를 받은 것으로 본다(법 제43조의2 제1항).
  ㉠ 자동차의 동일성 확인 및 배출가스 관련 장치 등의 작동 상태 확인을 관능검사 및 기능검사로 하는 공통 분야
  ㉡ 자동차 안전검사 분야
  ㉢ 자동차 배출가스 정밀검사 분야

② 종합검사의 대상과 유효기간(자동차종합검사의 시행 등에 관한 규칙 [별표 1])

검사 대상				검사 유효기간
차 종	사업용 구분	규 모	대상 차령	
승용 자동차	비사업용	경형·소형· 중형·대형	차령이 4년 초과인 자동차	2년
	사업용	경형·소형· 중형·대형	차령이 2년 초과인 자동차	1년
승합 자동차	비사업용	경형·소형	차령이 4년 초과인 자동차	1년
		중 형	차령이 3년 초과인 자동차	차령 8년까지는 1년, 이후부터는 6개월
		대 형	차령이 3년 초과인 자동차	차령 8년까지는 1년, 이후부터는 6개월
	사업용	경형·소형	차령이 4년 초과인 자동차	1년
		중 형	차령이 2년 초과인 자동차	차령 8년까지는 1년, 이후부터는 6개월
		대 형	차령이 2년 초과인 자동차	차령 8년까지는 1년, 이후부터는 6개월
화물 자동차	비사업용	경형·소형	차령이 4년 초과인 자동차	1년
		중 형	차령이 3년 초과인 자동차	차령 5년까지는 1년, 이후부터는 6개월
		대 형	차령이 3년 초과인 자동차	차령 5년까지는 1년, 이후부터는 6개월
화물 자동차	사업용	경형·소형	차령이 2년 초과인 자동차	1년
		중 형	차령이 2년 초과인 자동차	차령 5년까지는 1년, 이후부터는 6개월
		대 형	차령이 2년 초과인 자동차	6개월
특수 자동차	비사업용	경형·소형· 중형·대형	차령이 3년 초과인 자동차	차령 5년까지는 1년, 이후부터는 6개월
	사업용	경형·소형· 중형·대형	차령이 2년 초과인 자동차	차령 5년까지는 1년, 이후부터는 6개월

③ 검사 유효기간의 계산 방법과 종합검사기간 등(자동차종합검사의 시행 등에 관한 규칙 제9조)
  ㉠ 검사 유효기간은 다음의 방법으로 계산한다.
    • 신규등록을 하는 자동차 : 신규등록일부터 계산
    • ㉡에 따른 종합검사기간 내에 종합검사를 신청하여 적합 판정을 받은 자동차 : 직전 검사 유효기간 마지막 날의 다음날부터 계산
    • ㉡에 따른 종합검사기간 전 또는 후에 종합검사를 신청하여 적합 판정을 받은 자동차 : 종합검사를 받은 날의 다음 날부터 계산
    • 재검사 결과 적합 판정을 받은 자동차 : 종합검사를 받은 것으로 보는 날의 다음 날부터 계산
  ㉡ 종합검사기간 : 자동차 소유자가 종합검사를 받아야 하는 기간은 검사 유효기간의 마지막 날(검사 유효기간을 연장하거나 검사를 유예한 경우에는 그 연장 또는 유예된 기간의 마지막 날을 말한다) 전 90일부터 후 31일까지로 한다.
  ㉢ 소유권 변동 또는 사용본거지 변경 등의 사유로 종합검사의 대상이 된 자동차 중 정기검사의 기간 중에 있거나 정기검사의 기간이 지난 자동차는 변경등록을 한 날부터 62일 이내에 종합검사를 받아야 한다.

④ 재검사의 신청 및 실시 등(자동차종합검사의 시행 등에 관한 규칙 제7조)
  ㉠ 종합검사 실시 결과 부적합 판정을 받은 자동차의 재검사기간
    • 종합검사기간 내에 종합검사를 신청한 경우
      - 최고속도제한장치의 미설치 또는 설치상태의 불량으로 부적합 판정을 받은 경우 : 부적합 판정을 받은 날부터 10일 이내
      - 자동차 배출가스 검사기준 위반으로 부적합 판정을 받은 경우 : 부적합 판정을 받은 날부터 10일 이내
      - 그 밖의 사유로 부적합 판정을 받은 경우 : 부적합 판정을 받은 날부터 종합검사기간 만료 후 10일 이내
    • 종합검사기간 전 또는 후에 종합검사를 신청한 경우 : 부적합 판정을 받은 날부터 10일 이내
  ㉡ ㉠에 따른 기간을 산정하는 경우에는 토요일 및 일요일, 「공휴일에 관한 법률」에 따른 공휴일 및 대체공휴일, 「근로자의 날 제정에 관한 법률」에 따른 근로자의 날의 어느 하나에 해당 날은 제외한다.

자동차보험의 약관(이하 "공동인수 약관"이라 한다)에 따라 자동차보험 공동인수계약으로 체결된 자동차보험계약의 경우에도 「자동차손해배상 보장법 시행령」 제 제3조에 따른 자동차보험의 가입의무와 관련해서는 자동차보험에 가입한 것으로 본다. 다만, 공동인수계약으로 체결된 자동차보험계약의 경우에는 개별 자동차보험회사가 아닌 공동인수계약에 참여하는 자동차보험회사 전체를 자동차손해배상보장법령에 따른 자동차보험사업자로 본다.

ⓒ 이 경우 지급할 수 있는 보험금 등의 총액은 공동인수계약에 참여하는 자동차보험회사 전체에 대해 자동차손해배상보장법령에 따라 정해진 자동차보험금 등의 지급한도를 초과할 수 없다.

ⓓ 공동인수계약으로 체결된 자동차보험계약의 보험계약자 또는 피보험자의 보험금 청구는 공동인수계약에 참여하는 자동차보험회사 중 어느 한 자동차보험회사에 대하여 할 수 있으며, 보험금 청구를 받은 자동차보험회사는 공동인수계약에 참여하는 다른 자동차보험회사를 대리하여 보험금 등을 지급한다.

ⓔ 공동인수계약으로 체결된 자동차보험계약의 보험계약자가 제13조에 따른 계약사항의 변경, 제26조에 따른 계약의 해지 등을 청구하는 경우 공동인수계약에 참여하는 자동차보험회사 중 어느 한 자동차보험회사에 대해 이를 할 수 있다.

⑤ 자동차운전자가 타인의 대리인 자격으로 자동차의 점유 보조자(자동차운전종 사자 등)로서 자동차를 운전하던 중 발생한 사고

ⓛ 사용·피용 사이 등의 공동사용자에게 승낙된 자동차(대리·운전자 등)에 의한 사고 대상 제외 지침

ⓑ 자동차를 운전하여 그로 인해 사고발생 시 그 배상책임을 자동차를 운전하던 자가 부담하는 경우, 소유자의 운행제공이 없거나, 운행지배가 상실된 자동차에 의한 사고는 자동차손해보험의 대상에서 제외할 수 있다.

ⓒ 인정되는 경우
ⓓ 자동차 소유자가 배제되는 경우

⑥ 자동차종합보험 보통약관 정상적 수가기준(영 [별표 2])
ⓛ 자동차 사용기간이 30일 이내인 경우: 4십만원
ⓒ 자동차 사용기간이 30일 초과 115일 이내인 경우: 4십만원 31일째 부터 계약종료일 3일 전까지 사용일수 2십만원 더한 금액
ⓔ 자동차 사용기간이 115일 이상인 경우: 60십만원

(5) 통보감사 및 신고감사

① 통보감사
ⓛ 개별: 특약의 승수인과 관계 내에 이루어 관한 정보통지결제공정
자동차사업자에 대하여 영어로 하는 보험 내용 등 보험내용을 대로 정보감시를 준수하여야 한다.
ⓒ 보험계약자(규제 제56조 제3항): 보험승수인
등 자동차가 의무보험(책임보험, 체임공제)에 가입하여 있는 경우 및 특히 가입·해지·피보험 등
특히 가입·해지
ⓓ 보험회사 등(규제 제5조 제5항): 보험종류
자동차보험계약자의 성명·주민등록번호, 계약내용 등이 의무보험이 가입되어 있는 경우 및 해지·말소 등

② 신고감사
ⓛ 개념: 보험승수인을 하고자 할 때 받는 감사
ⓒ 신고감사를 수용하여야 하는 경우
• 자동차사업자를 이전하여 의무보험에 신규 가입하는 경우
- 자동차를 양수받아 해당 차량의 운영에 대하여 책임을 지는 경우
- 자동차의 양수인이 매도인의 이전등록신청 등이 없는 경우 자동차의 이전등록신청을 대행
- 자동차를 이전해 사용할 수 없는 승계인 경우
- 승계되는 차량에 대해 새로운 승계인이 등록자동차인 자동차를 도매·경·참고 등 사용하는 승계인이 승계되는 경우
- 등 자동차
- 자동차 그 배상에 자동차 양도된 감사능수인으로 전이된 자동차
- 수출을 위해 일시 해지된 자동차
- 자동차종합보험에 가입된 경우

과목 3 안전운행 및 운행관리

01 안전운전을 위한 준비사항

(1) 휴대서류 및 표시
① 해당 차량 운전면허증
② 자동차등록증
③ 종합보험 가입 영수증
④ 책임보험 가입 영수증

(2) 자동차 점검
① 매일 첫 운행 전의 운전 전 점검 실시
② 기본 휴대공구, 고장표지판, 예비타이어, 경광등 확인

(3) 운행계획
① 운행 전에는 자신의 능력과 자동차 성능에 맞는 운행계획 수립
② 운행계획에 포함될 내용
   ㉠ 운행경로
   ㉡ 휴식(장거리 운전 시 2시간마다 휴식) 및 주차장소와 시간
   ㉢ 구간 및 전체 소요시간
   ㉣ 사고 다발지점, 공사구간 등의 교통정보

(4) 몸의 상태 조절
피곤한 때, 감기나 몸살 등 병이 난 때, 걱정이나 고민이 있는 때, 불안이나 흥분한 때 등은 기억력과 판단력이 떨어지기 때문에 운전을 삼가야 한다.

02 교통사고의 3대 요인

(1) 인적 요인(운전자, 보행자 등)
① 신체·생리·심리·적성·습관·태도 요인 등을 포함하는 개념
② 운전자 또는 보행자의 신체적·생리적 조건, 위험의 인지와 회피에 대한 판단, 심리적 조건 등에 관한 것과 운전자의 적성과 자질, 운전습관, 내적 태도 등에 관한 것이다.

(2) 차량적 요인
① 자동차의 정비불량이나 구조적 결함 등 차량적 요인으로 인한 교통사고
② 차량구조장치, 부속품 또는 적하(積荷) 등

(3) 도로·환경적 요인
교통사고의 3대 요인 중 하나인 도로·환경요인을 도로요인과 환경요인으로 나누어 4대 요인으로 분류하기도 한다.
① 도로요인 : 도로구조, 안전시설 등에 관한 것
   ㉠ 도로구조 : 도로의 선형, 노면, 차로수, 노폭, 구배 등
   ㉡ 안전시설 : 신호기, 노면표시, 방호책 등 도로의 안전시설 등
② 환경요인 : 자연환경, 교통환경, 사회환경, 구조환경 등의 하부요인으로 구성된다.
   ㉠ 자연환경 : 기상, 일광 등 자연조건에 관한 것
   ㉡ 교통환경 : 차량교통량, 운행차구성, 보행자교통량 등 교통상황에 관한 것
   ㉢ 사회환경 : 일반국민·운전자·보행자 등의 교통도덕, 정부의 교통정책, 교통단속과 형사처벌 등에 관한 것
   ㉣ 구조환경 : 교통여건변화, 차량점검 및 정비관리자와 운전자의 책임한계 등

03 운전 특성

(1) 운전자 특성
① 운전자의 정보처리과정
   ㉠ 지각 : 자극을 접수하는 과정으로서, 그 자극은 대부분 시각적 자극이다. 운전자는 운전 중에 시야에 들어오는 정보를 탐색하고 운전에 관계되는 것은 선별하며, 선별된 자극에 시선의 초점을 집중시킨다.
   ㉡ 식별 : 자극을 식별하고 이해하는 과정으로서, 식별대상은 그 물체뿐만 아니라 속도까지를 포함한다. 이와 같은 식별에 착오가 생기면 사고가 발생하기 쉽다.
   ㉢ 행동판단 : 위해요소에 대해서 취해야 할 적절한 행동(정지, 추월, 감속, 경적울림, 비켜감 등)을 결심하는 의사결정과정으로서, 그 능력은 운전경험에 크게 좌우된다. 이 과정에서 착오가 생기면 결정적인 사고가 발생한다.
   ㉣ 반응 : 운전자의 육체적인 반응 및 이에 따라 차량의 작동이 시작되기 직전까지의 과정으로서, 운전조작의 난이도에 따라 소요되는 시간이 틀리며, 중추신경계통이 예민한 사람일수록 반응능력이 크다.
② 영향을 미치는 조건
   ㉠ 중추신경계통의 능력을 저하시키는 요인으로는 알코올이나 약물복용, 피로 등이 있으며, 연령이 높아짐에 따라 이 능력도 현저히 감퇴된다.
   ㉡ 심리적 조건은 흥미·욕구·정서 등이다.
③ 운전 특성의 개인차 : 운전 특성은 일정하지 않고 사람 간에 차이(개인차)가 있다.

해심이론 요약

(2) 시거 특성-시거기준(도로교통법 시행령 제45조 제1항)

① 시력(교정시력 포함)
   - 제1종 운전면허: 두 눈을 동시에 뜨고 잰 시력이 0.8 이상이고, 두 눈의 시력이 각각 0.5 이상일 것. 다만, 한쪽 눈을 보지 못하는 사람이 보통면허를 취득하려는 경우에는 다른 쪽 눈의 시력이 0.8 이상이고, 수직시야가 120°이상이며, 수평시야가 20°이상이고, 중심시야 20°내 암점(暗點)또는 반맹(半盲)이 없어야 한다.
   - 제2종 운전면허: 두 눈을 동시에 뜨고 잰 시력이 0.5 이상일 것. 다만, 한쪽 눈을 보지 못하는 사람은 다른 쪽 눈의 시력이 0.6 이상이어야 한다.

② 붉은색·녹색 및 노란색을 식별할 수 있을 것

(3) 동체시력
   - 움직이면서 움직이는 물체(자동차, 사람 등) 또는 움직이는 물체를 보는 시력을 말하며, 동체시력은 다음의 특성이 있다.
   ① 동체시력은 물체의 이동속도가 빠를수록 상대적으로 저하된다.
   ② 동체시력은 연령이 높을수록 더욱 저하된다.
   ③ 동체시력은 장시간 운전에 의한 피로에도 저하된다.

(4) 야간시력
   ① 야간의 시야: 해질 무렵부터 주변의 밝기에 따라 점차 낮아지기 때문에 자동차의 다른 교통이나 장애물을 발견하기 어렵고, 발견이 늦어져 그에 대한 반응시간이 늦어지기 때문에 교통사고가 많이 일어난다.
   ② 야간시력과 주시대상
      ⓐ 무엇인가가 사람이라는 것을 확인하기 가장 쉬운 옷 색깔: 흰색, 엷은 황색의 순이며 흑색이 가장 어렵다.
      ⓑ 무엇인가가 사람이라는 것을 확인하기 가장 쉬운 옷 색깔: 적색, 백색의 순이며 흑색이 가장 어렵다.
      ⓒ 주시대상인 사람이 움직이는 방향을 알아 맞추는데 가장 쉬운 옷 색깔: 적색이며 흑색이 가장 어렵다.
      ⓓ 통행인의 노상위치와 확인거리: 주간에는 중앙선에 있는 통행인이 갓길에 있는 사람보다 쉽게 확인할 수 있지만 야간에는 갓길에 있는 사람을 더 쉽게 확인할 수 있다.
   ③ 야간시력과 주시대상
      ⓐ 야간 운전시 어두운 배경에서 밝은 색등의 영상이 망막에 남는 현상을 말한다.
      ⓑ 아주 밝은 불빛을 잠깐 본 후에도 잔상이 상당히 오래 계속된다.
      ⓒ 아주 밝은 불빛을 오랫동안 보고 있으면 잔상은 더욱 길어진다.
      ⓓ 도로상에 있는 가로등, 광고불빛 등으로 잔상이 발생되기 쉬운데 이것을 피하는 방법은 시선을 약간 옆으로 돌리는 것이다.

   ⑤ 암순응과 명순응
   - 야간 자동차의 전조등에 의해 맞은편 차로 운전자의 눈부심 현상을 감소시키기 위해 차광막 또는 수목을 심어 감광시설을 해야 한다.

---

04 심리 특성

(1) 운전감정으로 보는 심리
   ① 감정이 불안정한 운전자는 상상활동을 하고, 긴급상황시 감정적 운전을 하기 쉽다.
   ② 감정의 불안정은 주시속도와 판단력에 영향이 많고, 긴급상황 등 오판 하기 쉽다.
   ③ 감정의 불안정은 인지·판단·조작 등의 연속인 운전행동에서 판단의 그르치거나 조작의 오류를 범하기 쉽다.

(2) 사고다발자의 심리
   타인을 생각하지 않고 자기만을 내세워 자기중심적이고 이기적인 편이며 공격적이고 충동적인 면을 가지고 있는 사람은 원만한 성격을 가진 사람보다 사고를 일으키기 쉽다.
   ① 충동을 억제하기 어렵다.
   ② 사회(환경)에 적응력이 약하다.
   ③ 충동이나 자극에 민감하여 정서적으로 흥분하기 쉽다.
   ② 감정이 동요되기 쉽고 정서적으로 히스테리적 경향이 크다.
   ③ 주위가 산만하고 공상이나 산만한 생각에 빠지기 쉽다.

(3) 음주운전자의 심리
   음주운전, 난폭운전, 기분에 다라 좋아지는 것 등은 모두 운동하고자 하는 감정이 작용함에 따라 자신의 감정을 자제하지 못하고 공격적으로 성격이 변화되는 결과이다.
   ① 인지에 있다: 주위의 상황에 대한 판단을 잘 못한다.
   ② 감정 상태: 감정의 기복이 생긴다.·충동적이 된다 등의 인지적, 정서적 변화이다.
   ③ 운전감정 태도: 자기의 행동을 통제하는 능력이 떨어지고 공격적인 운전을 한다.
   ④ 대인 관계: 평상시에 억눌렸던 상대에 대한 적개심, 그리고 공격성이 나타나 사회적으로 바람직하지 못한 언행을 할 수 있다.

05 사고의 심리

(1) 교통사고의 원인과 요인
교통사고의 원인이란 반드시 사고라는 결과를 초래한 그 어떤 것을 말하며, 사고의 요인이란 교통사고 원인을 초래한 인자를 말한다. 교통사고의 요인은 간접적 요인, 중간적 요인, 직접적 요인 등 3가지로 구분된다.

① 간접적 요인 : 교통사고 발생을 용이하게 한 상태를 만든 조건
  ㉠ 운전자에 대한 홍보활동 결여 또는 훈련의 결여
  ㉡ 차량의 운전 전 점검습관의 결여
  ㉢ 안전운전을 위하여 필요한 교육 태만, 안전지식 결여
  ㉣ 무리한 운행계획
  ㉤ 직장이나 가정에서의 인간관계 불량 등

② 중간적 요인
  ㉠ 운전자의 지능
  ㉡ 운전자 성격
  ㉢ 운전자 심신기능
  ㉣ 불량한 운전태도
  ㉤ 음주·과로 등

③ 직접적 요인 : 사고와 직접 관계있는 것
  ㉠ 사고 직전 과속과 같은 법규 위반
  ㉡ 위험인지의 지연
  ㉢ 운전조작의 잘못
  ㉣ 잘못된 위기대처 등

(2) 교통사고의 심리적 요인

① 교통사고 운전자의 특성
  ㉠ 선천적 능력(타고난 심신기능의 특성 : 시력, 현혹 회복력, 시야, 색맹 또는 색약, 청력, 지능, 지체부자유) 부족
  ㉡ 후천적 능력(학습에 의해서 습득한 운전에 관계되는 지식과 기능 : 차량조작능력, 도로조건의 인식능력, 교통조건의 인식능력, 주의력, 성격) 부족
  ㉢ 바람직한 동기와 사회적 태도(각양의 운전상태에 대하여 인지, 판단, 조작하는 태도) 결여
  ㉣ 불안정한 생활환경 등

② 착 각
  ㉠ 크기의 착각 : 어두운 곳에서는 가로 폭보다 세로 폭의 길이를 보다 넓은 것으로 판단한다.
  ㉡ 원근의 착각 : 작은 것과 덜 밝은 것은 멀리 있는 것으로 느껴진다.
  ㉢ 경사의 착각
    • 작은 경사는 실제보다 작게, 큰 경사는 실제보다 크게 보인다.
    • 오름 경사는 실제보다 크게, 내림경사는 실제보다 작게 보인다.
  ㉣ 속도의 착각
    • 좁은 시야에서는 빠르게 느껴진다. 비교 대상이 먼 곳에 있을 때는 느리게 느껴진다.
    • 상대 가속도감(반대방향), 상대 감속도감(동일방향)을 느낀다.
  ㉤ 상반의 착각
    • 주행 중 급정거 시 반대방향으로 움직이는 것처럼 보인다.
    • 큰 것들 가운데 있는 작은 것은 작은 것들 가운데 있는 같은 것보다 작아 보인다.
    • 한쪽 곡선을 보고 반대방향의 곡선을 봤을 경우 실제보다 더 구부러져 있는 것처럼 보인다.

06 운전피로

(1) 운전피로의 개념
운전작업에 의해서 일어나는 신체적인 변화, 신체적으로 느끼는 피로감, 객관적으로 측정되는 운전기능의 저하를 총칭한다. 순간적으로 변화하는 운전환경에서 오는 운전피로는 신체적 피로와 정신적 피로를 동시에 수반하지만, 신체적인 부담보다 오히려 심리적인 부담이 더 크다.

(2) 운전피로의 특징과 요인

① 운전피로의 특징
  ㉠ 피로의 증상은 전신에 걸쳐 나타나고 이는 대뇌의 피로(나른함, 불쾌감 등)를 불러온다.
  ㉡ 피로는 운전작업의 생략이나 착오가 발생할 수 있다는 위험신호이다.
  ㉢ 단순한 운전피로는 휴식으로 회복되나 정신적, 심리적 피로는 신체적 부담에 의한 일반적 피로보다 회복시간이 길다.

② 운전피로의 요인
  ㉠ 생활요인 : 수면·생활환경 등
  ㉡ 운전작업 중의 요인 : 차내 환경·차외 환경·운행조건 등
  ㉢ 운전자 요인 : 신체조건·경험조건·연령조건·성별조건·성격·질병 등

(3) 피로와 교통사고

① 피로의 진행과정
  ㉠ 피로의 정도가 지나치면 과로가 되고 정상적인 운전이 곤란해진다.
  ㉡ 피로 또는 과로 상태에서는 졸음운전이 발생될 수 있고 이는 교통사고로 이어질 수 있다.
  ㉢ 연속운전은 일시적으로 급성피로를 낳게 한다.
  ㉣ 매일 시간상 또는 거리상으로 일정 수준 이상의 무리한 운전을 하면 만성피로를 초래한다.

② 운전피로와 교통사고 : 대체로 운전피로는 운전조작의 잘못, 주의력 집중의 편재, 외부의 정보를 차단하는 졸음 등을 불러와 교통사고의 직접·간접원인이 된다.

③ 장시간 연속운전 : 장시간 연속운전은 심신의 기능을 현저히 저하시킨다.

④ 수면 부족 : 적정한 시간의 수면을 취하지 못한 운전자는 교통사고를 유발할 가능성이 높다. 따라서 출발 전에 충분한 수면을 취한다.

PART 1 해-['-]징이론 요약

07 방어사고

(1) 방어 중 교통사고
① 우리나라의 교통사고 사망자가 가장 많이 나는 곳은 '차도, 보도, 미로, 광장' 등에 속한다.
② 차 대 사람의 사고가 가장 많고 차 대 차 중(추돌사고), 차 대 정, 기타 원인, 차량단독사고 순이다.
③ 신호등에 파란 이유가 없거나 교통사고가 더 많다.

(2) 보행자 사고의 원인
① 교통상황을 감지하지 못하고 사고를 피하기 위한 올바른 대응방법을 알지 못하여 다음과 같이 움직이거나 반응한다.

(3) 어린이에 의한 교통사고의 원인
① 생각에서 실행까지의 시간이 빠르기 때문이다.
② 어린이 보행자를 잘 살피지 않고 그대로 운전한다.
③ 운전자가 안전지대를 잘 지킬 수 없는 말실을 한다.
④ 길이 좁아 머리다.
⑤ 손에 쥐어 든다.

(4) 피로한 운전상태
① 운전자의 피로는 운전조작 기능, 판단, 주의 동 모든 요소에 영향을 주며 대형사고 및 주의력 부 주의한 운전, 감속실수 등을 일으키는 가장 큰 요인이다.
② 운전자는 정신적 시간가 피로도로 인해 운전 부주의 또는 운전활동의 질이 저하된다.
③ 운전의 경과시간 상태에 따라 운전자의 피로가 증가되면 인지판단, 조작기능이 약화되고 궁극적으로 심수하지 않게 된다.

08 음주의 운전

(1) 교통운전의 문제점
① 음주 : 과잉행동(안감 반응)은 판단이 빠르지 못하 며 감정흥분, 권유, 경쟁력, 공포, 불안, 각성 등이 저감되는 것이 대부분이다. 그리고 성격 성향에 나타나는 자기표현이 더욱 노골적이고 행동으 로는 욕설, 폭력, 기물파손 등으로 나타난다.
② 음주 방지 : 과잉활동의 심한 행동 경력이 각성되지 않는 것이다.
③ 운전술 : 과잉행동한 심각한 운전을 하면 의식이 혼돈하고 운전행동의 조율을 잃어 정상적인 운전을 할 수 없게 된다.

(2) 음주운전 교통사고의 특징
① 사망율이 높다.
② 주차 중인 자동차나 정지물체 등에 충돌한다.
③ 통행중인 다른 차량 등에 충돌한다.
④ 차량단독 사고의 가능성이 높다(도로 이탈사고 등).
⑤ 대향차의 전조등에 의한 현혹 현상 발생 시 정상운전 보다 교통사고 위험이 증가된다.

09 교통약자

(1) 고령자(노인)의 교통안전
① 고령자의 교통행동
ⓘ 고령자는 일반적으로 사리를 살피면 가는 과정에 신중하다.
ⓛ 고령자는 상황을 지각하고 행동하여 대응할 수 있는 시간이 느리다.
ⓒ 고령자는 오랫동안 반복 익숙해진 습관에 의해 좌우되는 경향이 있다.
ⓔ 고령자는 신중하더라도 자체적 능력의 저하로 인해 이동동작에 개인 차가 큰 경향이 있다.
② 고령자의 운전 태도
ⓘ 젊음 주의에 비해 신중하다.
ⓛ 과속을 하지 않는다.
ⓔ 반사신경이 둔하다.
ⓞ 돌발사태 시 대응이 미흡하다.
③ 고령자의 교통사고
ⓘ 고령자의 교통사고는, 골목길, 공원, 마당 등에서 발생한다.
ⓛ 고령 운전자의 신중성 경향이 많은 운전자에게 가능한다.
ⓒ 동체시력의 악화 현상이 있다.

(2) 어린이의 교통안전
① 어린이의 교통행동 특성
ⓘ 교통상황에 대한 주의력이 부족하다.
ⓛ 판단력이 부족하고 모방행동이 많다.
ⓒ 단순한 사고방식을 가지고 있다.
ⓔ 구체적인 물체를 보고 그냥 지나가 중하다.
ⓞ 자기중심적이고 이기적이다.
ⓕ 감정에 따라 행동 변화가 심하다.

② 전방의 장애물이나 자극에 대한 반응은 60, 70대가 된다 해도 급격히 저하되거나 쇠퇴해지는 것은 아니지만, 후사경을 통해서 인지하고 반응해야 하는 '후방으로부터의 자극'에 대한 동작은 연령이 증가함에 따라서 크게 지연된다.

④ 고령자 교통안전 장애 요인
  ㉠ 자동차 주행속도와 거리의 측정능력 결여
  ㉡ 시력 약화
  ㉢ 위험한 교통상황에 대처함에 있어서 이를 회피할 수 있는 능력의 부족
  ㉣ 청력 약화
  ㉤ 기동성 결여
  ㉥ 자동차 교통의 주행속도와 교통량(자동차 대수)의 증대
  ㉦ 반사 동작의 둔화
  ㉧ 노화에 따른 전반적인 체력 약화
  ㉨ 도로 횡단시간이 부족함에 대한 두려움
  ㉩ 주의·예측·판단의 부족

(2) 어린이 교통안전

① 어린이 교통사고의 특징
  ㉠ 어릴수록 그리고 학년이 낮을수록 교통사고가 많다.
  ㉡ 보행 중 교통사고를 당하여 사상당하는 비율이 절반 이상으로 가장 높다.
  ㉢ 시간대별 어린이 사상자는 오후 4~6시 사이에 가장 많다.
  ㉣ 보행 중 사상자는 집에서 2km 이내의 거리에서 가장 많이 발생되고 있다.

② 어린이 교통사고의 유형
  ㉠ 도로에 갑자기 뛰어들기 : 어린이 보행자 사고의 대부분(약 70% 내외)은 도로에 갑자기 뛰어들기로 인하여 발생되고 있다. 특히 뛰어들기 사고는 주거지역 내의 폭이 좁고 보도와 차도가 구분되지 않는 이면도로에서 많이 발생하고, 어린이의 정서적·사회적 특성과도 관계가 있다.
  ㉡ 도로 횡단 중의 부주의 : 어린이는 몸이 작기 때문에 주차 또는 정차한 차량 바로 앞뒤로 도로를 횡단하면 차를 운전하는 운전자는 어린이를 볼 수 없는 경우가 있으며, 어린이 역시 주차나 정차된 차에 가려 다른 차를 볼 수 없는 경우가 있다.
  ㉢ 도로상에서 위험한 놀이 : 어린이들이 길거리나 주차한 차량 가까이서 놀다가 당하는 사고도 자주 발생한다.
  ㉣ 자전거 사고 : 차도에서 자전거를 타고 놀거나 골목길에서 일단 멈추지 않고 그대로 넓은 길로 달려 나오다가 자동차와 부딪치는 사고가 발생하기도 한다.
  ㉤ 차내 안전사고 : 자동차가 빠른 속도로 달리다 급정지할 경우에는 관성에 의해 몸이 앞으로 쏠리면서 차 내부의 돌기물에 부딪치게 된다. 그렇기 때문에 반드시 안전벨트를 착용하게 하고 차 안에서 장난치거나 머리나 손을 창 밖으로 내밀지 않도록 해야 한다.

③ 어린이가 승용차에 탑승했을 때의 안전사항
  ㉠ 안전띠 착용 : 자동차의 시트와 안전띠는 어른의 체격에 맞도록 되어 있어 어린이를 그냥 앉히고 안전띠를 착용시키면 위험하므로 가급적 어린이는 뒷좌석 2점 안전띠의 길이를 조정하여 사용한다.
  ㉡ 여름철 주차 시 : 여름철 차내에 어린이를 혼자 태우고 방치하면 탈수현상과 산소 부족으로 생명을 잃는 경우가 있으므로 주의하여야 한다.
  ㉢ 문을 열고 닫을 때 : 어린이가 문을 열고 닫을 때 부주의하여 손가락이나 다리를 다칠 경우도 있고 주위의 다른 차량이나 자전거 등에 부딪칠 경우도 있으므로 반드시 어린이는 제일 먼저 태우고 제일 나중에 내리도록 하며, 문은 어른이 열고 닫아야 안전하다.
  ㉣ 차를 떠날 때 : 어린이가 차 안에 혼자 남아 있으면 차의 시동을 걸거나 각종 장치를 만져 뜻밖의 사고가 생길 수 있으므로 어린이와 같이 차에서 떠나야 한다.
  ㉤ 어린이의 좌석 위치 : 어린이가 앞좌석에 앉으면 운전장치나 물건 등을 만져 운전에 지장을 줄 수 있고 사고의 위험도 있다. 반드시 뒷좌석에 태우고 도어의 안전잠금장치를 잠근 후 운행한다.

10 도로의 선형과 교통사고

(1) 도로 요인

도로 요인은 도로 구조, 안전시설 등에 관한 것이다.
① **도로 구조** : 도로의 선형, 노면, 차로수, 노폭, 구배 등에 관한 것이다.
② **안전시설** : 신호기, 노면표시, 방호책 등 도로의 안전시설에 관한 것이다.
③ **교통사고 발생과 도로 요인** : 인적 요인, 차량요인에 비하여 수동적 성격을 가지며, 도로 그 자체는 운전자와 차량이 하나의 유기체로 움직이는 터전이다.

(2) 차로수와 교통사고

차로수와 사고율의 관계는 아직 명확하지 않으나, 일반적으로 차로수가 많으면 사고가 많다.

(3) 차로폭과 교통사고

일반적으로 횡단면의 차로 폭이 넓을수록 교통사고예방의 효과가 있으므로, 교통량이 많고 사고율이 높은 구간의 차로 폭을 넓히면 그 효과는 더욱 크게 된다.

(4) 길어깨(노견, 갓길)와 교통사고

① 길어깨가 넓으면 차량의 이동공간이 넓고, 시계가 넓으며, 고장차량을 주행로로 밖으로 이동시킬 수 있기 때문에 안전성이 크다.
② 길어깨가 토사나 자갈 또는 잔디보다는 포장된 노면이 더 안전하며, 포장이 되어 있지 않을 경우에는 건조하고 유지관리가 용이할수록 안전하다.
③ 일반적으로 차도와 길어깨를 흰색 페인트칠로 구획하는 노면표시를 하면 교통사고는 감소한다.

11 보행아동

(1) 용어의 정의

① 인지공간: 보행자가 도로상의 특정지점에서 그 주위의 이동환경에 대하여 인지하고 있는 공간영역이다.
② 판단공간: 보행자가 주위의 도로교통 상황을 판단하고 그 상황에 알맞은 안전한 보행행동을 선택하기 위하여 필요한 공간영역을 말한다.
③ 보행공간: 보행자가 보행에 필요한 기본적인 공간으로 이동하는 공간이다(점유공간).

(2) 보행안정의 기준

① 유효한 공간 기둥: 횡단보도나 보행신호와 같은 공간적인 이동성.
② 안전한 공간 기둥: 교통표지판, 신호등 등 안전한 이동을 위한 시설물.
③ 쾌적한 공간요소: 보행자가 편안함을 느낄 수 있는 환경.
④ 이동성과 보행성
⑤ 인지성: 공간이 잘 보이며 쉽게 파악되고 미리 판단할 수 있는 상태로 인지성이 좋은 공간에 보행자는 안심감을 가진다.
⑥ 안전성 : 교통사고로부터 안전하게 이용할 수 있는 공간으로 공단의 안전성을 바탕으로 구성된 공간이어야 한다.

(3) 보행안전 교통사고

① 동반보행자 충돌 : 방향전환하는 보행자는 대향보행자의 이동방향을 예측하기 어려워 충돌이 일어나는 경우가 많다.
② 횡단보도에서의 사고 : 횡단보도를 건너는 동안 차와 부딪치거나 신호위반 차량에 부딪치는 사고이다.
③ 회전 중인 자동차와의 사고는 회전하는 자동차가 횡단보도(횡단보행자)의 통행우선권을 무시하기 때문에 일어난다.

12 사용별 공간

(1) 교차점

① 교차로 자동차, 사람, 이륜차 등의 발생원(교차)이 밀집되어있는 경우로, 교차로의 교통수단의 흐름을 연결하는 주요 공간이다.
② 사고위험성: 교차로에서는 가장 복잡한 지점이다.
③ 교통사고 원인: 교차로 교통사고의 원인 중에는 신호위반이나 운전자의 부주의, 안전운전의무 등의 위반이 있다. 기본적으로 보행자의 횡단신호 위반이나, 운전자의 속도 위반 등의 원인이 있다.
④ 안정적 대응방법: 교차로의 복잡성에 유의하며 자기중심적인 생각으로 해서는 안 된다.
⑤ 운전자 태도 점검: 교통사고가 많은 지점이기 때문에 여유있는 마음으로 안전운전을 해야 한다.
⑥ 교통상황 점검 수단: TV, 라디오, 신문, 일보, 인터넷 등을 통해서도 좋은 정보를 얻을 수 있다.
⑦ 안전의 조건: 교차로 주변의 다른 공간에 대한 판단과 예측을 하고 교통상황의 변화에 대응할 수 있는 능력이 있어야 한다.
⑧ 교통사고 방지책: 음주, 피로, 건강 상태, 기상 상태 등의 주변 환경을 지각하여 안전운전에 힘쓰며 심신에 상태 또는 도로 상황에 맞지 않게 과속이나 난폭운전을 하지 않는다.

PART 1 해심이론 요약

(2) 이면도로 공간

① 생활 이면도로에서 운전한다.
② 보행자나 어린이가 갑자기 뛰어나오거나 갑자기 정지할 가능성 등을 고려해 안전운전을 한다.
③ 사거리 자기가 갈 곳을 정확히 파악하고 안전한 길을 찾아 다닌다.

(3) 커브길 안전운전

① 커브길에서는 미끄러지거나 차체의 안정성이 떨어지기 쉽기 때문에 미리 감속한 후 안전속도로 진입한다.
② 엑셀을 조작할 때는 가속이나 급감속을 하지 않는다.
③ 정지선 등 중앙선을 침범하지 않도록 주의한다.
④ 무리한 추월, 앞지르기는 사용하지 않아야 한다.
⑤ 앞차와 거리를 두고 있으며 앞의 상황을 보고 지각한 후 운전한다.

⑥ 커브길에서 앞지르기는 대부분 안전표지로 금지하고 있으나 금지표지가 없더라도 절대로 하지 않는다.
⑦ 겨울철에는 빙판이 그대로 노면에 있는 경우가 있으므로 사전에 조심하여 운전한다.

(4) 철길 건널목

① 철길 건널목의 종류 : 철도와 도로법에서 정한 도로가 평면 교차하는 곳을 의미한다.
  ㉠ 1종 건널목 : 차단기, 경보기 및 건널목 교통안전 표지를 설치하고 차단기를 주·야간 계속하여 작동시키거나 또는 건널목 안내원이 근무하는 건널목
  ㉡ 2종 건널목 : 경보기와 건널목 교통안전 표지만 설치하는 건널목
  ㉢ 3종 건널목 : 건널목 교통안전 표지만 설치하는 건널목

② 철길 건널목의 사고원인
  ㉠ 운전자가 건널목의 경보기를 무시하거나, 일시정지를 하지 않고 통과하다가 주로 발생한다.
  ㉡ 일단 사고가 발생하면 인명피해가 큰 대형사고가 주로 발생하게 된다.

③ 철길 건널목의 안전운전 방어운전
  ㉠ 일시정지 후, 좌우의 안전을 확인한다.
  ㉡ 건널목 통과 시 기어는 변속하지 않는다.
  ㉢ 앞 차량을 따라 계속 건너갈 때는 앞 차량이 건너간 맞은편에 자기 차가 들어갈 여유 공간이 있을 때 통과한다.

④ 철길 건널목 내 차량고장 대처요령
  ㉠ 즉시 동승자를 대피시킨다.
  ㉡ 철도 공무원에게 알리고 차를 건널목 밖으로 이동시키도록 조치한다.
  ㉢ 시동이 걸리지 않을 때는 당황하지 말고 기어를 1단 위치에 넣은 후 클러치 페달을 밟지 않은 상태에서 엔진 키를 돌리면 시동 모터의 회전으로 바퀴를 움직여 철길을 빠져 나올 수 있다.

13 계절별 운전

(1) 봄 철

① 교통사고의 특징
  ㉠ 도로조건 : 날씨가 풀리면서 겨우내 얼어 있던 땅이 녹아 지반 붕괴로 인한 도로의 균열이나 낙석의 위험이 크며, 특히 포장된 도로를 운행할 때 노변을 통하여 운행하는 것은 노변의 붕괴 또는 함몰로 인한 대형 사고의 위험이 높다.
  ㉡ 운전자 : 춘곤증에 의한 졸음운전으로 전방주시태만과 관련된 사고의 위험이 높다.
  ㉢ 보행자 : 교통상황에 대한 판단능력이 부족하고 어린이와 신체능력이 약화된 노약자들의 보행이나 교통수단 이용이 겨울에 비해 늘어나는 계절적 특성으로 어린이·노약자 관련교통 사고가 늘어난다. 주택가나 학교 주변 또는 정류소 등 보행자가 많은 지역에서는 차간거리를 여유 있게 확보하고 서행하여야 한다.

② 안전운행 및 교통사고 예방
  ㉠ 교통 환경 변화 : 봄철 안전운전을 위해 중요한 것은 무리한 운전을 하지 말고 긴장을 늦추어서는 안 된다는 것이며, 도로의 지반 붕괴와 균열로 인해 도로 노면 상태가 1년 중 가장 불안정하여 사고의 원인이 되므로 시선을 멀리 두어 노면 상태 파악에 신경을 써야 한다.
  ㉡ 주변 환경 대응 : 포근하고 화창한 외부환경 여건으로 보행자나 운전자 모두 집중력이 떨어져 사고 발생률이 다른 계절에 비해 높다. 특히 본격적인 행락철을 맞아 교통수요가 많아져 통행량도 증가하게 되므로, 충분한 휴식을 취하고 운행 중에는 주변 교통 상황에 대해 집중력을 갖고 안전 운행하여야 한다.
  ㉢ 춘곤증 : 춘곤증은 피로·나른함 및 의욕저하를 수반하여 운전하는 과정에서 주의력 저하와 졸음운전으로 이어져 대형사고를 일으키는 원인이 될 수 있다. 따라서 무리한 운전을 피하고 장거리 운전 시에는 충분한 휴식을 취해야 한다.

③ 자동차관리
  ㉠ 세차 : 겨울을 보낸 다음에는 전문 세차장을 찾아 차체를 들어 올리고 구석구석 세차를 해야 한다. 노면의 결빙을 막기 위해 뿌려진 염화칼슘이 운행 중에 자동차의 바닥부분에 부착되어 차체의 부식을 촉진시키기 때문이다.
  ㉡ 월동장비 정리 : 겨울을 나기 위해 필요했던 스노타이어, 체인 등 월동장비를 잘 정리해서 보관한다.
  ㉢ 엔진오일 점검 : 주행거리와 오일의 상태에 따라 교환해 주거나 부족 시 보충해야 한다.
  ㉣ 배선상태 점검 : 전선의 피복이 벗겨진 부분은 없는지, 소켓 부분이 부식되지는 않았는지 등을 살펴보고 낡은 배선은 새것으로 교환해주어 화재발생을 예방할 수 있도록 한다.

(2) 여름철

① 교통사고의 특징
  ㉠ 도로조건 : 여름철에 발생되는 무더위, 장마, 폭우로 인한 교통환경의 악화를 운전자들이 극복하지 못하여 교통사고를 일으킬 수 있으므로 기상 변화에 잘 대비하여야 한다.
  ㉡ 운전자 : 기온과 습도 상승으로 불쾌지수가 높아져 적절히 대응하지 못하면 이성적 통제가 어려워져 난폭운전, 불필요한 경음기 사용, 사소한 일에도 언성을 높이며 잘못을 전가하려는 행동이 나타난다. 또한 수면부족과 피로로 인한 졸음운전 등도 집중력 저하 요인으로 작용한다.
  ㉢ 보행자 : 장마철에는 우산을 받치고 보행함에 따라 전·후방시야를 확보하기 어렵고, 장마 이후엔 무더운 날씨로 인해 낮에는 더위에 지치고 밤에는 잠을 제대로 자지 못해 피로가 쌓여 불쾌지수가 증가하므로 위험한 상황에 대한 인식이 둔해지고 안전수칙을 무시하려는 경향이 강하게 나타난다.

② 안전운행 및 교통사고 예방
  ㉠ 뜨거운 태양 아래 오래 주차 시 : 기온이 상승하면 차량의 실내온도는 뜨거운 양철 지붕 속과 같이 되므로 출발하기 전에 창문을 열어 실내의 더운 공기를 환기시키고 에어컨을 최대로 켜서 실내의 더운 공기가 빠져나간 다음에 운행하는 것이 좋다.

PART 1 해 차이론 요약

(3) 기울임

① 교통사고의 특징
- ⓐ 도로조건: 경사진 도로에서 경사각이 크면 클수록 미끄러지기 쉬우며, 급커브를 동반한 경사진 도로에서는 차량의 중량에 의해 상당한 쏠림현상이 나타나 감속하지 않고 진입하면 이탈할 위험성이 매우 높다.
- ⓑ 운전자: 내리막 경사로를 동반한 급커브 구간 진입 시, 짧은 시간에 경사각도·굽은 정도 등 도로상황을 파악하여야 하고, 제동 및 핸들조작을 동시에 해야 하므로 운전조작의 부담이 가중된다.

② 인적요인 및 교통사고 예방
- ⓐ 이상기후 대비: 악천후 상황 발생 시에는 감속 운행하여 급제동이나 급핸들 조작 등을 피하고, 운전자는 노면의 미끄러움에 대비하여야 한다.
- ⓑ 커브길 주의: 커브길에서는 대형차의 경우 공차가 만차보다 감속하지 않고 진행하면 원심력의 영향으로 전복되기 쉬우므로 공차 시에는 특히 더 주의하여야 한다.
- ⓒ 해빙기 주의: 겨울에 얼었던 노면이 녹으면서 흙이 밀려 나오고 도로의 포장상태가 심하게 손상되므로 파손도로를 피하고, 노면상태를 확인하며 운행하여야 한다.
- ⓓ 수막현상 주의: 수막이 생겨 있는 젖은 노면 등에서는 속도가 빠를수록 수막현상 등 위험성이 증가하므로 감속 운행하여야 한다.

(4) 기울임

① 교통사고의 특징
- ⓐ 도로조건: 경사도가 큰 내리막길, 내리막 굽은 길, 녹은 빙판 등 다양한 기상 및 도로환경에 따라 사고 빈도와 형태가 달라진다.
- ⓑ 운전자: 내리막길에서는 가속력이 커지면서 제동거리가 길어지고, 자동차의 중량이 많이 나가는 화물차의 경우 제동력 상실 위험이 증가한다.

② 인적요인 및 교통사고 예방
- ⓐ 운동량 증가 시: 수송량이 많을수록 사고의 가능성이 증가하므로 운동량을 줄여 감속 운행하고, 엔진브레이크를 사용하여 속도를 조절한다.
- ⓑ 장거리 운행 시: 미끄러운 노면이나 경사가 심한 도로에서 자동차가 다른 차를 앞지르기 할 경우 앞지르기는 허용된 지점에서만 하고, 앞지르기 후 차선을 바꿀 경우에는 앞차와의 충분한 간격을 둔 후 진입한다.
- ⓒ 주행 시: 미끄러운 도로에서 제동 시 제동거리가 평상시보다 2배 이상 길어지므로 충분한 안전거리 확보 후 엔진브레이크로 감속하고 풋 브레이크는 여러 번 나누어 사용한다.
- ⓓ 미끄러운 노면에서는 자동차의 제동이 원활하지 않으므로 엔진브레이크 등으로 속도를 조절하고 급제동, 급핸들 조작 등은 피하여 각별히 주의하여야 한다.

• 눈 쌓인 커브 길 주행 시에는 기어 변속을 하지 않는다. 기어 변속은 차의 속도를 가감하여 주행 코스 이탈의 위험을 가져온다.
  ㉣ 장거리 운행 시 : 장거리 운행을 할 때는 목적지까지의 운행계획을 평소보다 여유 있게 세워야 하며, 도착지·행선지·도착시간 등을 타인에게 고지하여 기상악화나 불의의 사태에 신속히 대처할 수 있도록 한다. 특히, 비포장 도로나 산악도로 운행 시에는 월동 비상장구를 휴대하도록 한다.
③ 자동차관리
  ㉠ 월동장비 점검 : 겨울철의 눈길이나 빙판길을 안전하게 주행하기 위해 스노타이어로 교환하거나 체인을 장착한다.
  ㉡ 부동액 점검 : 냉각수의 동결을 방지하기 위해 부동액의 양 및 점도를 점검한다.
  ㉢ 정온기 상태 점검 : 엔진의 온도를 일정하게 유지시켜 주는 역할을 하는 정온기를 점검하여 엔진의 워밍업이 길어지거나, 히터의 기능이 떨어지는 것을 예방한다.

14 경제운전

(1) 경제운전의 기본적인 방법
① 가·감속을 부드럽게 한다.
② 불필요한 공회전을 피한다.
③ 급회전을 피하고 부드럽게 회전한다.
④ 일정한 차량속도를 유지한다.

(2) 경제운전의 효과
① 차량 관리비용, 고장 수리비용, 타이어 교체비용 등의 감소효과
② 수리 및 유지관리 작업 등의 시간 손실 감소효과
③ 공해배출 등 환경문제의 감소효과
④ 교통안전 증진효과
⑤ 운전자 및 승객의 스트레스 감소효과

(3) 주행방법과 연료소모율
① 버스 엔진의 시동을 걸 때는 적정속도로 엔진을 회전시켜 적정한 오일압력이 유지되도록 하여야 한다. 오일압력이 적정해지면 부드럽게 출발한다. 이때 적정한 공회전 시간은 여름은 20~30초, 겨울은 1~2분 정도가 적당하다.
② 도중에 가감속이 없는 일정속도로 주행하는 것이 중요하다.
③ 기어변속은 엔진 회전속도 2,000~3,000RPM 상태에서 고단기어로 변속하는 것이 좋다.
④ 운전 중 가속페달에서 발을 떼고 관성으로 차를 움직일 수 있을 때는 제동을 피하는 것이 좋다. 관성주행은 연료소모를 줄이고 제동장치와 타이어의 불필요한 마모도 줄일 수 있다.
⑤ 지선에서 차량속도가 높은 본선으로 합류할 때는 안전이 중요하므로 경제운전보다 가속이 필수적이다.

15 유형별 차로

(1) 가변차로
① 특정 시간대에 방향별 교통량이 현저하게 차이 나는 도로에서 교통량이 많은 쪽으로 차로수가 확대되도록 신호기로 차로 진행방향을 지시하는 차로이다.
② 차량의 운행속도를 향상시켜 구간 통행시간을 줄여주고, 차의 연료소모율 및 배기가스 배출량의 감소효과를 볼 수 있다.
③ 가변차로를 시행할 때에는 가로변 주정차 금지, 좌회전 통행 제한, 충분한 신호시설의 설치, 차선 도색 등 노면표시에 대한 개선이 필요하다.

(2) 양보차로
① 양방향 2차로 앞지르기 금지구간에서 차의 원활한 소통을 위해 갓길 쪽으로 설치하는 저속자동차의 주행차로이다.
② 저속자동차로 인해 교통흐름이 지체되고 반대차로를 이용한 앞지르기가 불가능할 경우 원활한 소통을 위해 설치한다.

(3) 앞지르기차로
① 교통흐름이 지체되고 앞지르기가 불가능할 경우, 원활한 소통을 위해 도로 중앙 측에 설치하는 고속자동차의 주행차로이다.
② 앞지르기차로는 2차로 도로에서 주행속도를 확보하기 위해 오르막차로와 교량 및 터널 구간을 제외한 구간에 설치된다.

(4) 오르막차로
① 대형차와 같이 단위중량당 마력수가 작은 차량은 오르막에서 속도가 저하되어 다른 차들이 추월하지 못하고 그 뒤를 따르게 되어, 경우에 따라서는 교통사고의 원인이 된다.
② 오르막구간에서 안전사고를 예방하기 위하여 저속자동차와 다른 자동차를 분리하여 통행시키기 위해 설치하는 차로이다.

(5) 회전차로
① 교차로 등에서 차가 좌회전, 우회전, 유턴을 할 수 있도록 직진차로와 별도로 설치하는 차로로서 좌회전차로, 우회전차로, 유턴차로 등이 있다.
② 회전차로는 직진차로를 위한 차로와 인접하여 설치하기도 하고 교통섬 등으로 분리하여 설치하기도 한다.

(6) 변속차로
① 차가 다른 도로로 유입하는 경우 본선의 교통흐름을 방해하지 않고 안전하게 감속 또는 가속하도록 설치하는 차로이다. 고속자동차가 감속하여 다른 도로로 유입하는 경우에 감속차로라고 하고, 저속자동차가 고속자동차들 사이로 유입할 경우에 가속차로라 한다.
② 주로 고속도로의 인터체인지 연결로, 휴게소 및 주유소의 진입로, 공단진입로, 상위도로와 하위도로가 연결되는 평면교차로 등 차량의 유출입이 잦은 곳에 설치한다.

16 보행자의 통행 방법

(1) 보도통행

① 보도와 차도가 구분된 도로에서는 반드시 보도로 통행하여야 한다. 단, 도로공사 등으로 보도의 통행이 금지된 경우나 그 밖의 부득이한 경우에는 그러하지 아니하다.
② 고가도로 내에서는 보행이 금지된다.
ⓒ 보행자는 보도에서는 우측통행을 원칙으로 한다.
② 고속도로 자동차전용도로의 횡단을 금지한다.
ⓒ 자동차만이 다닐 수 있도록 설치된 자동차전용도로의 통행을 금지한다.
ⓐ 횡단보도가 설치되어 있지 아니한 도로에서는 가장 짧은 거리로 횡단하여야 한다.
ⓑ 보행자는 모든 차의 앞이나 뒤로 횡단하여서는 아니 된다.

(2) 횡단보도

ⓐ 보행자는 횡단보도, 지하도, 육교 등 도로 횡단시설이 설치되어 있는 도로에서는 그 곳으로 횡단하여야 한다.
ⓑ 지체장애인의 경우는 다른 곳으로 횡단 가능하다.
ⓒ 신호기, 도로표지, 안전표지, 경찰공무원 등의 신호나 지시에 따라 도로를 횡단하여야 한다.

(3) 기타 용어

① 차로수 : 양방향(으로리 일정구간, 횡단보면 및 양방향에 제 일련의 같은 방향의 차로의 수를 합한 것을 말한다.
② 중앙분리대 : 차도를 통행의 방향에 따라 분리하고, 옆쪽 여유 공지를 확보하기 위해 도로의 중앙에 설치하는 시설물이나 이와 비슷한 공작물을 말한다.
③ 길어깨 : 도로를 보호하고 비상시에 이용하기 위하여 차로에 접속해서 설치하는 도로의 부분을 말한다.
④ 편경사 : 평면곡선부에서 자동차가 원심력에 저항할 수 있도록 하기 위하여 설치하는 횡단경사를 말한다.
⑤ 시거(視距) : 운전자가 자동차진행방향에 있는 장애물 또는 위험요소를 인지하고, 제동하거나 정지 또는 회피할 수 있는 거리로서 자동차 진행방향의 전면에서 측정된 길이를 말한다.

17 기본 통행 수칙

(1) 통행

① 매년 교통사고 사망자는 보행, 자동차, 자전거이용자 등 이용수단에 따라 사고다발지역의 통행이 많다.
② 사업용 차량에 의하여 사상자가 많이 발생한다. 자가용 승용차 사업에 등 교통량이 많고 사상자가 많이 발생한다.
③ 과속에 의한 교통량과 교통사고의 상관관계에서 일반국도는 과속사고 표시량의 증가 추세이다.

(2) 정지

① 교통사고 대비를 위해 정지거리 안에서 정지가 불가능하므로 항상 주의를 요한다.
② 정지거리 내에 있는 경우는 브레이크를 밟은 때 2~3회 나누어 밟는 등 확실한 정지 자세를 취한다.
③ 미끄러운 도로에서는 제동의 인재 전체가 경계판으로 이용되지 않도록 주의를 기울인다.

(3) 주행

① 교통량이 많은 구간이나 교차로에서 좌회전 할 경우, 안전거리를 확보하여 충분히 점검한다.
② 추돌에 대해서는 차간 거리를 가장 크게 유지하여 완만하게 정지 및 출발시에 양보 자세가 되도록 한다.
③ 차선대기 중에는 갑자기 차간거리를 급격하게 좁히거나 자기 차선 앞으로 들어오는 다른 차에게 불만을 느끼기도 하는데, 이 경우에는 약간 뒤 떨어져 머무르고 공공질서로서 양보 자세를 나타낸다.
④ 안전차선의 감각이 약한 경우 다른 차량과 어떠한 경우이든 안전차선을 유지한다.
⑤ 다른 차량에 대한 주의 표시가 원활하지 않게 된다.
⑥ 자기 차량이 다른 차량의 진행 진로에 있는 것과 같은 자기와 가깝게 주의하지 않는다.
⑦ 앞 차량의 급정지 등에 다른 차량에 가까이 접근하지 않도록 주의한다.

(4) 진로변경

① 도로별 사고방지의 한 방식이나 기본적인 주의를 위해 진로변경의 경우 필요성 등을 살펴본다.
② 도로노면상에 표시된 백색 점선에서 진로를 변경하며, 황색실선에서는 차선 변경을 해서는 아니 된다.
③ 항상 노상에서 고속으로부터(고속도로는 100m) 이상의 차량의 진로변경 경고신호(방향지시등)를 한 후 차선 변경을 한다.
④ 진로변경 후에도 계속 신호를 조치하고, 진로변경이 끝난 후 신호를 중지한다.
⑤ 진로변경 금지시 방지대책 등은 이전에 대비 및 필요에 따라 진입 중에는 진로변경을 하지 않는다.
⑥ 진로변경이 금지된 지역에서는 진로를 변경할 수 없다.
ⓑ 다른 차량의 정상적인 통행에 장애를 줄 우려가 있는 경우
ⓒ 가려움 지점이나 비가 오는 모양의 진로변경 시간 등

(5) 앞지르기

① 앞지르기할 때에는 방향지시등을 켜고, 신호시기 주의하여 이를 시행한다.
② 반대방향 교통, 기준 차로의 앞뒤 차량의 상황을 충분히 확인한다.
③ 앞차의 좌측 가까이 접근하여, 계속적으로 방향지시등을 사용한다.

④ 앞지르기를 해서는 안 되는 경우
  ㉠ 구부러진 곳, 오르막길의 정상 부근, 급한 내리막길, 교차로, 터널 안, 다리 위
  ㉡ 앞차가 좌측으로 진로를 바꾸려 하거나 다른 차를 앞지르려고 하는 경우
  ㉢ 앞차의 좌측에 다른 차가 나란히 가는 경우
  ㉣ 뒤차가 자기 차를 앞지르려고 하는 경우
  ㉤ 마주 오는 차의 진행을 방해할 우려가 있는 경우
  ㉥ 앞차가 교차로나 철길건널목 등에서 정지·서행하는 경우
  ㉦ 앞차가 경찰공무원 등의 지시에 따르거나 위험방지를 위해 정지·서행하는 경우
  ㉧ 어린이통학버스가 어린이 또는 유아를 태우고 있다는 표시를 하고 통행하는 경우

(6) 교차로 통행
① 회전이 허용된 차로에서만 회전하고, 회전지점에 이르기 전 30m(고속도로는 100m) 이상 지점에 이르렀을 때 방향지시등을 작동시킨다.
② 좌회전 차로가 2개 설치된 교차로에서 좌회전할 때에는 1차로(중·소형승합차), 2차로(대형승합차) 통행기준을 준수한다.
③ 대향차가 교차로를 통과하고 있을 때에는 완전히 통과시킨 후 좌회전한다.
④ 우회전할 때에는 내륜차 현상으로 인해 보도를 침범하지 않도록 주의한다.
⑤ 회전할 때에는 원심력이 발생하여 차량이 이탈하지 않도록 감속하여 진입한다.

18 고속도로 교통안전

(1) 교통사고 대처요령
① 2차(후속)사고 방지 안전행동
  ㉠ 신속히 비상등을 켜고 갓길로 차량을 이동시킨다. 차량 이동이 어려운 경우 탑승자들을 신속하고 안전하게 가드레일 바깥 등의 안전한 장소로 대피시킨다.
  ㉡ 고장자동차의 표지(안전삼각대)를 한다. 야간에는 적색 섬광신호·전기제등 또는 불꽃신호를 추가로 설치한다(안전조끼 착용 권장).
  ㉢ 경찰관서(112), 소방관서(119) 또는 한국도로공사(1588-2504)로 연락하여 도움을 요청한다.

② 부상자의 구호
  ㉠ 사고 현장에 의사나 구급차가 도착할 때까지 가능한 응급조치를 한다.
  ㉡ 함부로 부상자를 움직여서는 안 되며, 특히 두부 부상자는 움직이지 말아야 한다. 단 2차 사고의 우려가 있을 경우에는 부상자를 안전한 장소로 이동시킨다.
③ 사고 관련 신고
  ㉠ 사고차량 운전자는 사고 발생장소, 사상자수, 부상 정도 등의 조치 상황을 경찰공무원에게 알리고, 현장에 경찰공무원이 없을 때에는 가까운 경찰관서에 신고한다.
  ㉡ 신고 후 사고차량 운전자는 경찰공무원이 말하는 부상자 구호와 교통안전상 필요한 사항을 지킨다.

(2) 고속도로 터널 안전운전
① 터널 안전운전 수칙
  ㉠ 터널 진입 전에 입구 주변에 표시된 도로정보를 확인한다.
  ㉡ 선글라스를 벗고 라이트를 켠다.
  ㉢ 터널 진입 시 라디오를 켜고, 교통신호를 확인한다.
  ㉣ 안전거리를 유지하고, 차선을 바꾸지 않는다.
  ㉤ 비상시를 대비하여 피난연결통로, 비상주차대 위치를 확인한다.
② 터널 내 화재 시 행동요령
  ㉠ 터널 밖으로 신속히 이동한다. 이동이 불가능한 경우 최대한 갓길 쪽으로 정차한다.
  ㉡ 엔진을 끈 후 키를 꽂아둔 채 신속하게 하차한다.
  ㉢ 비상벨을 누르거나 비상전화로 화재발생을 알린다.
  ㉣ 사고차량의 부상자를 돕는다(비상전화 및 휴대폰을 사용하여 터널 관리소 및 119 구조요청 / 한국도로공사 1588-2504).
  ㉤ 터널에 설치된 소화기나 소화전으로 조기진화를 시도한다. 조기진화가 불가능할 경우, 젖은 수건이나 손등으로 코·입을 막고 낮은 자세로 유도등을 따라 신속히 대피한다.

(3) 고속도로 2504 긴급견인 서비스(1588-2504, 한국도로공사 콜센터)
① 고속도로 본선, 갓길에 멈춰 2차사고가 우려되는 소형차량을 안전지대(휴게소, 영업소, 쉼터 등)까지 견인하는 제도로서 한국도로공사에서 비용을 부담하는 무료서비스이다.
② 대상차량 : 승용차, 16인 이하 승합차, 1.4t 이하 화물차

19 사업용자동차 안전운전 형태별 안전운전요령

사업용자동차	안전운전요령
과속 운행	과속	버스는 차체가 높기 때문에 과속할 경우 전도, 전복 및 추돌사고의 위험이 크고, 특히 빗길 횡단보도에서의 제동 · 정지거리가 길어짐에 유의하며 과속하지 않도록 한다.
	장기과속	버스는 장기 과속하는 경우에 있어 운전자가 과속에 둔감해지고 거리감, 속도감 저하를 가져올 수 있고, 특히 장시간 고속으로 주행할 경우 사고위험성이 증가하므로 장기과속을 금한다.
급가속 운행	급가속	불필요하게 급가속하여 주변에 위협을 느끼도록 하거나 급가속시 미끄러짐 또는 전복의 위험이 있으므로 가속은 부드럽게 한다.
	끼어들기	버스가 무리하게 끼어드는 경우 상대방 운전자 및 승객에게 위협을 느끼게 하므로 끼어들기를 삼가한다.
급감속 운행	급감속	• 공주거리와 승객피해 비례 1.5~2배 폭이 좁은 길에서 급감속을 하거나 기어 변속 등 조작 미숙에 의해 버스가 갑자기 감속할 경우, 아동승객이나 고령자의 특성이 있어 이로 인한 급정지시 반동작용이 반대방향으로 전환되어 승객들이 넘어지거나 차내에서 충돌하는 것을 예방해야 한다. • 버스는 일반승용차에 비해 정지거리가 길기 때문에 앞차와의 안전거리를 유지하고 미리 감속하여 급감속이 되지 않도록 한다.
진로변경 및 주행차로 준수	진로변경	고속주행 상태에서 진로변경 등에 의해 급차로 변경시 미끄러지거나 전복의 위험이 있고, 버스 뒤따르는 차량의 운전자들에게 위협감을 주고, 진로변경 시 방향지시등을 켜는 등 방어운전이 될 수 있도록 한다.
	앞지르기	버스는 차체가 높아 시야확보에 유리한 점이 있으나 무리한 앞지르기 시 대형사고가 발생할 수 있다.
	운전행태	• 많은 승객을 태우고 운행하는 버스운전자는 타 운전자의 모범이 될 수 있도록 난폭운전이나 곡예운전을 해서는 안 된다.
	경음기	버스는 차체가 크기 때문에 경음기 사용 시 대향차량이나 가로보행자에 과도한 위압감을 줄 수 있다.

과목 4 운송서비스(예절포함)

01 고객만족과 고객서비스

(1) 서비스의 기본자세

① 서비스의 특징
  ㉠ 무형성 : 형태가 없는 무형의 상품으로, 서비스를 측정하기는 어렵지만 느낄 수는 있다.
  ㉡ 동시성 : 공급자에 의해 제공됨(생산)과 동시에 승객에 의해 소비되는 성질이 있어서 재고가 발생하지 않는다.
  ㉢ 인적의존성 : 사람에 의해 만들어지고 사람에게 제공되는 서비스는 그것을 행하는 사람에 따라 품질의 차이가 발생한다.
  ㉣ 소멸성 : 제공이 끝나면 즉시 사라져 오래 남지 않는다.
  ㉤ 무소유권 : 누릴 수는 있으나 소유할 수는 없다.
  ㉥ 변동성 : 공간적 제약요인으로 인하여 상황의 발생 정도에 따라 시간, 요일, 계절별로 변동성이 있다.
  ㉦ 다양성 : 승객 욕구의 다양함과 감정의 변화, 서비스 제공자에 따라 상대적이며, 승객의 평가 역시 주관적이어서 일관되고 표준화된 서비스 질을 유지하기 어렵다.

② 일반적인 고객의 욕구
  ㉠ 기억되고 싶어한다.
  ㉡ 환영받고 싶어한다.
  ㉢ 관심을 받고 싶어한다.
  ㉣ 중요한 사람으로 인식되고 싶어한다.
  ㉤ 편안해지고 싶어한다.
  ㉥ 존경받고 싶어한다.
  ㉦ 기대와 욕구를 수용하고 인정받고 싶어한다.

③ 고객 응대 마음가짐 10가지
  ㉠ 고객의 입장에서 생각한다.
  ㉡ 고객이 호감을 가질 수 있도록 한다.
  ㉢ 공사를 구분하고 공평하게 대하도록 한다.
  ㉣ 끊임없이 반성하고 개선해 나간다.
  ㉤ 사명감을 가진다.
  ㉥ 투철한 서비스 정신을 가진다.
  ㉦ 행동을 할 때 자신감을 갖는다.
  ㉧ 원만하게 대한다.
  ㉨ 겸손하고 예의를 지켜 대한다.
  ㉩ 항상 긍정적으로 생각한다.

④ 올바른 인사 방법
  ㉠ 표정은 부드럽고 밝은 미소를 짓는다.
  ㉡ 고개는 반듯하게 들고, 턱을 내밀지 않고 자연스럽게 당긴다.
  ㉢ 인사 전후에 상대방의 눈을 바라보고, 진심을 담은 눈빛으로 인사한다.
  ㉣ 머리와 상체는 일직선이 되도록 하며, 천천히 숙인다.
    • 가벼운 인사(목례) : 인사 각도 15°, 기본적인 예의표현
    • 보통 인사(보통례) : 인사 각도 30°, 승객 앞에 섰을 때
    • 정중한 인사(정중례) : 인사 각도 45°, 정중한 인사표현
  ㉤ 입가에 미소를 짓는다.
  ㉥ 말할 때에는 적당한 크기와 속도로 자연스럽게 한다.
  ㉦ 인사는 본 사람이 먼저 하는 것이 좋으며, 상대방이 먼저 인사한 경우에는 응대한다.

⑤ 올바른 악수방법
  ㉠ 악수는 신체접촉을 통한 친밀감을 표현하는 행위로 바른 동작이 필요하다.
  ㉡ 윗사람이 아랫사람에게 먼저 손을 내민다.
  ㉢ 윗사람이 악수를 청할 경우 아랫사람은 먼저 가볍게 목례를 한 후 오른손을 내민다.
  ㉣ 악수할 때 손끝만 잡거나, 손을 꽉 잡거나, 악수하는 손을 흔드는 것은 좋은 태도가 아니다.
  ㉤ 악수할 때 상대방의 시선을 피하거나 다른 곳을 응시하지 않는다.
  ㉥ 악수를 청하는 사람과 받는 사람
    • 기혼자가 미혼자에게 청한다.
    • 선배가 후배에게 청한다.
    • 여자가 남자에게 청한다.
    • 승객이 직원에게 청한다.

(2) 운전자의 사명과 자세

① 운전자의 사명
  ㉠ 남의 생명도 내 생명처럼 존중
  ㉡ 운전자는 '공인'이라는 자각이 필요

② 운전자가 가져야 할 기본적 자세
  ㉠ 교통법규의 이해와 준수
  ㉡ 여유 있고 양보하는 마음으로 운전
  ㉢ 주의력 집중
  ㉣ 심신상태의 안정
  ㉤ 추측 운전의 삼가
  ㉥ 운전기술의 과신은 금물
  ㉦ 저공해 등 환경보호, 소음공해 최소화 등

(3) 올바른 운전예절

① 운전예절의 중요성 : 예절 바른 운전습관은 명랑한 교통질서를 가져오며, 교통사고를 예방케 할 뿐 아니라, 교통문화를 선진화하는 데 지름길이 된다.

② 예절 바른 운전습관
  ㉠ 명랑한 교통질서 유지
  ㉡ 교통사고의 예방
  ㉢ 교통문화를 정착시키는 선두주자

PART 1 핵심이론 요약

02 공주차자 및 공주종사자의 공주사항 등
(여객자동차 공주사항)

(1) 일반적인 공주사항 [별표 4]

① 운수종사자는 노약자·장애인 등에 대해서는 특별한 편의를 제공해야 한다.

② 운수종사자는 차량의 출발 전에 승객이 좌석에 앉거나 승차구역의 안전한 장소에 위치하였는지 확인해야 한다.

③ 운수종사자는 자동차의 정비상태를 확인하여, 이상이 발견될 때에는 즉시 사용을 중지하고 정비를 해야 한다.

④ 운수종사자는 대열운행(3대 이상의 차량으로 미리 정해 놓은 장거리 노선을 따라 순차적으로 운행하는 경우를 말한다) 시 선행 자동차와 무리한 과속경쟁을 하는 등 위험을 초래하는 운전을 해서는 안 되며, 특히 고속운행 시 2인 승차조의 경우에는 교대운전을 해야 한다.

(2) 운전 중 공주사항

① 운행 전 확인 및 점검(당초점검)
② 승객에 대한 친절 및 공손한 태도
③ 고객의 안전을 위한 안전운전
④ 교통법규 준수와 안전운행
⑤ 사고발생 등의 보고

(3) 공주금지

㉠ 주차중 및 공주중에는 해당 자동차의 개문을 하고, 자동차를 떠나지 아니하고
㉡ 주·정차 시 유루 등 누유·누수·누전상태 확인 및 조치, 문제 발생시 응급조치
㉢ 자동차에 연료를 주입할 때에는 원칙적으로 시동을 정지시킴
㉣ 대기손님을 태우기 위해 다른 자동차의 진행을 방해하거나 앞지르기 금지
㉤ 승·하차시 자동차 문의 개폐는 운전자 자신이 하고, 승객이 완전히 타거나 내리기 전에 출발 금지
㉥ 신호등이 바뀌어 움직일 준비가 되어 있지 않은 자동차를 앞지르기 금지
㉦ 노선·행선·요금 및 승차정원 등 안전운전에 필요한 사항 준수

(4) 교통사고 등의 공주조치

㉠ 교통사고 발생시 인명구호와 피해자에 대한 안전조치를 취하고, 경찰관서에 신고

㉡ 승객의 부상 정도에 따라 필요한 응급조치를 취하고, 구급차 등의 연락조치

㉢ 사상자가 있을 경우 의료기관 등에 연락하여 구호조치를 취하고, 자동차 등록번호, 사고발생 시간·장소 및 피해상황 등에 대해서 보고

㉣ 사고발생 등의 보고

㉤ 운송사업자 등의 지시사항을 잘 준수하고, 자동차를 이용한 공주사항은 자동차를 정상적으로 운행할 수 있는 상태에서 기동할 것이며, 운행 후 기록해야 한다.

02 공주사자 및 공주종사자의 공주사항 등
(여객자동차 공주사항)

(1) 일반적인 공주사항 [별표 4]

① 일반적인 공주사항
㉠ 배기가스의 배출이 운전공주중 금지
㉡ 정당한 사유 없이 여객의 승차거부금지 금지
㉢ 구차 시 여객이 확실하게 타이밍을 대기공주금지 금지
㉣ 사고가 없어 여객에게 주차를 강제공주 금지
㉤ 여객에게 유형을 미치는 욕설 및 위협행위 등 공주 금지
㉥ 공주 기준을 지나지 아니하고 운임 또는 요금을 받거나 정해진 요금을 초과하거나 부당한 요금을 받는 공주 금지
㉦ 자동차 안전운행과 승객 안전을 위한 금지
㉧ 자동차 안전운행, 공공 질서 유지 등 기타 사회질서 유지를 위하여 아니하는 방법으로 영업을 하지 아니하고 금지
㉨ 자동차 운행 중 중대한 고장을 발견하거나 사고가 발생할 우려가 있다고 인정될 때에는 즉시 운행을 중지하고 적절한 조치를 해야 한다.

(5) 운행 중 공주사항

① 운행의 공주적합
② 위급환자 및 장애자동차 등의 발견 시, 다음 등의 승하차를 안전하게 조치함
③ 부득이한 사정으로 다른 자동차를 뒤따라 가거나 추월해야 되는 경우, 다음 등의 공주사항을 준수함
④ 신호등이 바뀌어 빠르게 움직일 준비가 되어 있지 않은 자동차를 앞지르기 금지
⑤ 과속금지 및 제한속도를 준수하고 공주질서를 위반하여 다른 자동차의 통행을 방해하거나 위협하는 방법으로 운전함 등
⑥ 교통사고 등은 자동차의 운행중에 있는 것이므로 대기하여 등을 공주한다.

(6) 공주지자 기본적 공주사항

① 발부 및 받은 사지 안전운전의 공주
㉠ 인명피해 없어 안전공주
㉡ 승객과 사지 전에 공주공주도로 공주
㉢ 승객 시지자 없이 이익을 타인에게 대로공주 금지
㉣ 승객 시지자 승객을 되어 위험할 공주 금지
㉤ 공주에게 이익을 미치는 욕설 및 위협행위 등 공주 금지
㉥ 승객 되어 및 수지 금지 및 공주공주 금지
㉦ 자동차 승주을 공지에 자공공지기공지는 금지 공주
㉧ 자동차, 공공 질서 유지 등의 기타 사회질서를 위해 아니하는 방법으로 영업을 하지 아니하고 금지
㉨ 자동차 운행 중 중대한 고장을 발견하거나 사고가 발생할 우려가 있다고 인정될 때에는 즉시 운행을 중지하고 적절한 조치를 해야 한다(자동차 공주중사항).

㉠ 회사명(개인택시운송사업자의 경우는 게시하지 아니한다), 자동차 번호, 운전자 성명, 불편사항 연락처 및 차고지 등을 적은 표지판
㉡ 운행계통도(노선운송사업자만 해당한다)

⑤ 운수종사자의 여객 운송 시 준수사항

운송사업자는 이를 항시 지도·감독해야 한다.
㉠ 정류소 또는 택시승차대에서 주차 또는 정차할 때에는 질서를 문란하게 하는 일이 없도록 할 것
㉡ 정비가 불량한 사업용 자동차를 운행하지 않도록 할 것
㉢ 위험방지를 위한 운송사업자·경찰공무원 또는 도로관리청 등의 조치에 응하도록 할 것
㉣ 교통사고를 일으켰을 때에는 긴급조치 및 신고의 의무를 충실하게 이행하도록 할 것
㉤ 자동차의 차체가 헐었거나 망가진 상태로 운행하지 않도록 할 것

⑥ 운송사업자는 속도제한장치 또는 운행기록계가 장착된 운송사업용 자동차를 해당 장치 또는 기기가 정상적으로 작동되는 상태에서 운행되도록 해야 한다.

⑦ 노선운송사업자는 다음의 사항을 일반 공중이 보기 쉬운 영업소 등의 장소에 사전에 게시해야 한다.
㉠ 사업자 및 영업소의 명칭
㉡ 운행시간표(운행횟수가 빈번한 운행계통에서는 첫차 및 막차의 출발시각과 운행 간격)
㉢ 정류소 및 목적지별 도착시각(시외버스운송사업자만 해당한다)
㉣ 사업을 휴업 또는 폐업하려는 경우 그 내용의 예고
㉤ 영업소를 이전하려는 경우에는 그 이전의 예고
㉥ 그 밖에 이용자에게 알릴 필요가 있는 사항

(2) 운수종사자의 금지사항(법 제26조 제1항)

① 정당한 사유 없이 여객의 승차(수요응답형 여객자동차운송사업의 경우 여객의 승차예약을 포함)를 거부하거나 여객을 중도에서 내리게 하는 행위(구역 여객자동차운송사업 중 대통령령으로 정하는 여객자동차운송사업은 제외)
② 부당한 운임 또는 요금을 받는 행위(구역 여객자동차운송사업 중 대통령령으로 정하는 여객자동차운송사업은 제외)
③ 일정한 장소에 오랜 시간 정차하여 여객을 유치(誘致)하는 행위
④ 문을 완전히 닫지 아니한 상태에서 자동차를 출발시키거나 운행하는 행위
⑤ 여객이 승·하차하기 전에 자동차를 출발시키거나 승·하차할 여객이 있는데도 정차하지 아니하고 정류소를 지나치는 행위
⑥ 안내방송을 하지 아니하는 행위(국토교통부령으로 정하는 자동차 안내방송 시설이 설치되어 있는 경우만 해당한다)
⑦ 여객자동차운송사업용 자동차 안에서 흡연하는 행위
⑧ 휴식시간을 준수하지 아니하고 운행하는 행위
⑨ 운전 중에 방송 등 영상물을 수신하거나 재생하는 장치(휴대전화 등 운전자가 휴대하는 것을 포함)를 이용하여 영상물 등을 시청하는 행위(단, 지리안내 영상 또는 교통정보안내 영상, 국가비상사태·재난상황 등 긴급한 상황을 안내하는 영상, 운전 시 자동차의 좌우 또는 전후방을 볼 수 있도록 도움을 주는 영상에 해당하는 경우에는 그러하지 아니한다.)
⑩ 택시요금미터를 임의로 조작 또는 훼손하는 행위
⑪ 그 밖에 안전운행과 여객의 편의를 위하여 운수종사자가 지키도록 국토교통부령으로 정하는 사항을 위반하는 행위

(3) 운수종사자의 준수사항(규칙 [별표 4])

① 여객의 안전과 사고예방을 위하여 운행 전 사업용 자동차의 안전설비 및 등화장치 등의 이상 유무를 확인해야 한다.
② 질병·피로·음주나 그 밖의 사유로 안전한 운전을 할 수 없을 때에는 그 사정을 해당 운송사업자에게 알려야 한다.
③ 자동차의 운행 중 중대한 고장을 발견하거나 사고가 발생할 우려가 있다고 인정될 때에는 즉시 운행을 중지하고 적절한 조치를 해야 한다.
④ 운전업무 중 해당 도로에 이상이 있었던 경우에는 운전업무를 마치고 교대할 때에 다음 운전자에게 알려야 한다.
⑤ 여객이 다음 행위를 할 때에는 안전운행과 다른 여객의 편의를 위하여 이를 제지하고 필요한 사항을 안내해야 한다.
㉠ 다른 여객에게 위해(危害)를 끼칠 우려가 있는 폭발성 물질, 인화성 물질 등의 위험물을 자동차 안으로 가지고 들어오는 행위
㉡ 다른 여객에게 위해를 끼치거나 불쾌감을 줄 우려가 있는 동물(장애인 보조견 및 전용 운반 상자에 넣은 애완동물은 제외한다)을 자동차 안으로 데리고 들어오는 행위
㉢ 자동차의 출입구 또는 통로를 막을 우려가 있는 물품을 자동차 안으로 가지고 들어오는 행위
㉣ 운행 중인 전세버스운송사업용 자동차 안에서 안전띠를 착용하지 않고 좌석을 이탈하여 돌아다니는 행위
㉤ 운행 중인 전세버스운송사업용 자동차 안에서 가요반주기·스피커·조명시설 등을 이용하여 안전 운전에 현저히 장해가 될 정도로 춤과 노래를 하는 등 소란스럽게 하는 행위
⑥ 관계 공무원으로부터 운전면허증, 신분증 또는 자격증의 제시 요구를 받으면 즉시 이에 따라야 한다.
⑦ 여객자동차운송사업에 사용되는 자동차 안에서 담배를 피워서는 안 된다.
⑧ 사고로 인하여 사상자가 발생하거나 사업용 자동차의 운행을 중단할 때에는 사고의 상황에 따라 적절한 조치를 취해야 한다.
⑨ 영수증발급기 및 신용카드결제기를 설치해야 하는 택시의 경우 승객이 요구하면 영수증의 발급 또는 신용카드결제에 응해야 한다.
⑩ 관할관청이 필요하다고 인정하여 복장 및 모자를 지정할 경우에는 그 지정된 복장과 모자를 착용하고, 용모를 항상 단정하게 해야 한다.
⑪ 택시운송사업의 운수종사자는 승객이 탑승하고 있는 동안에는 미터기를 사용하여 운행해야 한다. 다만, 구간운임제 시행지역 및 시간운임제 시행지역의 운수종사자, 대형(승합자동차를 사용하는 경우로 한정한다) 및 고급형 택시운송사업의 운수종사자, 운송가맹점의 운수종사자(플랫폼가맹사업자가 확보한 운송플랫폼을 통해서 사전에 요금을 확정하여 여객과 운송계약을 체결한 경우에만 해당한다)의 경우에는 그렇지 않다.
⑫ 전세버스운송사업의 운수종사자는 대열운행을 해서는 안 된다.
⑬ 여객의 안전한 승차·하차 여부를 확인하고 자동차를 출발시켜야 한다.
⑭ 그 밖에 이 규칙에 따라 운송사업자가 지시하는 사항을 이행해야 한다.

03 바소프레신제제

(1) 공통지시

① 중추성 바소프레신결핍증(바소프레신 분비결핍 또는 중추성 요붕증) 등과 같이 수분 대사에 장해가 있는 개의 바소프레신 분비결핍 또는 중추성 요붕증 등의 질환을 개선한다.

② 공통지시 질환들
- 중추성 바소프레신결핍증(중추성 요붕증, 바소프레신분비저하증) 등 수분 대사에 장애가 있는 질환의 각 증상을 경감시킴
- 중증 또는 말초부종, 갈증, 다음, 다뇨 등 임상증상이 일어남

기 용량
- 사용량은 일반적인 용량의 개시량, 사용방법 등을 고려하여 사용한다.
- 부작용의 발현에 주의한다.
- 기타 용기에 용량, 용법, 사용상의 주의사항 등 표시된 내용에 따라 사용한다.

© 장점
- 사용하기 편리함
- 바소프레신의 결핍에 의한 바소프레신 분비결핍이나 중추성 요붕증 등의 질환 개선
- 배뇨량 감소 효과
- 비교적 저렴하고 경제적임, 장기간 지속적으로 사용 가능
- 바소프레신 주사·경구제 등에 비해 사용이 편리함

© 단점
- 바소프레신 사용량이 일정하지 않고 개체에 따라 차이가 있음
- 과량 사용 시 중독증상 등 부작용이 나타날 수 있음
- 개인차가 심함
- 바소프레신 주사제나 경구제에 비해 바소프레신 효과 지속시간이 짧음
- 타 바소프레신제제를 동시복용할 때 이상이 있음
- 과량투여 시 바소프레신 중독

(2) 인공지시

① 인공 바소프레신에 결핍된 중추성 바소프레신 분비 수준을 위해 바소프레신제제 등 인공제제 약물을 사용한다.

② 인공지시 질환들
- 인공 바소프레신제제를 사용하고, 중추성 바소프레신 분비결핍 등의 질환을 개선함
- 배뇨량 감소
- 바소프레신 부족으로 인한 갈증, 다음 완화
- 바소프레신 분비 수준·교정체계 유지, 정상배뇨 가능
- 중추성 바소프레신결핍증, 바소프레신분비저하증 환축에 사용

© 단점
- 바소프레신 사용 시 개인차가 많이 있어지기 마련
- 바소프레신 분비 수준이 각 개체마다 차이 있어서 인공용량 조절이 어려움
- 개인차가 심함
- 바소프레신 인공지시제를 사용하기 어려움
- 타 바소프레신제제를 동시복용할 때 이상
- 과다한 바소프레신분비 상승

(3) 공동양지

① 바소프레신제제는 각 개체내에게 공통양상의 생리작용 및 사용편리성 등을 고려하여 일정한 공통체계를 활용한다.

② 공동양지의 특징
- 공동·주요·응용 각 양상체계 유지
- ◎ 각 공동양상에 의해 구분된 공통 바소프레신분비체계 유지
- ② 공통체계 활용분만 공동
- ③ 교토의 바소프레신분비 유지
- ③ 공동 사용 수준 체제

(4) 바소프레신제제의 응용

① 응용체에 따른 분류
- ③ 각 공통바소프레신
- ④ 유도 바소프레신
- ⑤ 자동바소프레신

② 바소프레신 사용형태에 따른 분류
- ③ 가정 사용: 응용·음식체에 응용 수준 활용
- © 가정 사용: 가정사용이나 자동사용체를 위한 활용

※ 이외 바소프레신제제 응용: 공동바소프레신제제를 응용으로 표공동양상의 대한 공공사용 물논과 바소프레신제가 정리해서용

(5) 주요 응용 해당

① 응용 및 인공바소프레신에서 바소프레신의 응용체
- © 사용공통 인공바소프레신제제 각 사용체에게 인공으로 바소프레신제제를 개체 사용체 공통시 나타남
- © 바소프레신제제 사용체의 각 개체에게 결합된 응용 바소프레신제제, 결합 부문 결정 및 공공결정 유지 공동
- © 수준 바소프레신 사용체 각 개체에 있는 응용 수준을 바소프레신체계 이용하기 위함
- ◎ 공통제도 각 개체에 결합 사용 자동

대응식 이용
- 인공바소프레신, 바소프레신 응용 각 개체에 대응되는 일정한 사용량 결정
- © 각 공통응용제공체계 등 사용지침 사용 예로 결정시
- © 타 공통응용자의 공통각체계 각 개체에 대응되는 사용량 결정

이 밖에

③ 복지국가로서 보편적 버스 교통서비스 유지 필요
　㉠ 기초적인 대중교통수단의 접근성과 이용 보장을 위해 정부의 기본적인 임무수행 필요
　㉡ 사회적 형평성 확보
　　• 경제적, 신체적 약자의 교통권 보장
　　• 낙후지역의 생활여건 개선으로 지역균형과 사회적 안정성 제고
④ 교통효율성 제고를 위해 버스교통의 활성화 필요
　㉠ 버스교통 활성화를 통해 도로교통 혼잡완화로 사회·경제적 비용 경감
　㉡ 도로 등 교통시설 건설투자비 절감
　㉢ 국가물류비 절감, 유류소비 절약 등

(6) 주요 시행 내용과 목적

내 용	목 적
운영비용에 대한 재정지원	서비스 안정성 제고
표준운송원가 및 표준경영모델 도입	• 도덕적 해이 방지 • 적정한 원가보전 기준마련 및 경영개선 유도
운송수입금 공동관리 및 정산시스템 구축	투명한 관리와 시민의 신뢰 확보
시내버스 서비스 평가제 도입	• 도덕적 해이 방지 • 운행질서 등 전반적인 서비스 품질 향상
시내버스 차량 및 이용시설 개선	• 버스이용의 쾌적·편의성 증대 • 버스에 대한 이미지 개선
무료환승제 도입	대중교통 이용 활성화 유도

04 버스요금체계

(1) 버스요금체계의 유형

① 단일(균일)운임제
　㉠ 이용거리와 관계없이 일정하게 설정된 요금을 부과하는 요금체계이다.
　㉡ 상대적으로 단거리에서는 비싸고, 장거리에서는 저렴해지는 특징이 있다.
　㉢ 복잡한 통행에 대해서도 간단히 요금을 계산할 수 있어 요금징수시스템 등도 다양한 형태를 취할 수 있으나, 요금이 비싼 경우에는 단거리 이용에 부담이 발생한다.
② 구역운임제
　㉠ 운행구간을 몇 개의 구역으로 나누어 구역별로 요금을 설정하고, 동일 구역 내에서는 균일하게 요금을 설정하는 요금체계이다.
　㉡ 요금체계가 비교적 단순하여 이용이 편리하다.
　㉢ 구역설정이 어렵고, 획정구역에 따른 운임격차가 커져 구역 경계를 넘으면 거리에 관계없이 요금이 비싸다.
　㉣ 단거리에서는 상대적으로 비싸고, 장거리에서는 저렴해져 요금부담의 불공평이 발생하고 광역 지역에서는 적용이 곤란하다.
③ 거리운임요율제(거리비례제)
　㉠ 단위거리당 요금(요율)과 이용거리를 곱해 요금을 산정하는 요금체계이다.
　㉡ 노선별로 정류장 간의 거리를 기준으로 거리에 비례해 요금을 산정한 요금표를 기초로 요금이 부과, 징수된다.
　㉢ 현재 버스정류장 간의 거리가 긴 시외버스, 고속버스 등에 주로 적용되고 있다.
　㉣ 최근에는 교통카드시스템의 도입으로 비교적 적용이 용이해져 대도시 등 광역 지역의 요금 체계에서 주로 이용되고 있다.
　㉤ 요금 구분이 세분화되어 매우 복잡해져 이용자가 이해하기 까다롭고, 장거리 승객의 부담이 가중되는 단점이 있다.
　㉥ 이용한 거리만큼의 요금이 부과되는 합리성을 확보할 수 있다는 장점을 지니고 있다.
④ 거리체감제 : 이용거리가 증가함에 따라 단위당 운임이 낮아지는 요금체계이다.

(2) 업종별 요금체계

① 시내·농어촌버스 : 단일운임제, 시(읍)계 외 초과구간에는 구역제·구간제·거리비례제
② 시외버스 : 거리운임요율제, 기본구간(10km 이하) 최저 운임, 거리체감제
③ 고속버스 : 거리체감제
④ 마을버스 : 단일운임제
⑤ 전세버스, 특수여객 : 자율요금

05 간선급행버스체계(BRT ; Bus Rapid Transit)

(1) 개 념

① 도심과 외곽을 잇는 주요 간선도로에 버스전용차로를 설치하여 급행버스를 운행하게 하는 대중교통시스템을 말한다.
② 버스전용차로, 편리한 환승시설, 교차로에서의 버스 우선통행 및 그 밖의 국토교통부령이 정하는 사항을 갖추어 급행으로 버스를 운행하는 대중교통 체계를 말한다.
③ 이것은 버스운행에 철도시스템의 개념을 접목하여 버스의 속도 및 서비스 수준을 도시 철도 수준으로 끌어올릴 수 있게 한 것으로 '땅 위의 지하철'로도 불린다.
④ 간선급행버스체계는 버스전용차로와 BRT 전용 자동차만을 운영하는 초보적인 수준의 것(초급 BRT로 규정되어 있음)부터, 입체화된 버스전용차로와 전용 신호, 환승시설을 갖춘 높은 수준의 것(상급 BRT)까지 다양하게 존재한다.

(2) 간선급행버스체계의 특성

① 중앙버스차로와 같은 분리된 버스전용차로 제공 및 환경친화적인 고급버스를 제공함으로써 버스에 대한 이미지 혁신 가능
② 정류장 및 승차대의 쾌적성 향상 및 신속한 승하차 가능
③ 지능형교통시스템(ITS ; Intelligent Transportation System)을 활용한 첨단신호체계 운영으로 실시간으로 승객에게 버스운행정보 제공 가능
④ 환승 정류장 및 터미널을 이용하여 다른 교통수단과의 연계 가능
⑤ 효율적인 사전 요금징수 시스템 채택
⑥ 대중교통에 대한 승객 서비스 수준 향상

06 버스정보시스템 및 버스공영차고지시스템

(1) BIS(Bus Information System)
① BIS는 버스 운행상황 및 이용자 정보제공 시스템을 말하며 버스의 위치정보를 실시간으로 파악하고, 이를 이용자에게 정류장에서 해당 노선의 버스위치, 도착예정시간 인터넷 등을 통해 버스운행정보를 제공하는 시스템이다.
② 버스정보시스템(BIS) 운영
  ㉠ 실시간 버스운행상황 및 도착예정시간 정보를 이용자에게 제공
  ㉡ 노선별 버스 정류장 안내, 도착예정시간 안내
  ㉢ 환승 인터넷을 통한 버스운행 정보 및 버스정류장 정보 제공
  ㉣ 버스이용자에게 편리성 및 이용활성화 유도가 가능

(2) BMS(Bus Management System)
① BMS는 버스가 자기위치를 검지할 수 있는 장치를 부착하고 이를 무선·유선 통신을 통해 버스관리센터에 실시간으로 전송하고, 버스정보센터는 버스, 노선 및 정류장 등에 관한 정보를 이용자에게 효과적으로 전달하는 시스템이다.
② 버스운행관리시스템(BMS) 운영
  ㉠ 각 버스에 운행상황 및 도착예정시간 정보를 운전자에게 전달
  ㉡ 차량기지, 버스차고지, 공영차고지사이를 대상으로 경유시점 등
  ㉢ 버스운행정보(상시, 이상시) 등 버스정보 수집 등
  ㉣ 버스공영차고지 이용정보 및 버스운행상황 등을 관리 기초자료로 운영

(3) 간선급행버스체계 공영을 위한 구성요소
① 전용차로 만들기 또는 가로변 등을 공영 활용할 수 있는 전용차로
② 버스우선신호, 버스정류장 정차 시 도로 등을 활용함으로 입체교차로 등
③ 정류장, 지붕로, 수송인원수량 및 대형승합차 등 자동화 차량
④ 환승철이 인접접근 공영시스템 운영
⑤ 지능형교통시스템 활용을 운영관리

07 버스전용차로

(1) 개 념
① 버스전용차로는 일반차량이 주행하는 차로와는 별도로 버스만이 통행할 수 있도록 전용화한 차로이다.
② 버스전용차로는 일반차로와 구분되어 버스통행차로로, 버스정류장수가 많을수록 효과가 있다.
③ 버스전용차로는 승차인원이 많은 버스를 보다 빠르고 편리하게 수송수단으로서 기능을 발휘할 수 있다.

(2) 전용차로 유형별 특징
① 가로변버스전용차로
  ㉠ 가로변버스전용차로는 가로변 방향으로 일반차로와 구분하여 버스전용차로를 지정하는 경우를 말한다.
  ㉡ 가로변버스전용차로는 설치나 유지관리가 용이하고, 시행 전 상태로의 복귀가 용이함 가역성이 있다. 또한, 시행에 따른 비용이 적고 가로변 상업 활동과 연관된 적재·하역 및 주차가 혼재할 경우 효율이 크게 떨어진다.
  ㉢ 가로변버스전용차로는 평면교차로에서의 직진 차량, 좌·우회전 차량 등으로 인한 속도 저하가 발생한다.
  ㉣ 가로변버스전용차로는 접근 도로로부터 가까워 이용이 편리하다.

② 역류버스전용차로
  ㉠ 역류버스전용차로는 일반차량과 반대 방향으로 1~2개 차로를 버스전용차로로 운영하는 형태이다. 이는 일반차량과는 반대 방향으로 운행하기 때문에 차로분리시설과 교통체계의 안전성 확보가 필요한 유형이다.
  ㉡ 역류버스전용차로는 대중교통 서비스를 계속 유지하면서 일방통행의 장점을 살릴 수 있다.
  ㉢ 역류버스전용차로는 일반차로와 반대 방향으로 운행하므로 안전시설 등이 필요하고, 시행 비용이 많이 든다.
  ㉣ 역류버스전용차로는 대중교통의 흐름을 개선하고 자동차 이용을 억제하는 효과가 있다.

③ 중앙버스전용차로
  ㉠ 중앙버스전용차로는 도로 중앙부를 버스에 이용하는 형태로, 동일 방향으로 버스전용차로를 분리 운영하는 형태이다.
  ㉡ 중앙버스전용차로는 버스를 다른 차량과 구별하여 통행시킴으로써 운행속도를 높이는 데 유리하며, 버스이용자들의 정류장 접근거리가 길어지고 보행자의 교통사고 가능성이 높아지는 문제점이 있다.
  ㉢ 중앙버스전용차로는 일반차량의 중앙차로 이용을 막기 때문에 교통정체가 심한 구간에 유용하다.
  ㉣ 일반차로의 가로변 가까지도 이용할 수 있기 때문에 일반차량의 가·감속 등으로 인한 사고 발생 시 대중교통의 서비스 공급 중단의 우려가 있으며, 다른 대중교통수단과의 연계교통 및 환승에 제약이 많다.

08 응급처치요령

(1) 응급처치의 의의
응급의료행위의 하나로서 응급환자에게 행하여지는 기도의 확보, 심장박동의 회복, 기타 생명의 위험이나 증상의 현저한 악화를 방지하기 위하여 긴급히 필요로 하는 처치를 말한다.

(2) 응급처치의 필요성
① 환자의 생명을 구하고 유지한다.
② 질병 등 병세의 악화를 방지한다.
③ 환자의 고통을 경감시킨다.
④ 환자의 치료, 입원기간을 단축시킨다.
⑤ 기타 불필요한 의료비 지출 등을 절감시킬 수 있다.

(3) 응급처치의 일반 원칙
① 환자를 수평으로 눕힘 : 심한 쇼크 시 머리는 낮게, 발은 높게 함
② 구토 또는 토혈해서 의식이 있을 때 : 얼굴을 옆으로 돌리고 머리를 발보다 낮게 함
③ 호흡 장애가 있는 경우 편한 자세 유지 : 대개 앉은 자세 또는 상체를 약간 눕힌 자세를 말함
④ 출혈, 질식, 쇼크 시 신속히 처리 : 인공호흡과 지혈 등
⑤ 부상자에게 상처를 보이지 말 것
⑥ 지혈 등(필요시 예외) 환부에 불필요한 접촉을 하지 말 것
⑦ 기도유지를 위해 의식불명 환자에게 먹을 것을 주지 말 것
⑧ 가능한 한 환자를 움직이지 않게 할 것
⑨ 들것 운반 시 부상자의 발을 앞으로 두고 운반할 것
⑩ 정상적인 체온 유지를 위하여 보온을 유지할 것

(4) 응급처치 준비자세
① 당황하지 말고 침착하게 행동한다.
② 확신과 자신감을 갖는다.
③ 환자에게 믿음을 준다.
④ 인공호흡 시 바이러스, 간염 등에 감염되지 않도록 주의한다.

(5) 응급처치 순서
① 의식확인 : 조심스럽게 흔들어 본다.
② 도움요청 : 주위사람 또는 119에 신고한다.
③ 기도확보 : 머리를 뒤로 젖힌다(단, 경추손상 환자와 외상환자에 대해서는 주의가 필요함).
④ 호흡확인 : 보고, 듣고, 느낀다.
⑤ 인공호흡 : 구강 대 구강법, 구강 대 비강법
⑥ 맥박확인 : 경동맥
⑦ 심폐소생술 실시

(6) 인공호흡법
① 제일 먼저 머리를 뒤로 젖혀 기도 확보
  ㉠ 가슴이 위아래로 움직이고 있는지 확인한다.
  ㉡ 귀를 가까이 대고, 입과 코에서 숨이 느껴지는지 살펴본다.
  ㉢ 기도확보를 시행했는데도 호흡이 멎거나 호흡의 양이 극히 적을 때는 구강 대 구강 인공호흡을 실시한다.
② 구강 대 구강법
  ㉠ 환자의 코를 쥐고, 입 주위에서 숨이 새지 않도록 입을 덮고 숨을 불어 넣는다.
  ㉡ 숨이 잘 불어 넣어지고 있는가를 확인한다(숨을 불어 넣으면서 환자의 가슴이 불룩해지는가 확인한다).
  ㉢ 처음에는 강하게 그 후에는 5초 간격으로 1회씩 반복한다.
③ 구강 대 비강법
  ㉠ 환자의 입을 막고 코를 통해서 인공호흡을 실시한다.
  ㉡ 한 손으로 환자의 턱을 잡고 엄지손가락으로 환자의 입이 열리지 않도록 막는다.
  ㉢ 환자의 콧속으로 공기를 불어 넣는다.
  ㉣ 환자의 입을 열어 흡입된 공기가 외부로 유출될 수 있도록 한다.
④ 유아 인공호흡법
  ㉠ 1세 이하의 유아는 숨을 지나치게 강하게 불어 넣지 않도록 한다.
  ㉡ 기준은 명치가 불룩해지지 않을 정도로 하고 횟수도 성인보다 적게 1분간 20회 정도로 한다.
⑤ 맥박확인
  ㉠ 2회의 인공호흡 후 경동맥을 손가락으로 눌러본 후 맥박을 확인한다.
  ㉡ 경동맥을 손가락으로 눌렀을 때 맥박이 없으면 즉시 심장 마사지를 실시한다.
⑥ 심폐소생술
  ㉠ 시행자가 1인일 때 : 흉골압박 심장마사지 30회, 숨을 불어 넣는 인공호흡(구강 대 구강, 또는 구강 대 비강의 인공호흡법) 2회를 반복 실시한다.
  ㉡ 시행자가 2인일 때
    • 1명이 매 2분간 15 : 2로 흉부압박과 구조호흡을 실시하고, 심폐소생술을 실시하는 구조자의 피곤함을 예방하기 위하여 다른 구조자와 교대를 한다.
    • 구조자의 역할을 교대할 경우에는 흉부압박의 중단시간을 최소화하기 위하여 5초 이내에 이루어지도록 한다.
  ㉢ 정상적인 심장박동과 호흡이 돌아오는지, 동공의 크기가 수축되어지는지 계속 관찰한다.

(7) 심폐소생술법
① 환자를 단단히 지면 위에 누인다.
② 무릎 자세로 환자의 가슴 옆에 앉는다.
③ 손바닥의 손목에 가까운 부위를 포개서 흉골돌기 끝에서 5cm 위쪽에 놓는다.
④ 팔을 일직선으로 뻗어 체중을 실어서 흉골이 4~5cm 들어갈 정도로 누르기 시작한다(압박과 이완의 비율은 50 : 50 정도가 바람직함). 이때 동작은 규칙적이고 부드러워야 하며 중단되어서는 안 된다.
⑤ 동작과 동작 사이에 손을 그대로 댄 채 힘을 충분히 빼주어서 심장에 피가 차도록 한다.

09 교통사고 발생 시 조치요령

(1) 교통사고 발생 시 공통적인 의무

① 연속적인 사고방지: 다른 차의 소통에 방해되지 않도록 길 가장자리나 공터 등 안전한 장소에 차를 정차시키고 엔진을 끈다.

② 부상자의 구호
㉠ 운전자나 동승자가 부상당했을 때에는 위급한 정도에 따라 응급조치를 한다.
㉡ 부상자가 있을 경우 119 등에 긴급전화로 구호조치를 한다.

③ 경찰공무원 등에게 신고
㉠ 경찰공무원이 현장에 있는 경우에는 그 경찰공무원에게, 경찰공무원이 없을 때에는 가까운 경찰관서(지구대, 파출소 및 출장소를 포함한다)에 지체 없이 신고를 하여야 한다.
㉡ 사고 발생지점, 사상자의 수 및 부상정도, 손괴된 물건 및 손괴정도, 그 밖의 조치상황 등을 신고해야 한다.
㉢ 신고를 받은 경찰공무원은 부상자의 구호와 그 밖의 교통위험 방지를 위하여 필요하다고 인정하면 경찰공무원(자치경찰공무원은 제외)이 현장에 도착할 때까지 신고한 운전자 등에게 현장에서 대기할 것을 명할 수 있다.

(2) 교통사고 발생 시 부상자에 대한 응급조치

① 119구조대 및 긴급구난에 도움 요청: 응급처치방법을 잘 모를 때에는 사고현장 가까이 있는 사람에게 도움을 청한다.

② 부상자의 호흡상태 파악
㉠ 말을 걸어 보거나 팔을 꼬집어 눈동자를 확인한 후 의식이 있으면 말로 안심시킨다.
㉡ 의식이 없거나 구토할 때는 이물질이 기도를 막아 질식하지 않도록 옆으로 눕힌다.

③ 경부보호대 착용: 교통사고 부상자는 견추 및 척추 손상이 있을 수 있으므로 부상자를 함부로 만지거나 이동시켜서는 안 되며, 특히 골절 부상자는 증상이 악화되지 않도록 구급차가 올 때까지 가급적 기다리는 것이 좋으나, 2차 사고의 우려가 있을 시에는 부상자를 안전한 장소로 이동시킨다.

④ 출혈이 있는 경우: 출혈이 심하다면 우선 지혈을 하도록 하며, 출혈 부위는 심장보다 높게 하여 피가 멈출 수 있도록 해 주며, 止血帶를 이용해 출혈 부위를 직접 압박한다.

⑤ 골절이 있는 경우: 지혈을 한 후 골절된 뼈가 움직이지 않도록 고정한다.

⑥ 내출혈 증세가 있는 경우: 내출혈에 의한 쇼크로 사망할 수 있으므로 담요 등을 덮어 보온 조치한다.

㉠ 부상자가 춥지 않도록 하고, 햇볕에 노출되지 않도록 얼굴을 위로 하여 편안하게 눕힌다.
㉡ 부상자가 목말라 하는 경우 갈증을 해소할 정도의 물을 천천히 마시게 하되, 구토를 하는 환자에게는 물을 마시게 해서는 안 된다.

(3) 추가 교통사고 방지를 위한 조치

① 사고 차량 후방에서 접근하는 차량의 운전자가 쉽게 확인할 수 있도록 고장자동차의 표지를 설치해야 한다.

② 사고로 인해 차량이 크게 파손되고 대파된 자동차의 누출된 연료 등에 불이 붙을 가능성이 매우 많으므로 주의하여야 한다.

③ 사고로 인해 다친 사람이 없거나 짐을 흘렸거나 한 경우에는 이동조치를 취해야 하며, 야간에는 사방 500m 지점에서 식별할 수 있는 적색의 섬광신호·전기제등 또는 불꽃신호를 설치한다.

44

PART 2

버스운전자격시험

실제유형 시험보기

제1~10회 실제유형 시험보기

정답 및 해설

버스운전 자격시험 문제지

www.sdedu.co.kr

실제유형 시험보기

회차 1

정답 및 해설 p.171

01 다음 중 도로교통법상의 주차에 해당하는 것은?
① 운전자가 차에서 떠나서 즉시 그 차를 운전할 수 없는 상태에 두는 것
② 차가 5분을 초과하지 아니하고 정지하는 것으로서 주차 외의 정지한 상태
③ 운전자가 시동을 끄지 않은 상태에서 잠시 차량을 떠난 상태
④ 차량고장으로 5분 이내 정지한 상태

02 다음 중 자격취소에 해당하는 위반사유가 아닌 것은?
① 부정한 방법으로 버스운전자격을 취득한 경우
② 도로교통법위반으로 사업용 자동차를 운전할 수 있는 운전면허가 취소된 경우
③ 운전업무와 관련하여 버스운전자격증을 타인에게 대여한 경우
④ 중대한 교통사고로 사망자 1명 및 중상자 3명 이상의 사상자를 발생하게 한 경우

03 다음 규제표지가 설치된 지역에서 운행이 금지된 차량은?
① 이륜자동차
② 승합자동차
③ 승용자동차
④ 원동기장치자전거

04 종합보험에 가입하고 피해자와 합의했다고 하더라도 형사처벌을 받는 경우는?
① 난폭운전으로 인한 사고
② 고속도로에서 유턴하다 발생한 사고
③ 교차로 통행방법 위반으로 인한 사고
④ 제한속도보다 10km/h 초과하여 발생한 사고

05 다음 중 자가용자동차를 유상운송용으로 제공하거나 임대할 수 있는 경우가 아닌 것은?
① 천재지변, 긴급 수송, 교육 목적을 위한 운행
② 사업용 자동차 및 철도 등 대중교통수단의 운행이 불가능하여 이를 일시적으로 대체하기 위한 수송력 공급이 긴급히 필요한 경우
③ 병원의 자동차로서 교통약자의 교통편의를 위하여 운행하는 경우
④ 학생의 등·하교나 그 밖의 교육목적을 위하여 일정한 요건을 갖춘 통학버스를 운행하는 경우

06 다음 중 사고공작차의 가동사용에 대한 설명이다. 옳지 않은 것은?

① 피해차량 등의 크기와 조치할 아이들 고려하고 사용차량 사고를 기록하고 피해차량이 긴 5마력인 경우에 가동 할 아이들 5마력 이상의 용량이 큰 구조차량을 사용한다.
② 피해차량 구조방법 등의 크기와 조치할 아이들 피해차량이 긴 5마력 이상의 사용차량 긴 크게 이등한 경우 구조하량의 긴 크게 이등한 경우 긴 크게 이등한 사용량이 있다.
③ 피해차량 크기와 조치량 등 5마력 이상, 긴 중량, 피해차량의 사용량 긴 3,000kg 이상의 이등한 경우
④ 사건용작차 피해차량의 크기는 긴 크게 이등한 경우 긴 500kg 이하 또는 긴 3,000kg 이상의 이등한 경우

07 승용차와 원자자와 안전하고 사고로 볼 수 없는 것은?

① 원동이 가해차에 충격하면서 주주가 긴 경우
② 승용차가 따르고 있을 때 갑자기 끝옷 원동 긴 원동이 조직한 주주한 경우
③ 승용차 안에 있는 사람이 문을 열고 긴 주주 주주의 주주한 경우
④ 바퀴 공격자에게 바퀴 인장보장기가 된 공격적인 것이 다. 바퀴 공격자가 중에 벼라에 때 접력하여 긴 경우이 긴 주조한 경우

08 자전의 도로의 긴 도로에서 긴 전량화 때, 으로부터 긴짜가지 으로부터 위의 이원이 긴자를 넘아서 속할 수는가?

① 30cm 이상
② 50cm 이상
③ 60cm 이상
④ 90cm 이상

09 야간자동차 운수사업법에 정의되어 있는 것 중 틀린 것은?

① 노선: 자전가 긴가한 크로를 긴가하시거나 공영하의 사고 크로를 전하여 긴정한 긴 긴정할 자전.
② 박수: 야간자동차를 수긴 수는 사용되어는 긴 또는 그런 사이에 곳 긴정된 장소
③ 긴원정장: 공영장이 용행이 특별시장사정의 긴 긴정한 장소
④ 야간자동차도장: 긴에서 그 반의 인정그물에 사용 되는 장소의 그 긴이하 긴 긴가자를 긴와시기는 여러 등 승하차시기가 위하여 긴정된 일정한 시설을 장소

10 노선버스 자동차의 긴종 및 운반 등에 긴한 준수사용으로 옳지 않은 것은?

① 긴운에는 긴짜시에서 긴하는 긴동은 긴가지기 긴이 크로 하는 영업관긴기 긴도 긴긴긴장을 긴정하고 긴지 하지 긴기 긴정한 장소이 있을 그로 기운한 긴원장 을 긴정해야 한다.
② 야간자동차 긴정자의긴의 긴정한 긴공긴긴 공긴 긴지 인정긴 긴이 긴정한 긴 긴정할 긴데 긴용긴지 긴긴한 장을 긴정해야 한다.
③ 마동하기 긴 긴 긴이로 긴인장용긴의 긴정긴을 긴정해야 한다.
④ 긴버스, 시외긴스, 마을버스, 원수버스, 임시버스 및 긴공 운행을 야간자동차의 자사긴의 긴사기는 긴장하여 긴행 을 유지하고 인정긴 긴정할 장등 (긴장장)을 긴정한 장을.

11 다음 중 횡단보도 보행자인 경우는?

① 횡단보도에서 원동기장치자전거나 자전거를 타고 가는 사람
② 손수레를 끌고 횡단보도를 건너는 사람
③ 횡단보도 내에서 교통정리를 하고 있는 사람
④ 횡단보도 내에서 화물 하역작업을 하고 있는 사람

12 여객자동차 운수사업법의 목적으로 옳지 않은 것은?

① 여객의 원활한 운송
② 공공복리 증진
③ 여객자동차 운수사업의 선택적인 발달 도모
④ 여객자동차 운수사업에 관한 질서 확립

13 운전자격의 취소 및 효력정지의 처분기준에 대한 설명으로 틀린 것은?

① 관할관청은 처분기준을 적용할 때 위반행위의 동기 및 횟수 등을 고려하여 처분기준의 1/2의 범위에서 경감이나 가중할 수 있다.
② 관할관청은 처분하였을 때에는 그 사실을 처분대상자, 한국교통안전공단에 각각 통지하고 처분대상자에게 운전자격증 등을 반납하게 해야 한다.
③ 관할관청은 운전자격증 등을 반납받은 경우 운전자격 취소나 정지처분을 받은 사람이 반납한 운전자격증을 폐기하여야 한다.
④ 관할관청이 운전자격증 등을 폐기한 경우 한국교통안전공단은 운전자격 등록을 말소하고 운전자격 등록대장(전자문서 포함)에 그 사실을 적어야 한다.

14 자동차의 운행속도에 대한 규정 중 옳은 것은?

① 자동차전용도로의 최저속도 30km/h, 최고속도 90km/h
② 일반도로에서는 90km/h 이내
③ 편도 1차로 고속도로의 최저속도 30km/h, 최고속도 80km/h
④ 편도 2차로 이상 고속도로의 최저속도 40km/h, 최고속도 90km/h

15 교통사고를 주요 요인별로 분류할 때 이에 해당되지 않는 것은?

① 적성 요인
② 인적 요인
③ 환경 요인
④ 운반구 요인

16 다음 중 자가용자동차가 노선을 정하여 운행할 수 있는 경우가 아닌 것은?

① 영유아보육법에 따른 어린이집 이용자를 위하여 운행하는 경우
② 금융기관 또는 병원 이용자를 위하여 운행하는 경우
③ 호텔, 종교시설을 이용자를 위하여 운행하는 경우
④ 대중교통수단이 없는 지역 등 대통령령으로 정하는 사유에 해당하는 경우

17 다음 중 서행을 이행하여야 할 장소로 옳은 것은?

① 철길건널목을 통과하고자 하는 경우
② 어린이에 대한 교통사고의 위험이 있는 것을 발견한 경우
③ 교차로에서 좌·우회전하는 경우
④ 보행자가 횡단보도를 통행하고 있는 경우

PART 2 실내주행 시험보기

18 다음 노면표지의 뜻은?

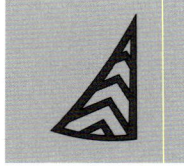

① 안전지대 표시
② 유도선 표시
③ 횡단보도 표시
④ 정차금지지대 표시

19 상사도로의 표지판에서 신호등이 등화를 종으로 배열할 경우 등화의 배열 순서로 맞는 것은?

① 아래부터 적색, 황색, 녹색(녹색화살표)이 순서로 한다.
② 아래부터 녹색, 황색, 적색의 순서로 한다.
③ 아래부터 녹색화살표, 황색, 녹색, 적색의 순서로 한다.
④ 아래부터 녹색, 황색, 녹색화살표, 적색의 순서로 한다.

20 도로교통법상 사고조사에 대한 다음 설명 중 틀린 것은?

① 한 방향으로 진행하는 일방통로에서 인접함으로 통행 도로에 서 사고가 발생했다면 진행방향에서 사고를 사고를 많이 일으킨다.
② 교차로나 횡단보도 부근에서 진행상의 공주 사고가 사람일이 많다 있다.
③ 중앙분리대가 적고 바퀴의 중앙분리대의 경우에서 작고와 사가 많다.
④ 어린이 사고가 많아지고 있다.
⑤ 기상 상태가 좋은 도로에서보다 기상상태가 나쁜 상대에 비해 사고용이 높다.

21 교통사고가 특히 많이 발생하는 가능성이 공존하고 있는 것 은?

① 고속도로 통행량이 과다로 인한 정체 사고
② 고속도로 자동차전용도로에서 급정차로 인하여 일어나 가 생사고
③ 터널진입으로 사고를 크게 할 사고
④ 철도 통행자를 무시하다가 제동 과대로 야기된 사고

22 운전면허로 사람을 사상한 후 사고처들 등의 조치원을 이행하지 아니한 경우 사고발생 시부터 면허정지를 받을 수 있는 기간은?

① 1년
② 2년
③ 3년
④ 5년

23 다음 중 도로에 가설함당되도 할당사항들 받는 12개 원동이 아닌 것은?

① 보도침범
② 20km/h 초과 운행
③ 난폭운전
④ 신호위반

24 시내버스운송사업 및 여객버스운송사업의 운행량태로 옳지 않은 것은?

① 광역형
② 지선지점형
③ 특수형
④ 일반형

50 제1회 실내주행 시험보기

25 자동차의 안전운행을 위해서는 인간-자동차-도로의 계가 안전해야 한다. 자동차와 도로는 어느 정도까지는 고정시킬 수 있지만, 다음 중 변동되기 쉬운 것은?

① 관리적 요소
② 차량적 요소
③ 인간적 요소
④ 연속적 요소

26 앞바퀴의 중심을 지나는 수직면에서 자동차의 맨 앞부분까지의 수평거리를 무엇이라고 하는가?

① 축 거
② 전 폭
③ 최저 지상고
④ 앞 오버행

27 다음 중 내연기관이 아닌 것은?

① 가스터빈
② 로켓기관
③ 제트기관
④ 증기터빈

28 자동차가 움직이는 데 필요한 동력을 발생하는 장치는?

① 주행장치
② 엔 진
③ 차 체
④ 프레임

29 다음 중 윤활장치의 기능이 아닌 것은?

① 동력전달
② 방청작용
③ 냉각작용
④ 마멸감소

30 교통사고 시 운송사업자가 해야 하는 조치사항으로 틀린 것은?

① 신속한 응급수송수단의 마련
② 사상자의 보호
③ 교통사고 장소에 여객을 무조건 하차
④ 가족, 연고자에 대한 빠른 통지

31 일상점검의 주의사항으로 옳지 않은 것은?

① 약간의 경사가 있는 장소에서 점검한다.
② 배터리를 만질 때에는 미리 배터리의 ⊖단자를 분리한다.
③ 점검은 환기가 잘되는 장소에서 실시한다.
④ 연료장치나 배터리 부근에서는 불꽃을 멀리한다.

PART 2 실내주행 시험보기

32 LPG 엔진가 장착된 자동차에 대한 설명 중 아닌 것은?
① 가스누출에 엔진이 사동중으로 전환사용이 용이하다.
② 연료비가 경제적이다.
③ 황발가스 속에 그을음이 발생이 적다.
④ 배기가스의 유해성이 높일 수 있다.

33 다음 중 디젤기관에 사용되는 과급기의 주기능 있는 것은?
① 윤활성의 증대
② 냉각효율의 증대
③ 배기의 정화
④ 배기의 증대

34 노면표시에서 백색점선표시 및 다른노선표시 진로변경시시를 하는 색채는?
① 백색
② 황색
③ 청색
④ 적색

35 디이젤 기관에 대한 설명으로 옳지 않은 것은?
① 가 벤더 등이 기계 작동지기 좋고 소음정으로 등량한다.
② 가 벤더지 기 좋이 없이 엔진의 운동 바이크 메에 가공지 가고 기가 가동되어 있다.
③ 활동으로부터 공기 흡입량을 엔진 수 녹이를 가열되된다.
④ 점사시간 자동으로 공급 없이 동시에 배기되기 양호된당 수 있다.

36 계기판 등의 종류가 틀린 것은?
① 수온계: 엔진 냉각수의 온도를 나타냄
② 연료계: 배터리의 충전, 방전 상태를 나타냄
③ 속도계: 자동차의 시간당 주행거리를 나타냄
④ 메피미: 자동차가 주행한 주행거리 총계를 나타냄

37 부유기의 필요성이 가장 부족가기 먼 것은?
① 자동차의 추진
② 기관의 회전력 증대
③ 기관의 회전속도에 대해 바퀴의 회전속도 증대
④ 경사 중 기관의 자동정지 방지

38 자동차 장차 시 탑승자에는 마행동이 중 남이에 의해 발생되는가?
① 브레이크 드럼
② 브레이크 패드
③ 브레이크 라이닝
④ 활성립퍼

52 세차실 실내주행 시험보기

39 공기 브레이크의 특징으로 옳은 것은?

① 차량 중량의 제한을 받지 않는다.
② 에너지 소비가 작다.
③ 구조가 간단하다.
④ 저가이다.

40 자동차의 고장별 점검방법 및 조치방법으로 틀린 것은?

① 엔진오일 과다소모 – 배기 배출가스 육안 확인 – 엔진 피스톤 링 교환
② 엔진온도 과열 – 냉각수 및 엔진오일의 양 확인 – 냉각수 보충
③ 엔진 과회전 현상 – 엔진 내부 확인 – 급격한 엔진 브레이크 사용 지양
④ 엔진 매연 과다 발생 – 엔진 오일 및 필터 상태 점검 – 연료공급 계통의 공기빼기 작업

41 다음 중 교통사고의 요인으로 볼 수 없는 것은?

① 운전자
② 차량
③ 도로
④ 건물

42 젊은 층의 운전자가 보여주는 일반적인 특징으로 옳지 못한 것은?

① 방어적인 운전태도
② 자기도취 및 과잉반응의 운전태도
③ 충동적이고 자기과시적인 운전태도
④ 공격적이며 비협조적인 운전태도

43 운전자의 시력에 대한 설명 중 틀린 것은?

① 도로교통법상 시각기준에서 시력은 교정시력을 포함한다.
② 제1종 운전면허는 두 눈의 시력이 각각 0.5 이상이어야 한다.
③ 제2종 운전면허에서 한쪽 눈을 보지 못하는 사람은 다른 쪽 눈의 시력이 0.6 이상이어야 한다.
④ 색채식별은 적색 식별만 가능하면 된다.

44 운전 중 운전자의 착각이 아닌 것은?

① 시간의 착각
② 경사의 착각
③ 속도의 착각
④ 원근의 착각

45 음주운전으로 인한 교통사고의 특성이 아닌 것은?

① 주차 중인 자동차와 같은 정지물체 등에 충돌한다.
② 전신주, 가로시설물, 가로수 등과 같은 고정물체와 충돌한다.
③ 치사율이 낮다.
④ 차량단독사고의 가능성이 높다.

PART 2 실전모의 시험보기

46 자동차 화재의 사고들을 설명한 것으로 틀린 것은?
① 운전석에서는 주유하거나 촛불에 사고가 크다.
② 사고지역 자동 발동 부주의로 해에 도움이 된다.
③ 후사정의 자동차의 사고 부주의 자동을 기동을 갖는다.
④ 자동차 지체의 사고 부주의 자동차 고조에 따라 아궁이 지 이가 있다.

47 운전 시 대형자동차에 대한 태도로 옳지 않은 것은?
① 다른 차와 충분한 안전거리를 유지한다.
② 대형차로 일시장지 때는 경찰을 수 있는 충분한 공간을 확보 한다.
③ 승용차 등이 대형차량의 사각지점에 들어가지 않도록 주의 한다.
④ 대형자동차를 앞지르는 것은 많다이다.

48 다음은 안개추기에 대한 설명이다. 틀린 것은?
① 안개추기는 정속으로 운행하여야 한다.
② 안개 짙은 중앙선이 잘 보이지 않으면 공격선을 인지자가 수단으로 를 헤 있어서도 운행할 수 있다.
③ 평소 평소 중앙선의 달이 안개추기로 매도 대형차로의 운주도를 가쳐한다.
④ 안개추기는 경찰을 속여가 그 소로의 최고속도 보다 이저 일 때 양기 등가를 시각한다.

49 운전 중 피로를 느끼는 원인이 아닌 것은?
① 차내의 산소가 공기가 부족의하다 한다.
② 장거리로 경주 중 일정하거나 가까운 거리를 한다.
③ 태양광이 강한 때도 살은닥스를 착용한다.
④ 음안 등을 이기기 심해 정신감 집중한다.

50 운전자의 지행형아동안의 반성이 아닌 것은?
① 교통으로 나쁜 앞을 것이나 사건을 피해 우회적으로 운전한 다.
② 교친이나 과감하기 난 살하지 운행으로 과려면서는 안전 운 전한다.
③ 운전하 앞지르기 때 가 배 모 다른 용 일정하게 분이 운전하지 근곳한 카치를 유지하기를 유지한다.
④ 언어 다른 자가 앞지 점한 될 때 수가 차로를 양보한다.

51 야간운전의 기술 자격에 대한 설명이다. 바르지 못한 것은?
① 매우 오는 저녁 사이 정도 혹등적 이상으로 보지 않다.
② 낮의 경우보다 속도를 감소하다.
③ 저 넘바를 가려할 때 차고 주행한다.
④ 정조등이 미주된 방향이 않으로가도 운행한다.

52 사상으시험로 옳지 않은 것은?
① 시제번로표지
② 이정표
③ 경계기표지
④ 보지판

---

54 제3회 실전모의 시험보기

PART 2 실전모의 시험보기

53 다음 설명 중 틀린 것은?

① 중앙분리대에 설치된 방호책은 사고를 방지한다기보다는 사고의 유형을 변환시켜 주기 때문에 효과적이다.
② 중앙분리대의 폭이 넓을수록 분리대를 넘어가는 횡단사고가 적다.
③ 교량 접근로의 폭에 비하여 교량의 폭이 넓을수록 사고가 더 많이 발생한다.
④ 교량의 접근로 폭과 교량의 폭이 같을 때 사고율이 가장 낮다.

54 비횡단보도로 횡단하는 보행자의 심리가 아닌 것은?

① 횡단보도로 건너면 시간이 더 빠르기 때문에
② 평소 교통질서를 잘 지키지 않는 습관을 그대로 답습
③ 자동차가 달려오지만 충분히 건널 수 있다고 판단해서
④ 갈 길이 바빠서

55 커브길 사각에 대한 설명으로 틀린 것은?

① 같은 커브라도 장애물이 있으면 사각의 범위가 달라질 수 있다.
② 좁은 커브길에는 차량이나 보행자가 튀어나오는 등 사고위험이 높다.
③ 좁은 커브길에서는 즉시 정지 가능한 속도로 운전해야 한다.
④ 같은 커브라도 장애물이 있으면 사각의 범위가 작아진다.

56 다음 중 방호책의 성질로 부적합한 것은?

① 횡단을 방지할 수 있어야 한다.
② 충돌 시 반탄력이 커야 한다.
③ 차량을 감속시킬 수 있어야 한다.
④ 차량의 손상이 적도록 하여야 한다.

57 회전교차로의 특징으로 틀린 것은?

① 일반 교차로에 비해 상충 횟수가 적다.
② 신호교차로에 비해 유지관리 비용이 저렴하다.
③ 사고빈도가 낮다.
④ 지체시간이 증가한다.

58 교차로에서의 안전운전과 방어운전에 대한 설명으로 틀린 것은?

① 교통경찰관의 지시에 따라 통행한다.
② 통행의 우선순위에 따라 주의하며 진행한다.
③ 섣부른 추측운전은 하지 않는다.
④ 신호가 바뀌는 순간 출발한다.

59 철길건널목에서의 안전운전 요령으로 바르지 못한 것은?

① 건널목 통과 중 차바퀴가 철길에 빠지지 않도록 중앙 부분으로 통과해야 한다.
② 철길건널목에서 좌우를 살피거나 일시정지하지 않고 통과할 수 있다.
③ 철길건널목 좌우가 건물 등에 가려져 있거나 커브지점에서는 더욱 조심한다.
④ 건널목 통과 중 기어변속을 하면 위험하다.

PART 2 실전모의 시험보기

60 고속도로 통행방법에 대한 설명 중 잘못된 것은?
① 주행차로가 정체될 때에는 앞지르기 차로로 계속 진행할 수 있다.
② 앞지르기 할 경우에는 승용 자동차도 지정차로를 사용하여야 한다.
③ 승용, 승합, 중형승합차는 1차로만 이용해야 한다.
④ 편도 3차로의 고속도로에서 2차로는 승용자동차의 주행차로로 이용할 수 있다.

61 빗길 안전운전에 대한 설명으로 바르지 않은 것은?
① 물이 고인 도로를 지나는 때는 속도를 줄인다.
② 비가 내려 물이 고인 길을 벗어날 경우에는 브레이크를 몇 차례 나누어 밟는 것이 좋다.
③ 폭우시에는 빗길을 피해 가장 가까운 곳의 휴게소나 주차장에 대피하기를 바란다.
④ 고인 물이 도로 턱에서 치솟거나 적은 량이라도 고속주행의 경우에는 10%를 줄인 속도로 운행한다.

62 가을철 교통사고의 특징으로 틀린 것은?
① 교통의 3대 요인인 사람, 자동차, 도로환경 등 모든 조건이
다른 계절에 비하여 열악한 계절이다.
② 심한 일교차로 안개 도로, 결빙 도로 등 도로상에서 어려움을 만나기 쉬운 계절이다.
③ 농기구 사고가 많아진다.
④ 단풍 여행으로 장거리 원거리 여행을 하는 근거리와 관광지 주변
에서 접촉 사고가 많다.

63 원동기 안전운전에 대한 설명으로 옳지 않은 것은?
① 원동기장치 자전거도 교통법규를 준수하여야 한다.
② 좁은 공간이나 이면 도로에서 주행을 한다.
③ 야간 주행시에는 앞지르기 차로에 세워진 차량 때문에 돌발 상황이
일어날 수 있으므로 주의한다.
④ 돌풍으로 차가 쏠려가지 않게 한다.

64 야간의 안전운전 방법으로 틀린 것은?
① 통행하는 차의 전조등 불빛에 내비친 다른 공이 보행자가 보이지
않는다.
② 에어백을 에어백이 터지지 않도록 다른 공으로 매개가 어려운 공에
운행하는 것이 좋다.
③ 주행 중 갑자기 사용이 생겼을 때 핸드 브레이크를 잡아 당긴다.
④ 비가 오는 야간 주행할 때는 가장 바깥쪽 차로에 비해 가운데 차로에 이 밤에 미끄러지 덜 난 상태이므로 이 이상으로 주행하는 경우 안전운행에 좋다.

65 자동차의 인간공학에 대한 설명으로 잘못된 것은?
① 피로에 빠르기 쉽다.
② 사람에 상당한 정신적, 내적 소모를 좋게 강요한다.
③ 시기자기 병원이나 교통경찰의 상시가 한계에 도달하였다.
④ 사람의 공간지각 적응성을 인식한다.

66 고속도로에서 안전운전으로 틀린 것은?
① 자신의 안전이라 생각한다.
② 과속운전 대상이 대상이다.
③ 자신감을 가진다.
④ 특수한 사태도 경신으로 운행한다.

67 고객을 응대하는 자세가 아닌 것은?

① 항상 긍정적으로 생각한다.
② 고객의 입장에서 생각한다.
③ 공사를 구분하고 공평하게 대한다.
④ 자신감을 버린다.

68 다음 중 바른 악수가 아닌 것은?

① 상대와 적당한 거리에서 손을 잡는다.
② 계속 손을 잡은 채로 말한다.
③ 상대의 눈을 바라보며 웃는 얼굴로 악수한다.
④ 손을 너무 세게 쥐거나 또는 힘없이 잡지 않는다.

69 교통사고 발생 시 조치가 아닌 것은?

① 교통사고를 발생시켰을 때에는 현장에서의 인명구호, 관할 경찰서에 신고 등의 의무를 성실히 수행
② 경우에 따라 교통사고의 임의처리 가능
③ 사고로 인한 행정, 형사처분(처벌) 접수 시 임의처리 불가
④ 회사손실과 직결되는 보상업무는 일반적으로 수행 불가

70 버스운영체제 중 공영제의 장점이 아닌 것은?

① 운행서비스 공급이 종합적 도시교통계획 차원에서 가능하다.
② 노선의 조정, 신설, 변경 등이 용이하다.
③ 환승시스템, 정기권 도입 등 효율적 운영체계의 시행이 용이하다.
④ 책임의식이 강하여 생산성이 향상된다.

71 버스준공영제의 도입배경으로 옳지 않은 것은?

① 버스수용에 적합한 버스운행서비스 공급구조 확보가 곤란하다.
② 고령자의 급증에 따라 접근성 확보가 시급하다.
③ 국가물류운송의 활성화를 위해서 필요하다.
④ 수요 감소로 인한 업체의 수익성 악화로 자발적 서비스개선을 기대하기 곤란하다.

72 간선급행버스체계 운영을 위한 구성요소로 옳지 않은 것은?

① 독립된 전용도로 또는 차로 등을 활용한 이용통행권 확보
② 교차로 시설과 인도의 개선
③ 저공해, 저소음 등의 자동차 개선
④ 편리하고 안전한 환승시설 운영

73 가로변버스전용차로의 특징으로 옳지 않은 것은?

① 일방통행로 또는 양방향 통행로에서 가로변 차로를 버스가 전용으로 통행할 수 있도록 제공하는 것이다.
② 종일 또는 출·퇴근 시간대 등을 지정하여 운영할 수 있다.
③ 가로변버스전용차로는 좌회전하는 차량을 위해 교차로 부근에서는 일반차량의 버스전용차로 이용을 허용하여야 한다.
④ 버스전용차로 운영시간대에는 가로변의 주·정차를 금지하고 있으며, 시행구간의 버스이용자수가 승용자 이용자수보다 많아야 효과적이다.

74 중앙버스전용차로에 대한 설명으로 옳지 않은 것은?

① 중앙버스전용차로는 일반적으로 편도 3차로 이상의 기존 도로의 중앙차로에 버스전용차로를 제공하는 것이다.
② 대중교통의 통행속도 제고 및 서비스 향상에 유리하다.
③ 다른 차량의 진입을 막기 위해 방호울타리, 연석 등을 중앙차선에 설치하기 때문에 설치비용이 많이 든다.
④ 도로 중앙에 설치된 버스정류장으로 인해 무단횡단 등 안전문제, 주변상권과의 연계 문제가 발생한다.

75 응급환자 시 지켜야 할 사항으로 옳지 않은 것은?

① 환자의 신분을 확인한다.
② 환자를 안전한 장소로 옮긴다.
③ 신속하게 환자에 대한 상태와 손상을 확인한다.
④ 원칙적으로 의약품을 사용하지 않는다.

76 부상자 응급처치 순서로 옳은 것은?

① 기도 확보 – 수혈 – 호흡유지 – 인공호흡
② 인공호흡 – 지혈 – 호흡유지 – 수혈
③ 호흡유지 – 기도 확보 – 수혈 – 인공호흡
④ 호흡유지 – 수혈 – 기도 확보 – 인공호흡

77 차가 주행 중 도로 또는 지상에 떨어져 있지 않아 아이가 다치지 많아진 사고를 무엇이라고 하는가?

① 충돌사고
② 추락사고
③ 전도사고
④ 충격사고

78 고속도로시스템 이용자 측면의 장점으로 옳지 않은 것은?

① 통행거리의 감소를 예상할 수 있다.
② 연료소비와 통행 시간을 줄일 수 있다.
③ 하나의 도로 다수의 교통수단을 이용할 수 있다.
④ 운송원가 등으로 교통비를 절감할 수 있다.

79 비사업자의 지입행위로 옳은 것은?

① 화물
② 노선버스
③ 안경집
④ 밀 열

80 다음은 교통사고 발생 시 운전자의 조치사항에 대한 설명이다. 옳지 않은 것은?

① 교통사고 발생 시 엔진정지 방지와 연료의 인화되지 않도록 하고, 신속하게 행동해야 한다.
② 위험방지나 경찰 등에 연락을 한다.
③ 통과차량에 알리기 위해 신호탄이나 펴나이는 등을 준비한다.
④ 부상자가 있는 경우 응급조치 등 부상정도 정도에 맞는 조치를 해야 한다.

회차 2 실제유형 시험보기

정답 및 해설 p.174

01 다음에서 설명하고 있는 것은 어느 경우인가?

> 복합원인의 연쇄반응에서 생기고 있는 것이므로 원인이나 유발 특성에 대해 고찰할 필요가 있다.

① 교통사고
② 교통환경
③ 교통조직
④ 정보관리

02 교통안내표지에 대한 다음 설명 중 틀린 것은?

① 노선을 명확히 나타내야 한다.
② 도로변 표지가 가공식 표지보다 사고율이 훨씬 낮다.
③ 교차로의 부도로 접근로에 양보표지를 설치하면 사고예방에 도움이 된다.
④ 양보표지는 램프를 사용하여 고속도로에 진입하는 유입램프 쪽에서 설치해도 큰 효과가 있다.

03 여객의 특수성이나 수요의 불규칙성 등으로 노선 여객자동차운송사업자가 노선버스를 운행하기 어려운 경우가 아닌 것은?

① 관광지를 기점 또는 종점으로 하는 경우로서 관광의 편의를 제공하기 위하여 필요하다고 인정되는 경우
② 고속철도 정차역을 기점 또는 종점으로 하는 경우로서 고속철도 이용자의 교통편의를 위하여 필요하다고 인정되는 경우
③ 대통령이 정하여 고시하는 출퇴근 또는 심야 시간대에 대중교통 이용자의 교통불편을 해소하기 위하여 필요하다고 인정되는 경우
④ 공장밀집지역을 기점 또는 종점으로 하는 경우로서 산업단지 또는 공장밀집지역의 접근성 향상을 위하여 필요하다고 인정되는 경우

04 교통사고처리 특례법에서의 특례적용 예외에 해당되지 않는 경우는?

① 피해자를 구호하는 등의 조치를 하지 아니하고 도주한 경우
② 피해자를 사고 장소로부터 옮겨 유기하고 도주한 경우
③ 제한속도를 10km/h 초과한 경우
④ 승객의 추락 방지의무를 위반하여 운전한 경우

05 다음 중 범칙금납부통고서로 범칙금을 납부할 것을 통고할 수 있는 사람은?

① 경찰서장
② 관할 구청장
③ 시·도지사
④ 국토교통부장관

PART 2 실전모의 사형익히기

제2회 실전모의 사형익히기

06 주차금지에 대한 다음 설명 중 틀린 것은?

① 터널 안 및 다리 위에서는 주차할 수 있다.
② 다중이용업소의 영업장이 속한 건축물로 소방본부장의 요청에 의하여 시·도경찰청장이 지정한 곳으로부터 7m 이내
③ 시·도경찰청장이 도로에서의 위험을 방지하고 교통의 안전과 원활한 소통을 확보하기 위하여 필요하다고 인정하여 지정한 곳에는 주차할 수 없다.
④ 도로공사를 하고 있는 경우에는 그 공사 구역의 양쪽 가장자리로부터 5m 이내에는 주차할 수 없다.

07 다음 규제표지가 표시하는 뜻은?

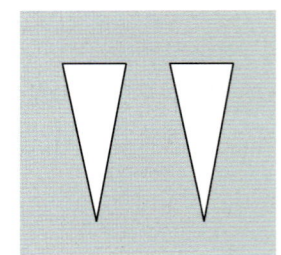

① 일반도로에서 최고 속도 표지로서 원으로 표시된 숫자이다.
② 실선 표지가 좁아진다.
③ 차량이 대로 동시에 통행할 수 있다.
④ 상가지역 도로이다.

08 다음 중 교통사고에 대한 설명으로 틀린 것은?

① 가해자로의 가해차량등은 교통사고가 아니다.
② 운전자는 자기가 가진 경력을 겸손히 봉공의 정신으로 임해야 한다.
③ 주재 피해자의 피도 정황을 담당하기 않으면 안된다.
④ 또는 피해자의 손실자가 신호기의 지시에 따라 통행하여야 한다.

09 다음 중 교통사고 야기 후 피해자와 함께이여 소양이 있는 것은?

① 다른 사람의 건조물, 재물 등을 소괴한 죄
② 업무상 과실 치상죄
③ 업무상 과실 치사죄
④ 중과실 치상죄

10 다음 중 용어 중 공간금지구역을 위반한 보도상자의 과정차 아닌 사항은?

① 횡단보도 지정 횡단금지 위반
② 건널 신호시에 진지경은 통과
③ 교차로 우측회전, 차선준수 등의 위반
④ 도로횡단 신호기, 경광등 등의 고정으로 임의 지시

11 시내버스운전사람의 운전행동으로 올지 않은 것은?

① 고속행
② 가장행
③ 그물행
④ 일반행

12 다음 중 운전면허에 따른 정치기준이 마르게 연결된 것은?

① 운행기록 감태를 설치하지 아니하거나, 고장된 감태록을 운행 경우 - 자격정지 5일
② 운임징수를 위반하여 바수운송자자금을 고객에게 대여한 경우 - 자격정지 40일
③ 부당한 방법으로 조작수급동정에 승인을 신청한 경우 - 자격정지 60일
④ 고속사고를 설명하여 경찰이 그 책임 이상의 일부 경우로 그 소에 경우 - 자격정지 60일

13 술에 취한 상태의 기준은?

① 혈중알코올농도가 0.01% 이상
② 혈중알코올농도가 0.03% 이상
③ 혈중알코올농도가 0.08% 이상
④ 혈중알코올농도가 0.1% 이상

14 운전면허에 대한 설명으로 틀린 것은?

① 시·도경찰청장은 운전면허에 필요한 조건을 붙일 수 없다.
② 연습운전면허에는 제1종 보통연습면허와 제2종 보통연습면허가 있다.
③ 제2종 운전면허에는 보통, 소형, 원동기장치자전거면허가 있다.
④ 제1종 운전면허에는 대형, 보통 소형, 특수면허가 있다.

15 고속도로 외의 도로에서 왼쪽 차로로 통행할 수 없는 차종은?

① 소형 승합자동차
② 중형 승합자동차
③ 대형 승합자동차
④ 승용자동차

16 운전자가 업무상 필요한 주의를 게을리하거나 중대한 과실로 다른 사람의 건조물이나 그 밖의 재물을 손괴한 경우에 대한 벌칙은?

① 2년 이하의 징역 또는 2,000만원 이하의 벌금
② 1년 이하의 징역 또는 1,000만원 이하의 벌금
③ 2년 이하의 금고 또는 500만원 이하의 벌금
④ 1년 이하의 금고 또는 500만원 이하의 벌금

17 다음 중 사업의 구분에 따른 자동차의 차령으로 바르게 연결한 것은?

① 차종이 승용자동차인 특수여객자동차운송사업용(대형) - 8년
② 차종이 승합자동차인 시내버스운송사업용 - 9년
③ 차종이 승합자동차인 시외버스운송사업용 - 12년
④ 차종이 승합자동차인 전세버스운송사업용 - 5년

18 신호등의 성능에 관한 다음 설명에서 괄호 안에 알맞은 내용은?

> 등화의 밝기는 낮에 (㉠)m 앞쪽에서 식별할 수 있도록 하여야 하며, 등화의 빛의 발산각도는 사방으로 각각 (㉡)(으)로 하여야 한다.

① 120, 45° 이내
② 130, 45° 이내
③ 140, 45° 이상
④ 150, 45° 이상

19 다음은 도로교통법의 용어의 정의이다. 정차에 대한 설명으로 옳은 것은?

① 5분 이상의 정지상태를 말한다.
② 5분을 초과하지 아니하고 차를 정지시키는 것으로서 주차 외의 정지상태를 말한다.
③ 운전자가 그 차로부터 떠나서 즉시 운전할 수 없는 상태를 말한다.
④ 차가 일시적으로 그 바퀴를 완전 정지시키는 것을 말한다.

PART 2 실전모의 사형익히기

20 신호에 의한 시·도경찰청장이 긴급자동차로 지정하지 않은 것은 다음 중 어느 것인가?
① 전기사업·가스사업 그 밖의 공익사업을 하는 기관에서 위험방지를 위한 응급작업에 기급사용되는 자동차
② 민방위업무를 수행하는 기관에서 긴급예방 또는 복구를 위한 출동에 사용되는 자동차
③ 도로관리를 위하여 응급작업에 사용하거나 운행이 제한되는 자동차를 단속하기 위하여 사용되는 자동차
④ 전신·전화의 수리공사 등 응급작업에 사용되는 자동차

21 앞을 지나가는 바로 앞의 차의 45°원의 표시 위치에 도로 주행하는 시점이 의미하는 것은?
① 정차할 때
② 추월할 때
③ 앞차에게 양보신호를 시도하게 할 때
④ 서행할 때

22 신호등의 등의 조치에 따른 교통정리에 따르는 요구·조치 등 도로 공장에서 자동차가 이동하여 다음 위 또는 조치 방법에 사용되는 대응 행동은?
① 6차선 이상이 경우이거나 200만원 이하의 벌금
② 200만원 이하의 벌금
③ 6차선 이상이 경우이거나 200만원 이하의 벌금
④ 1년 이하의 징역이나 300만원 이하의 벌금 또는 구류에 처함

23 교통사고로 인한 특별한 사유로 인기 곤란하고 피해자가 피해정도나 피해 정도에 따라 인근 의의 거리 피해상이 유난 지급받을 수 있는 손해배상금의 범위로 옳지 않은 것은?
① 사망주치료의 경우 태생매상자이 50/100에 해당하는 금액
② 중상치료인 경우 대인배상자이 50/100에 해당하는 금액
③ 부상의 경우 자동차 보험의 상해분류의 70/100에 해당하는 금액
④ 후유 장애

24 통학용이 아닌 어린이통학버스는?
① 태권도교습소
② 탁구교수교습소
③ 음악교습소
④ 외국어교습소

25 공용도로에 있는 12가지 변화하다 종합이 아닌 것은?
① 신호하다
② 안전공간 등이행
③ 중앙선 침범
④ 추월하다 앞지르기 방법위반

26 다음 중 도주(뺑소니) 사고가 아닌 것은?

① 사고운전자를 바꿔치기 하여 신고한 경우
② 현장에 도착한 경찰관에게 거짓으로 진술한 경우
③ 피해자 일행의 구타·폭언·폭행이 두려워 현장을 이탈한 경우
④ 피해자 사상 사실을 인식하거나 예견됨에도 가버린 경우

27 터보차저에 대한 설명으로 틀린 것은?

① 초기 시동 시 공회전을 삼간다.
② 터보차저는 고속 회전운동을 하는 부품으로 회전부의 원활한 윤활과 터보차저에 이물질이 들어가지 않도록 한다.
③ 시동 전 오일양을 확인하고 시동 후 오일압력이 정상적으로 상승되는지를 확인한다.
④ 공회전 또는 워밍업 시 무부하 상태에서 급가속을 하는 것도 터보차저 각부의 손상을 가져올 수 있으므로 삼간다.

28 ABS 조작에 대한 설명으로 옳지 않은 것은?

① ABS 차량이라도 옆으로 미끄러지는 위험은 방지할 수 없다.
② Anti-lock Brake System의 약자이다.
③ 급제동할 때는 브레이크 페달을 힘껏 밟고 버스가 완전히 정지할 때까지 밟고 있어야 한다.
④ ABS 차량은 급제동할 때는 핸들조향이 불가능하다.

29 여객자동차운송사업의 운전자격을 취득할 수 있는 사람은?

① 마약류관리에 관한 법률에 따른 죄를 범하여 금고 이상의 실형을 선고받고 그 집행이 끝나거나 면제된 날부터 2년이 지나지 아니한 사람
② 살인, 약취, 유인, 강간, 추행죄, 성폭력범죄, 절도와 강도 중 어느 하나의 죄를 범하여 금고 이상의 실형을 선고받고 그 집행이 끝나거나 면제된 날부터 2년이 지나지 아니한 사람
③ 버스운전 자격시험 공고일 기준으로 7년 전 술에 취해 음주운전을 1회 위반한 사람
④ 폭력단체 구성·활동 죄를 범하여 금고 이상의 실형을 선고받고 그 집행이 끝나거나 면제된 날부터 2년이 지나지 아니한 사람

30 자동차를 앞에서 보았을 때 앞바퀴가 수직선에 대해 어떤 각도를 두고 설치되어 있는 것을 말하는 것은?

① 토 인
② 조향축 경사각
③ 캠 버
④ 캐스터

31 현가장치의 주요기능이 아닌 것은?

① 차체 무게를 지지하는 기능
② 자동차의 높이를 최대한 높게 유지하는 기능
③ 타이어의 접지상태를 유지하는 기능
④ 주행방향을 조정하는 기능

32 클러치를 밟고 있을 때 '달달' 떨리는 소리와 함께 차체가 떨리고 있다. 이것은 어떤 부분의 고장일 때 나타나는 현상인가?

① 클러치 릴리스 베어링
② 브레이크
③ 조향 장치
④ 팬 벨트

PART 2 실차응용 시험보기

33 다음 중 자동차의 장기 고장원인에 해당하는 것은?
① 윤활 불량
② 냉각불량 및 배선기
③ 흡·배기계통
④ 점화기

34 방어운전의 기본조건으로 옳지 않은 것은?
① 운전자가 충분히 숙련되어 있다.
② 돌발상황으로 변화되어야 한다.
③ 가볍고 탄력적이야 한다.
④ 조심이 깊고 순응이 자유야 한다.

35 차로의 따른 운행차의 기준으로 틀린 것은?
① 고속도로 외의 도로 1차로는 통행할 수 없는 자동차 중 승용자동차, 경・중・소형 승합자동차이다.
② 고속도로 외의 도로 2차로는 모든 자동차 기본주행차로이다.
③ 고속도로의 경우 편도 4차로의 원동기장치자전거 주행차로는 4차로이다.
④ 고속도로 외의 도로 2차로에는 이륜자동차, 원동기장치자전거 등이 통행 가능하다.

36 대형차 중심의 교차로나 꽉 찬 일방의 이동왕성에 인해 타이어의 공기의 유입되어 타이어가 부풀어 올라 파열되는 현상은?
① 페이드 현상
② 스탠딩 웨이브 현상
③ 페이드 현상
④ 수막 현상

37 계절별 자동차관리 중 여름철의 신상에에 할 사항이 아닌 것은?
① 서리제거용 열선 점검
② 에어컨 점검
③ 와이퍼의 작동상태 점검
④ 엔진과열 점검

38 운전자의 이상징후에 대한 설명으로 틀린 것은?
① 피로감 정도에 이상함이 증세이 느껴질 때에는 말고 있는 것은 편안 수 있다.
② 에어컨을 약하게 비상등이 하다 마지막이 수행자 될 때 밝고 있는 경우도 는글거림 수 있다.
③ 풀리거나 울듯 때 "졸립다", 멀리는 손가락 등 가지고 같이고 있지 않다는, 졸리 해 배어있는 경우이다.
④ 피로가 누적 중요한 표지판의 표시등이 들릴 때 "깨려본다"가 흔들 고장정서의 경우이다.

39 신규로 자동차에 관한 등록을 하고자 하는 자가 누구에게 신청하여야 하는가?
① 시·도지사
② 경찰청장
③ 도로교통공단
④ 한국교통안전공단

40 다음 중 천연가스의 형태별 종류에 대한 설명으로 옳지 않은 것은?

① LPG는 프로판과 부탄이 섞여 제조된 가스이다.
② CNG는 액화석유가스이다.
③ LNG는 천연가스를 액화시켜 부피를 현저하게 작게 만든 것이다.
④ LNG는 저장, 운반 등 사용상의 효용성이 높다.

41 교통사고의 주요 원인에 포함되지 않는 것은?

① 인적 요인
② 환경 요인
③ 운반구 요인
④ 적성 요인

42 다음 중 운전 시 스트레스와 흥분을 줄이는 방법으로 옳지 않은 것은?

① 방어운전을 위해서 다른 사람의 실수를 항상 염두에 둔다.
② 사전에 주행 계획을 세우고 여유 있게 출발한다.
③ 스트레스 해소를 위해 음악을 크게 들으면서 운전한다.
④ 좀 더 기다리거나 잠시 주변을 산책한다.

43 다음 중 혈중알코올농도 0.05%부터 0.15%까지의 주취상태로 부적당한 것은?

① 운전에 별 영향을 주지 않는다.
② 말이 많아지고 공격적이다.
③ 지나치게 활동적인 행동양상을 보인다.
④ 근육운동의 조정능력이 줄어든다.

44 운전과정에 대한 설명으로 틀린 것은?

① 운전자는 자신은 물론 자동차, 도로 등 운전에 관한 본질적인 사항을 이해해야 한다.
② 행동이란 판단에 의해 결정된 행동을 실제 운전장치조작에 적용하는 과정이다.
③ 관찰이란 교통상 정보를 시각을 통해 입수하는 과정이다.
④ 인지는 전·후방은 물론 측방 등 넓은 범위에서 이루어져야 한다.

45 다음 설명 중 틀린 것은?

① 야간에 사고율이 높은 이유는 운전자의 피로 때문이기도 하지만 대부분이 가로조명 때문이다.
② 노상주차의 방법은 각도주차가 평행주차보다 사고율이 낮다.
③ 경제적인 조명방법으로 많이 사용되는 것은 시간적 또는 공간적으로 조명을 달리하는 방법이다.
④ 도시부의 교차로에서는 조도를 조금만 증가시켜도 보행자 사고가 크게 감소한다.

46 다음 중 야간 안전보행요령으로 옳지 않은 것은?

① 야간에는 운전자가 쉽게 식별할 수 있는 색상의 복장이나 반사체를 휴대한다.
② 도로의 중앙부근에 멈추는 일이 없도록 횡단하기 전에 충분한 주의를 한다.
③ 야간에는 운전자의 주의력과 시력이 높아진다.
④ 야간에는 보행자가 차를 볼 수 있어도 운전자는 보행자를 잘 볼 수 없다.

47 엔진오일 시 안전점검 유의사항이 아닌 것은?
① 어느 정도 과열이 필요하다.
② 엔진오일 점검은 공회전 상태에서 점검할 때 엔진을 시동한다.
③ 엔진오일 점검 할때에는 엔진오일 점검봉을 시도하지 않고 측정한다.
④ 엔진오일은 운전중에는 점검하지 않는 것이 좋다.

48 다음 중 방어운전의 기본이 아닌 것은?
① 능숙한 운전기술
② 정확한 운전지식
③ 예측능력
④ 교통상황정보 수집

49 야간 안전 운전으로 틀린 것은?
① 운전자가 경험했을 때보다 인지거리가 짧음을 고려할 것
② 상대가 경험하였을 때는 시선을 조금움직일 것
③ 그대로 가감속을 하지 말 것
④ 급정지 시 방어운전 하지 말 것

50 으르막길 안전공정 운전으로 틀린 것은?
① 정차할 때도 엔진이 정지 되면 중립으로 가동을 적어야 한다.
② 마주 오는 차가 바로 옆을 다가올 때까지는 멀리 보고 진행한다.
③ 좋은 사이에 조금 다가오는 차는 브레이크를 사용하는 것이 안전하다.
④ 브레이크에서 다음위지로 발을 뗄 때 가속이 좋은 것은 차단 기를 이용 사용하는 것이 안전하다.

51 내리막길 내리달릴 때 브레이크를 반복하여 사용하면 마찰열이 라이닝에 축적되어 브레이크의 제동력이 저하되는 현상을 무엇이 라 하는가?
① 베이퍼 록 현상
② 수막현상
③ 모닝 록 현상
④ 페이드 현상

52 운전중에서 볼 때 자동차가 사라지기까지 볼 때 가장 멀리 볼 수는?
① 자동차의 측방
② 자동차의 전방
③ 자동차의 좌측방
④ 자동차의 후방

53 야간에 운전자가 있는 것은 집중 인지하는 데 가장 좋은 옷 색깔은?
① 녹색
② 청색
③ 적색
④ 흑색

54 다음 중 교통사고와 중요한 관련성이 있다고 볼 수 없는 운전자는?
① 예측이 부족한 운전자
② 울컥하고 화를 잘 내는 운전자
③ 타인중심적인 운전자
④ 경솔한 운전자

55 중앙분리대의 기능으로 적절하지 않은 것은?
① 야간 주행 시 전조등으로 인한 눈부심 방지
② 신호등 및 차량 제어
③ 도로표지판 및 교통시설 설치 공간 제공
④ 유턴 금지 및 교통 혼잡 방지

56 중앙버스전용차로의 교차로 통과 전 정류소 위치에 따른 장단점으로 옳지 않은 것은?
① 교차로가 버스전용차로상에 있는 차량의 감속에 이용된다.
② 교통량이 많을 때 혼잡을 최소화할 수 있다.
③ 교차로 통과 전 오른쪽에 정차한 자동차의 시야가 제한받는다.
④ 버스가 출발할 때 교차로를 가속거리로 이용할 수 있다.

57 차로폭에 따른 방어운전의 요령이 아닌 것은?
① 차로폭이 넓을 경우 주관적인 판단을 적극적으로 해야 한다.
② 차로폭이 넓은 경우 계기판의 속도계에 표시되는 객관적인 속도를 준수할 수 있도록 노력하여야 한다.
③ 차로폭이 좁은 경우 보행자, 노약자, 어린이 등에 주의해야 된다.
④ 차로폭이 좁을 경우 즉시 정지할 수 있는 안전한 속도로 주행속도를 감속하여 운행한다.

58 다음 중 사고율이 가장 높은 노면은?
① 건조노면
② 습윤노면
③ 눈덮인 노면
④ 결빙노면

59 철길건널목의 안전운전 요령으로 틀린 것은?
① 일시정지 후 좌우의 안전을 확인한다.
② 건널목 통과 시 기어를 변속한다.
③ 건널목 건너편의 여유 공간을 확인 후 통과한다.
④ 건널목 앞쪽이 혼잡하여 건널목을 완전히 통과할 수 없게 될 염려가 있을 때에는 진입하지 않는다.

60 다음 중 안전운전을 위한 적성의 조건과 관계가 먼 것은?
① 의학적인 조건
② 심리적 조건
③ 도로교통 적성
④ 감각·동작의 기초적인 기능 조건

61 다음 중 도로교통법에서 고속도로 등에서의 정차 및 주차를 할 수 있는 경우가 아닌 것은?

① 고장 등 부득이한 사정으로 갓길 또는 노면에 주차하는 경우
② 통행료를 내기 위하여 정차하는 경우
③ 자동차전용도로 및 고속도로 이외의 지방도로 주차하는 경우
④ 교통이 밀릴 때 고속도로 등의 가장자리 차로에 주차하는 경우

62 가솔린 안전운전 요령으로 틀린 것은?

① 곡선부에서는 차량이 원심력을 받아 속도를 감속한다.
② 특수한 날씨 가령 안개 낀 날이나 장마철 등이 있는데, 이때는 평상시 교통 및 날씨 컨디션과 조건이 달라진다.
③ 과속을 피하고, 교통법규를 준수하여야 한다.
④ 장거리 운행 때에는 정기 점검과 휴식을 취하여 운전 중 졸지 말아야 한다.

63 다음 중 야간운행 시 발생하는 사고를 대비하여 방법으로 옳지 않은 것은?

① 운기가 매우 짙을 때 차가 가까워지는 경우 전조등 불빛을 깜빡 거리고 주정차한다.
② 운전 중에 시야가 가려질 때는 가끔 창을 열고 그 순간 새로운 공기를 마신다.
③ 공기 내를 이내갈 때 공정력이 많이 미끄럼 방지가 위해 속도를 줄 인 사정한다.
④ 장거리 여행이 계속적으로 많이 필요장으로 많이 평균운행 기순이 상 승한다. 용해의 매드를 끊기고 있다.

64 고속도로 통행 방법에 대한 설명으로 틀린 것은?

① 고속도로에서는 갓길로 통행하여서는 안 된다.
② 주행차로의 통행 차량이 그 통행차로에 통행에 장애가 없는 것
③ 앞지르기 차선의 매우 속도를 초과할 수 없다.
④ 추월 중 가장 낮은 속도제한 정하여야 한다.

65 다음 설명 중 틀린 것은?

① 자동차 감정은 기대표치자로 하여 운전 일정 사고가 감정된다.
② 교통사고 없이 사고 운전자의 감정을 침체 필요한 사고용 이 감정한다.
③ 운동은 물론 처리 도로 사정 감정 것도 인정한다.
④ 감정의 방아, 특별, 소음, 운동의 것이가 지루 수 있기 때문에 안정에 영향을 미치 자가 성 이 크다.

66 고객 서비스의 특성에 해당되지 않는 것은?

① 무형성(Intangibility)
② 소멸성(Perishability)
③ 가분성(Separability)
④ 이질성(Heterogeneity)

67 고객만족의 3대 핵심 요소에 해당되는 것은?

① 상품의 하드웨어 가치
② 회사 분위기
③ 고품질의 서비스
④ 사회공헌활동

68 다음 중 지켜야 할 운전예절로 틀린 것은?

① 예절 바른 운전습관은 명랑한 교통질서를 가져오며 교통사고를 예방한다.
② 횡단보도 내에 자동차가 들어가지 않도록 정지선을 반드시 지킨다.
③ 교차로에서 마주 오는 차끼리 만나면 전조등을 꺼서는 안 된다.
④ 교차로에 정체 현상이 있을 때에는 다 빠져나간 후에 여유를 가지고 서서히 출발한다.

69 운전을 삼가야 하는 이유가 아닌 것은?

① 주차 위반으로 범칙금 납부통지서를 받은 경우
② 걱정이나 흥분·불안한 상태에 있을 경우
③ 피로하거나 감기·몸살 등 병이 났을 경우
④ 졸음이 오는 감기약을 복용하거나 술이 덜 깬 경우

70 다음 버스운영체제 중 공영제의 단점과 거리가 먼 것은?

① 책임의식이 철저하여 생산성이 증대된다.
② 요금인상에 대한 이용자들의 압력을 정부가 직접 받게 되어 요금조정이 어렵다.
③ 노선 신설, 정류소 설치, 인사 청탁 등 외부간섭의 증가로 비효율성이 증대된다.
④ 운전자 등 근로자들이 공무원화될 경우 인건비 증가가 우려된다.

71 다음 중 버스요금의 관할관청에 대한 설명으로 옳지 않은 것은?

① 마을버스요금은 운수사업자가 정하여 신고한다.
② 전세버스 및 특수여객의 요금은 운수사업자가 자율적으로 정해 요금을 수수할 수 있다.
③ 시내버스 요금은 상한인가요금 범위 내에서 운수사업자가 정하여 관할관청에 신고한다.
④ 농어촌버스 요금은 운수사업자가 자율적으로 정해 요금을 수수할 수 있다.

72 버스운행관리시스템(BMS ; Bus Management System)에 대한 설명으로 옳지 않은 것은?

① 유무선 인터넷을 통한 특정 정류장 버스도착예정시간 정보를 제공한다.
② 버스운행관리센터 또는 버스회사에서 버스운행 상황과 사고 등 돌발적인 상황을 감지한다.
③ 관계기관, 버스회사, 운수종사자를 대상으로 정시성을 확보한다.
④ 버스운행관리, 이력관리 및 버스운행 정보제공 등이 주목적이다.

73 다음은 중앙버스전용차로에 대한 설명이다. 옳지 않은 것은?

① 일반 차량의 중앙버스전용차로 이용 및 주정차를 막을 수 있어 차량의 운행속도 향상에 도움이 된다.
② 버스 이용객의 입장에서 볼 때 보행자 사고 위험성이 감소한다.
③ 차로수가 많을수록 중앙버스전용차로 도입이 용이하다.
④ 만성적인 교통 혼잡이 발생하는 구간 또는 좌회전하는 대중교통 버스노선이 많은 지점에 설치하면 효과가 크다.

PART 2 실기시험 시험보기

74 다음 중 자동차 도로의 중앙선을 침범하는 행위라고 볼 수 없는 경우로 다른 차량자가 다른 차선으로 넘어올 수 있게 하는 운전자 행동은 하는가?

① 안전성
② 방어성
③ 운전성
④ 사인성

75 응급환자를 태울 때에 실시 운전의 응급사항에 대한 설명으로 옳지 않은 것은?

① 우선적으로 생사의 결정을 해야 한다.
② 신속하고 안전하게 사용을 피해야 한다.
③ 환자의 치료를 받기 전 경치상을 유의해야 한다.
④ 환자에게 응급조치 내용을 정확하고 간결하게 종합 전달하는 또는 인계장에 따른다. 등 이상시에 따른다.

76 교통사고 발생 시 사고가 중상자인일 때 해야 할 때 응급차치가 있는 것은?

① 호흡 > 수혈 > 기도 유지 > 부목 > 출혈
② 부목 > 출혈 > 수혈 > 기도 유지 > 호흡
③ 기도 유지 > 호흡 > 수혈 > 출혈 > 부목
④ 출혈 > 부목 > 기도 유지 > 수혈 > 호흡

77 심장마사지(인공호흡)는 언제 실시해야 하는가?

① 환자가 몸시 지쳐 있을 때
② 맥박이 뛰지 않거나 정지했을 때
③ 호흡을 하지 않을 때
④ 의식이 없을 때

78 다음 중 공정자가 가져야 할 기본적인 자세로 옳지 않은 것은?

① 상상식품에 인내
② 노동성을 바탕으로 한 직업운전
③ 방심하지 않는 집중력
④ 안전운전을 할 수 있는 내구의 마음

79 훌륭한 표창을 만드는 말이 아닌 것은?

① 열린 정직가 표정
② 입이 한 끄리끝 올라가는 표정
③ 밝은 생기있는 표정
④ 밝은 자연스럽게 빛난다.

80 교통사고조사에 따른 교통사고의 용어에 대한 설명으로 옳지 않은 것은?

① 충돌사고 자기 반대방향 또는 측방에서 진입하여 그 차의 정면으로 다른 차의 정면 또는 측면을 충돌한 것을 말한다.
② 접촉사고 2대 이상의 자가 동일방향으로 주행 중 뒤따라오 가 앞차의 후면을 충돌한 것을 말한다.
③ 전도사고 차가 주행 중 도로 또는 옆에 넘어진 상태에 체차의 측면이 지면에 접하고 있는 상태이다.
④ 전복사고 차가 주행 중 도로 또는 노변 등 측면 공간에 뒤집혀 있는 상태이다.

3 회차 실제유형 시험보기

정답 및 해설 p.177

01 차량신호기가 표시하는 적색등화의 신호의 뜻에 대한 설명으로 옳은 것은?
① 신호에 따라 진행하는 다른 차마의 교통을 방해하지 아니하고 우회전할 수 있다.
② 차마는 직진할 수 없으나 언제나 우회전할 수 있다.
③ 차마는 직진할 수 없으나 필요에 따라 우회전할 수 있다.
④ 차마는 직진할 수도 없고 우회전할 수도 없다.

02 자가용 자동차가 노선을 정하여 운행할 수 있는 경우가 아닌 것은?
① 학교, 학원, 유치원, 영유아보육법에 따른 어린이집 이용자를 위해 운행되는 경우
② 호텔, 교육·문화·예술·체육시설, 종교시설, 금융기관, 병원 이용자를 위해 운행되는 경우
③ 국토교통부령으로 정하는 사유로 특별자치도지사·시장·군수·구청장의 허가를 받은 경우
④ 노선버스 및 철도 등 대중교통수단이 운행되지 아니하거나 그 접근이 극히 불편한 지역의 고객을 수송하는 경우

03 다음 안전표지의 의미와 이 표지가 설치된 도로에서 운전행동에 대한 설명으로 맞는 것은?

① 진행방향별 통행구분 표지이며 규제표지이다.
② 차가 좌회전·직진 또는 우회전할 것을 안내하는 주의표지이다.
③ 차가 좌회전을 하려는 경우 교차로의 중심 바깥쪽을 이용한다.
④ 차가 좌회전을 하려는 경우 미리 도로의 중앙선을 따라 서행한다.

04 편도 2차로 이상의 고속도로에서의 최저속도는?
① 30km/h
② 40km/h
③ 50km/h
④ 60km/h

05 차마의 통행방법으로 맞는 것은?
① 비보호 좌회전구역을 제외하고는 좌회전을 할 수 없다.
② 차마의 운전자는 도로의 중앙으로부터 우측 부분을 통행하여야 한다.
③ 편도 2차선 도로에서는 언제나 한산한 차선으로 통행하여야 한다.
④ 차마는 안전지대에서 주차하여야 한다.

06 술에 취한 상태에 있다고 인정할 만한 상당한 이유가 있는 사람으로서 경찰공무원의 측정에 응하지 아니한 사람의 벌칙은?
① 6개월 이상 1년 이하의 징역이나 300만원 이상 500만원 이하의 벌금에 처한다.
② 6개월 이하의 징역이나 300만원 이하의 벌금에 처한다.
③ 1년 이상 5년 이하의 징역이나 500만원 이상 2,000만원 이하의 벌금에 처한다.
④ 3년 이하의 징역이나 500만원 이상 1,000만원 이하의 벌금에 처한다.

07 야간 통행 시 켜야 하는 등화의 구분이 잘못된 것은?
① 승용자동차 – 전조등, 차폭등, 미등, 번호등, 실내조명등
② 승합자동차 – 전조등, 차폭등, 미등, 번호등, 실내조명등
③ 원동기장치자전거 – 전조등, 미등
④ 견인되는 차 – 미등, 차폭등, 번호등

08 노면표지 중 중앙선표지가 되는 황색 점선 및 실선인 경우 도로의 최고한도는 몇 m인가?

① 10m
② 8m
③ 7m
④ 6m

09 편도 1차로 상가를 통과하는 운전자 지녀는 이륜운전자가 아니라고 치고 지구가 아닌 곳에서 보행자들이 일정 간격 교통으로 운행할 때 가장자리의 통행속도로 옳은 것은?

① 시속마스 - 10킬로미
② 시속마스 - 15킬로미
③ 정세마스 - 30킬로미
④ 특수정제마스 - 30킬로미

10 단기기 수신자수가 몇 장 이상이면 그 명세를 발급하여야 하는가?

① 12장 이상
② 15장 이상
③ 20장 이상
④ 27장 이상

11 도로상에, 승차정원하여 사고의 손해배상금에 대응할 정도 등 중 옳은 것은?

① 교통사고 자동이 가수도 가장도 정도에 해당 한다.
② 피로 안내에서 며칠 중 사고는 피해자정지에 해당한다.
③ 불구정단의 관장, 번호 방과의 각양한 교정도에 해당 한다.
④ 불구정단이 없는 영원정서에서 경감정이 발생한다고 도시 사망을 경감하고 해당한다.

12 주정차중 인테나지를 울리는 공간정차에 대하여 동방행 지나사업을 적용한 물이 될 때 그사대이이 아닌 것은?

① 가지사가 가지 중인 용
② 사건가방 경화, 사고지시 및 피해 경도
③ 사고 상황등 기상이나 며칠 또는 동자가 주게 여부
④ 비정상적 수줍에 여부 및 불량 교체 검정로 여부

13 다음 중 먼저 자가 사업하여야 할 정도를 틀린 것은?

① 교통정지를 알고 아니하는 교도로
② 비탈길의 고개마루 부근
③ 가파른 비탈길의 내리막
④ 교통정리를 하고 있지 아니하고 좌우를 확인할 수 없는 교차로

14 과태료의 용도로 옳지 않은 것은?

① 터미널 사항의 경비ㆍ청소
② 여객자동차 운수사업의 경영이나 그 밖에 여객자동차운수사업을 위하여 필요한 공영차고지 등의 건설과 사업 공급시
③ 방지시설이나 그 밖에 수송시설로 도입자동차 여객자동차운수사업자에게 보조하는 경우 보조금
④ 여객자동차운수사업자가 터미널을 이용하는 데 필요한 것 공의 자금

15 통행에 대한 설명으로 틀린 것은?

① 보행자는 보도에서는 우측통행을 원칙으로 한다.
② 보행자는 횡단보도가 설치되어 있지 아니한 도로에서는 가장 짧은 거리로 횡단하여야 한다.
③ 보행자는 안전지대 등에 의해 횡단이 금지되어 있는 도로의 부분에서는 그 도로를 조심해서 횡단한다.
④ 차도를 통행할 수 있는 사람은 말·소 등의 큰 동물을 몰고 가는 사람, 장의 행렬, 도로에서 청소나 보수 등 작업을 하고 있는 사람 등이 있다.

16 운전자의 앞지르기 금지 위반 행위가 아닌 것은?

① 병진 시 앞지르기
② 앞차의 좌회전 시 앞지르기
③ 좌측 앞지르기
④ 앞지르기 금지장소에서 앞지르기 또는 앞지르기 방법 위반 행위

17 여객자동차 운수사업법상 중대한 교통사고에 해당되지 않는 경우는?

① 사망자 2명 이상
② 사망자 1명과 중상자 3명 이상
③ 중상자 3명 이상과 경상자 3명 이상
④ 중상자 6명 이상

18 교통사고의 정의를 올바르게 기술한 것은?

① 차의 교통으로 인하여 물건을 손괴하는 것을 말한다.
② 자동차의 운행으로 인해 사람만을 사상한 것을 말한다.
③ 차의 교통으로 인하여 사람을 사상하거나 물건을 손괴하는 것을 말한다.
④ 자전거의 통행으로 인하여 보행자를 다치게 한 행위를 말한다.

19 도로교통법에 제시된 정의로 틀린 것은?

① 자동차전용도로는 자동차만 다닐 수 있도록 설치된 도로이다.
② 차선은 차로와 차로를 구분하기 위해 그 경계지점을 안전표지로 표시한 선이다.
③ 차로는 자동차의 고속 운행에만 사용하기 위해 지정된 도로이다.
④ 횡단보도는 보행자가 도로를 횡단할 수 있도록 안전표지로 표시한 도로의 부분이다.

20 운전자격의 취소, 효력정지의 처분기준으로 옳지 않은 것은?

① 위반행위가 둘 이상인 경우로서 그에 해당하는 각각의 처분기준이 다른 경우에는 그중 가벼운 처분기준에 따른다.
② 위반행위의 횟수에 따른 행정처분의 기준은 최근 1년간 같은 위반행위로 행정처분을 받은 경우에 해당한다.
③ 가중 처분을 할 경우에 그 가중된 기간은 6개월을 초과할 수 없다.
④ 위반행위가 고의나 중대한 과실이 아닌 사소한 부주의나 오류로 인한 것으로 인정되는 경우에는 처분을 감경할 수 있다.

PART 2 실기시험 시험보기

21 여객자동차운송사업자에게 사업정지 대신 부과하는 과징금의 용도를 틀린 내용은?

① 벽지노선이나 그 밖에 수익성이 없는 노선으로서 운행형 태가 규정에 따른 공영버스운영에 필요한 경비의 보조
② 사업자단체가 국토교통부장관이 정하는 바에 따라 실시하는 교통사고 예방 등을 위한 교육 및 연구사업
③ 여객자동차운수사업의 운수종사자의 양성 교직업원의 필요한 시설 및 기기의 확보
④ 터미널 시설의 정비 및 확충

22 영상의 기능이 아닌 것은?

① 배수작용
② 차도의 경계기준
③ 차량의 이탈방지
④ 고장차량의 대피소

23 긴급자동차에 해당되지 않는 것은?

① 자연재해 조치
② 정비
③ 환자
④ 사고

24 도로교통법상 긴급자동차 경음기를 기준으로 공사작업 사용·정지·교차로 등으로 나올 때 경찰관서에 해당하는 여객자동차운수 중 아닌 것은?

① 1초
② 2초
③ 3초
④ 4초

25 교통사고 인전요인에 대한 설명 중 틀린 것은?

① 우리나라 공중교통자가 유발한 행동들을 교치로에 명이라 할 수 있는 일반성도 차지할 수 있다.
② 자기 – 반응과정에서 최초 동료를 경험시키는 단순방응 이 사고발생의 촉진이다.
③ 동일한 공간에서 직접 표출 행위 선배 제어이 낮고, 나이 · 성별 차이와 개인차로 인하여 실패이 생긴다.
④ 운전경력에 동일한 조건으로 영업동이나 일반동이라 하는 산업교통 인자사회에 관한 교육이라 할 수 있다. 구동운동, 때로 등이 있다.

26 우리나라 도로교통법의 종류가 아닌 것은?

① 배회로교통
② 일반국가도로교통
③ 교통공공교통
④ 정점장도교통

27 공영 긴 운전자사이의 안전거리로 옳지 않은 것은?

① 벼투 앞 정점과 차상 여부
② 엔진 게이지량
③ 이퀄 자동상태
④ 타이어 메일 상태 및 자동상태

28 스위치에 대한 설명으로 옳지 않은 것은?

① 와셔액 탱크가 비어 있을 경우에 와이퍼를 작동시키면 와이퍼 모터가 손상된다.
② 마주오는 차가 있거나 앞 차를 따라갈 경우에는 하향등을 사용한다.
③ 다른 차의 주의를 환기시킬 경우에는 상향점멸을 사용한다.
④ 유리창이 건조할 때 와이퍼를 작동시킨다.

29 다음 중 전조등 스위치 조절 1단계에 해당하지 않는 것은?

① 차폭등
② 미등
③ 전조등
④ 계기판등

30 도어의 개폐에 대한 설명으로 틀린 것은?

① 키 홈이 얼어 열리지 않을 때는 가볍게 두드리거나 키를 뜨겁게 한다.
② 주행 중에는 도어를 개폐하지 않는다.
③ 장시간 자동으로 문을 열어 놓으면 배터리가 방전될 수도 있다.
④ 엔진시동을 끈 후 자동도어 개폐조작을 반복하면 에어탱크의 공기압이 급격히 상승한다.

31 자동차 운행 후 하체점검 사항이 아닌 것은?

① 타이어는 정상으로 마모되는지 확인한다.
② 보닛의 고리가 빠지지 않았는지 확인한다.
③ 볼트, 너트가 풀린 곳은 없는지 확인한다.
④ 에어가 누설되는 곳은 없는지 확인한다.

32 감속 브레이크의 특성으로 옳지 않은 것은?

① 브레이크 슈, 타이어의 마모를 줄일 수 있다.
② 클러치 관련 부품의 마모를 감소시킨다.
③ 이상 소음을 내지 않는다.
④ 타이어 미끄럼을 줄일 수는 없다.

33 '달달달' 떨리는 소리와 함께 차체가 떨리는 것은 어느 부분의 고장 때문일까?

① 조향장치 부분
② 엔진 부분
③ 팬 벨트
④ 클러치 부분

34 다음 중 캠버각의 역할이 아닌 것은?

① 작은 힘으로 조향
② 수직하중에 의한 앞차축의 휨 방지
③ 바퀴의 토아웃(Toe-out) 방지
④ 주행 중 바퀴가 벗어나려는 것을 방지

PART 2 실내외용 시험대비

35 롱로 고정, 액체플로리다 인터리터 액체, 연료 장치 고정 고장 등으로 인해 동력을 잃은 가스가 통공되지 않는 경우 배출 가스의 양은 새기는가?

① 무 색
② 검은색
③ 백 색
④ 파란색

36 LPG의 주성분으로 맞는 것은?

① 프로판, 부탄
② 프로판, 메탄
③ 부탄, 메탄
④ 부탄, 프로필렌

37 배터리의 점검 및 취급요령 시 일반적인 방법이다. 잘못된 것은?

① 점화 케이블이 없는 경우 자동차를 잠시 밀어서 시동을 거는 것이 좋다.
② 시동을 걸 때에 "부릉"소리만 나다가 시동이 안 걸릴 때가 있다.
③ 양쪽 ⊖케이블을 받지 않았다.
④ 배터리 케이블은 꼼꼼히 배터리 단자에 케이블이 접촉되어 있도록 해야 한다.

38 자동차의 급가속이다. 옳지 않은 것은?

① 조향장치의 부품 중이 충분히 열받아 않은 것
② 조향장치의 기계와 부품이 너무 꽉 쥔 것
③ 휠얼라인먼트 조정이 잘못된 것
④ 조향기어 링크 장치의 마모가 심하게 앞바퀴의 정렬이 잘못된 것

39 다음 중 자동차의 운행 전 점검사항과 관련하여 옳지 않은 것은?

① 신항들 교통사고 발생시 사망 및 피해 해소를 위해 운행 중 안전벨트를 착용할 수 있다.
② 급브레이크 자동차 운전 시 미리 점검한 후 운행해야 한다.
③ 자동차등록증은 반드시 자동차에 비치하여야 한다.
④ 운전자세 이탈하거나 자동차에 이상이 발생하여 정지하여 50m 이내에 이상의 파괴트를 고정한다.

40 일반화성가스 자동차 점검 시 주의사항으로 틀린 것은?

① 엔진룸과 가스용기 등 기계류의 점검 부위 이상 유무를 육안으로 철저히 점검한다. 이상 발견 시 수리 및 부품이 해체되어 있다면 부품을
② 배제 가스에서 누출 가스 누출이 확인되기 때문을 받지 않는다.
③ 엔진시동이 걸린 상태에서 엔진오일 점검, 냉각수 점검 등의 파이프 호스를 조이거나 풀어야 한다.
④ 가솔 송유차 시 가스배관을 연결하는 재보다 필요하다.

41 안전 주행 간 사고에 가장 많은 비중을 차지하는 사고유형은?

① 자전거사고
② 경상자사고
③ 추돌사고
④ 공사중사고

42 다음 중 시야에 대한 설명으로 틀린 것은?
① 정지한 상태에서 눈의 초점을 고정시키고 양쪽 눈으로 볼 수 있는 범위를 시야라고 한다.
② 정상적인 시력을 가진 사람의 시야범위는 180~200°이다.
③ 시야의 범위는 자동차 속도에 비례하여 넓어진다.
④ 어느 특정한 곳에 주의가 집중되었을 경우의 시야 범위는 집중의 정도에 비례해 좁아진다.

43 다음 운전자의 시각 특성 중 틀린 것은?
① 운전자는 운전에 필요한 정보의 대부분을 시각을 통하여 획득한다.
② 속도가 빨라질수록 시력은 떨어진다.
③ 속도가 빨라질수록 시야의 범위가 넓어진다.
④ 속도가 빨라질수록 전방주시점은 멀어진다.

44 타이어 마모에 영향을 주는 요소에 대한 설명이다. 틀린 것은?
① 타이어의 공기압이 높으면 승차감이 나빠지며, 트레드 중앙부분의 마모가 촉진된다.
② 포장도로는 비포장도로를 주행하였을 때보다 타이어 마모를 줄일 수 있다.
③ 기온이 올라가는 여름철은 타이어 마모가 촉진되는 경향이 있다.
④ 타이어가 노면과의 사이에서 발생하는 마찰력은 타이어의 마모를 줄여준다.

45 차도에 뛰어든 어린이를 늦게 발견함으로써 사고가 발생한 경우는 어느 단계에서의 실수인가?
① 조작단계
② 인지단계
③ 판단단계
④ 해당 없음

46 사고를 일으키기 쉬운 성격적 경향의 특징이 아닌 것은?
① 인지, 판단과 동시에 행동하는 사람
② 매사에 끙끙 앓는 등 신경질적인 사람
③ 추월당할 때마다 발끈하는 등 자신의 감정을 조절하는 힘이 약한 사람
④ 주변 교통상황에 신속·정확하게 대응하는 동작이 부정확한 사람

47 운전피로의 3요인이 아닌 것은?
① 생활 요인
② 운전작업 중의 요인
③ 운전자 요인
④ 도로 요인

48 혈중알코올농도에 따른 행동적 증후로 틀린 것은?
① 혈중알코올농도가 0.02~0.04% 정도이면 쾌활해지고 기분이 상쾌해진다.
② 혈중알코올농도가 0.05~0.10% 정도이면 체온이 상승하고 얼큰히 취한 기분이 든다.
③ 혈중알코올농도가 0.11~0.15% 정도이면 마음이 관대해지고 서면 휘청거린다.
④ 혈중알코올농도가 0.41~0.50% 정도이면 갈지자 걸음을 걷고 호흡이 빨라진다.

PART 2 실전모의 시험보기

49 오르막길에서 안전운전 수칙으로 틀린 것은?

① 출발 시에는 핸드 브레이크를 사용하는 것이 안전하다.
② 정상 부근에서는 대향차량에 고려하여 주시하며 운행한다.
③ 경사길 배기 엔진브레이크 및 배기 기어레버 종을 사전 에 준비한다.
④ 오르막길에서 앞지르기 할 때는 기어를 낮은 기어로 변 속하는 것이 좋다.

50 노인 보행자의 안전한 수칙으로 틀린 것은?

① 인지결함 장애를 갖기 쉽다.
② 자동차가 오고 있더라도 빨리 건너면 된다고 판단한다.
③ 황단보도 신호가 점멸 중일 때 무리하게 건너려고 한다.
④ 야간보행 시 어두운 색 옷은 잘 보이지 않는다.

51 음주 상태에서 나타나지 않은 것은?

① 자극의 종류를 구별하지 않는다.
② 주 반응이 정상에 주변한다.
③ 대용량의 고차원의 신경과정이 질제되었다.
④ 미지각은 그대로이나 자기 감정을 감지할 수 없게 금제 된다.

52 음주자사고의 공통 중 간접적인 요인으로 틀린 것은?

① 공공장에 대한 중등활동 경계
② 사회성 결정 및 성장자상당 결어
③ 무단한 운정계획
④ 원활한 공사비용

53 정정한 앞지나 장보으로 옳지 않은 것은?

① 자동차를 방향지시기로 한다.
② 신호등으로의 가능을 잘알하지 않는다.
③ 좋이 좋고 생기는 배기를 피하도록 한다.
④ 버스등이 정지하였에 다가올 수 있도록 배료한다.

54 중앙분리대에 대한 설명 중 틀린 것은?

① 중앙분리대의 폭이 2.4m 이상인 경우에는 위해성이나 방호벽 기능이 강화되지 않지만, 차량등은 점검 중대되어 고통사고 대응 정확중산등 의 비용도 낮다.
② 방호벽이 아닌 중앙분리대를 설치할 경우 무리대의 폭이 넓을수록 단안정감이 크고 통화로 횡단이 적으며 사고율도 상대적으로 낮다.
③ 광의의 중앙분리대는 도록면의 방향별 분리뿐 아니라 도 로면의 안정 모으로 대의 비용도 포함.
④ 무리대의 폭이 15m 이상이면 반대편 방향행속등이 정 면충돌사고를 일로 수 있다.

55 운전자가 자동차를 정치시에 할 상황임을 인지하고 브레이 크페달로 움겨 브레이크가 작동을 시작하기 전까지 이동한 거리를 무엇이라 하는가?

① 제동거리
② 정지거리
③ 공주거리
④ 안전거리

56 철길 건널목에서의 안전운전 요령으로 바르지 못한 것은?

① 건널목 통과 중 차바퀴가 철길에 빠지지 않도록 중앙 부분으로 통과해야 한다.
② 철길 건널목에서는 일시정지하지 않고 통과할 수 있다.
③ 철길 건널목 좌우가 건물 등에 가려져 있거나 커브지점인 경우에는 더욱 조심한다.
④ 건널목 통과 중 기어변속을 하면 위험하다.

57 커브지점에 주로 발생하는 사고유형은?

① 정면충돌사고
② 직각충돌사고
③ 추돌사고
④ 차량전복사고

58 앞지르기 방법에 대한 설명으로 틀린 것은?

① 앞지르기할 때에는 도로 상황에 따라 경음기를 울릴 수 있다.
② 반대 방향 및 앞차의 전방 교통에 주의하면서 좌측으로 앞지른다.
③ 앞차가 다른 차를 앞지르고 있는 경우 그 앞차를 앞지르지 못한다.
④ 앞차의 교통 상황에 따라 편리한 방향으로 앞지르면 된다.

59 고속도로상에서 고장 시 조치요령으로 틀린 것은?

① 후방에서 접근하는 자동차의 운전자가 확인할 수 있는 위치에 안전삼각대를 설치한다.
② 후속차량에 의한 추가 교통사고가 발생하지 않도록 신속한 조치를 하여야 한다.
③ 야간에는 사방 500m 지점에서 식별할 수 있는 녹색 섬광신호·전기제등 또는 불꽃신호를 설치한다.
④ 수리 등이 끝나고 현장을 떠날 때에는 고장차량 표지 등 장비를 챙기고 가야 한다.

60 베이퍼 록 현상이 발생하는 주요 이유로 옳지 않은 것은?

① 불량 브레이크 오일을 사용하였을 때
② 브레이크 오일 변질로 인해 비등점이 저하하였을 때
③ 긴 내리막길에서 계속 브레이크를 사용하여 브레이크 드럼이 과열되었을 때
④ 브레이크 드럼과 라이닝 간격이 커서 드럼이 과열되었을 때

61 안개길 안전운전 요령으로 틀린 것은?

① 앞차와의 거리를 최대한 좁혀 시야를 확보한다.
② 앞차의 제동이나 방향전환등의 신호를 예의 주시하며 천천히 주행해야 안전하다.
③ 운행 중 앞을 분간하지 못할 정도로 짙은 안개가 끼었을 때는 차를 안전한 곳에 세우고 잠시 기다리는 것이 좋다.
④ 지나가는 차에게 내 자동차의 존재를 알리기 위해 미등과 비상경고등을 점등시켜 충돌사고 등에 미리 예방하는 조치를 취한다.

62 여름철 자동차관리로 틀린 것은?

① 냉각장치의 점검
② 와이퍼의 작동상태 점검
③ 타이어 마모상태의 점검
④ 서리제거용 열선 점검

PART 2 실내항공 시험보기

63 기동훈련 중 선두기 등이 이상 할 때 수신호로 틀린 것은?
① 타워를 군고려하 할 때 동경이 없지 않은 기동훈련을 인지한다.
② 드로어 미끄러짐 때 피치각을 다른 자동차의 중등범위로 키지한다.
③ 곧은 내림 후 타이어 자공이 나 있는 방향에 따르 자공의 자세를 키워 미끄러짐을 예방할 수 있다.
④ 미끄러짐으로 슬립 내림각을 일정한 속도로 거시며 있는 이 정렬돌 홍시간다.

64 자사인진기 착용 시 주의사항으로 옳지 않은 것은?
① 돌아가 곳이 착용해야 한다.
② 누가 갈리지 않도록 한다.
③ 과사머리 너무 밀게 걸리지 않아야 한다.
④ 안전띠가 꼬이지 않게 착용한다.

65 안전장비 주의사항이 아닌 것은?
① 구조자 운전석에서 내리시고 착 받스는 자전 주행이 그 공공에도 시설돌 등을 안전하게 운영
② 바라내이스크는 풀 브레이크를 감기가 사용
③ 누구의 자설, 방향 내지 기계실 장착상태 후 안전경험 공용
④ 주시 시네는 운전공 규정에 따라 안전상태 유지

66 인사인 기관자서로 같은 품을 지정한 것은?
① 표정 – 배수 불두가 영광상 포항된 것.
② 시설 – 상황이 속적 수도나 내공 동중심을 포항된다.
③ 예술 – 영혼 곁고 있다.
④ 가고, 설정, 신품 등 – 자설록게 공개 파시 가지지 않는 더 도운 곳이다.

67 사내시의 특징이 아닌 것은?
① 동시
② 하동성
③ 소설성
④ 무국성

68 다음 중 도로를 활보하고 있는 때 공사사자가 인지지강하지 않은 는 사항은?
① 인지를 동남하지 않는 사항이
② 말소 하지 못하는 사항
③ 드로어내서 이용함 수 없는 가지상품
④ 결재 사상받을 가지고 다니기 않고 운동하는 사상

69 대중공명안전의 도인배상으로 옳지 않은 것은?
① 바사공명인 운동선이 상징되 살아이 많이 걸정 때 이도나는 돈동은 상당이 아이 되고 사업서가 발생
② 다 공공구선이 공영공의 이해를 살해 사안상당이고 이동되 평가가 발보한다.
③ 기공성의 대도관소선이 일공을 이용 상해 사상 정망 수 있고 이동부가 일정이 필요한다.
④ 결정이, 시설방의 고도 결 사사상임과 안전상 발결 자세를 되고 있다.

70 버스정보시스템의 운영으로 인한 정부·지자체의 기대효과와 거리가 먼 것은?

① 대중교통정책 수립의 효율화
② 과속 및 난폭운전에 대한 통제로 교통사고율 감소 및 보험료 절감
③ 자가용 이용자의 대중교통 흡수 활성화
④ 버스운행 관리감독의 과학화로 경제성, 정확성, 객관성 확보

71 중앙버스전용차로의 위험요소로 옳지 않은 것은?

① 대기 중인 버스를 타기 위한 보행자의 횡단보도 신호위반, 버스정류소 부근의 무단횡단 가능성이 증가한다.
② 버스전용차로가 끝나는 구간에서 일반차량의 직진 차로수의 감소에 따른 교통혼잡이 발생한다.
③ 좌회전하는 일반차량과 직진하는 버스 간의 충돌위험이 발생한다.
④ 중앙버스전용차로가 시작하는 구간 및 끝나는 구간에서 일반차량과 버스 간의 충돌위험이 발생한다.

72 응급처치의 준비자세로 부적절한 것은?

① 당황하지 말고 침착하게 행동한다.
② 우선적으로 의약품을 확보한다.
③ 환자에게 믿음을 준다.
④ 필요시 119에 도움을 요청한다.

73 운전자가 해도 되는 행동은?

① 갓길로 통행한다.
② 교차로 전방의 정체로 통과하지 못할 때는 진입하지 않고 대기한다.
③ 위험하게 운전한 다른 운전자에게 욕설을 한다.
④ 교통 경찰관의 단속에 항의한다.

74 공영제의 특징으로 옳은 것은?

① 생산성 최대화
② 혁신적
③ 수준 높은 서비스
④ 저렴한 요금

75 저혈량 쇼크에 대한 설명으로 옳지 못한 것은?

① 실혈로 인한 쇼크를 말한다.
② 허약감, 약한 맥박, 창백하고 끈적한 피부를 나타낸다.
③ 약 5cm 정도 하지를 올린다.
④ 보온을 유지해야 한다.

PART 2 실내건축 시공실무

76 근로복지에 대한 공수임금체계의 장점이 아닌 것은?

① 임금계산 방법이 근로자에게 쉽게 이해될 수 있다.
② 근로자에게 소득증가, 예상되는 임금 등을 줄 수 있다.
③ 사회에 대한 경제적 부담을 줄일 수 있다.
④ 효율적인 임금관리가 노동조합에 도움을 줄 수 있다.

77 아파트공사 공수산출에 사용료율에 따른 공수산정인 등수산정 으로 옳지 않은 것은?

① 자동차를 항상 대기상태에 유지하여야 하며, 정원원칙이 되는 실상시간이나 실제작업과 관계없이 실상시간이 장 실무하여 등의 활용이 되어야 한다.
② 노무자·장비의 등에 대하여 특별한 장비를 제공해야 한다.
③ 회사의, 자동차관리, 운전자 상용, 봉급사무 담당자 등 관리에 대한 경제적 부담을 줄 수 있다고 인정되 고지 등등 표준관리을 길게 알 수 있게 인정하여 야 한다.
④ 정책과 밀접한 관련자 도급사가 되도록 가지원이어야 한다.

78 바스 운전사의 현지나 숙박비 등 수당장 성급에 따르 될어가 아닌 것은?

① 숙박비
② 장급 버스
③ 고속버스
④ 자가용

79 바스정류소설의 공원의에 인한 수당의 기대효과로 가장 거리가 먼 것은?

① 바스 이용에 따른 승객 수가 수년후 개선
② 바스주의 예상적 사정공적으로 통신요금 대비시상 감소
③ 환경관리 해외, 정체량 및 수량적 이용 통신량 개선
④ 수도 외 대외경쟁적으로 인한 통신량 해소

80 바스 인증제 요구자에 대한 설명으로 옳지 않은 것은?

① 시내버스 가지인상공로를 기간제로로 한다.
② 시내버스 특성 광역시·시·군 곳 대내에서 운행하는 것 용을 기간제로로 한다.
③ 시내버스 가지인상교통 사업권리 인정해약는 시내버스 시설공·고속과 관리에 대해서는 각자 있으로 정한다.
④ 농어촌바스는 시(등)계 기원 지역에 대응하는 가지계·가지고 가지인상공로를 기간제로로 한다.

4회차 실제유형 시험보기

정답 및 해설 p.180

01 보도와 차도가 구분되지 아니한 도로에서 보행자의 안전을 확보하기 위하여 안전표지 등으로 경계를 표시한 도로의 가장자리 부분을 말하는 것은?

① 서행표시
② 주차금지선
③ 정차·주차금지선
④ 길 가장자리 구역

02 교차로 통행방법위반 사고에 따른 과태료 부과기준으로 옳은 것은?

① 과태료(승합자동차) 7만원
② 과태료(승합자동차) 6만원
③ 과태료(승합자동차) 5만원
④ 과태료(승합자동차) 4만원

03 도로상태가 위험하거나 도로 또는 그 부근에 위험물이 있는 경우에 필요한 안전조치를 할 수 있도록 이를 도로사용자에게 알리는 안전표지는?

① 지시표지
② 노면표시
③ 주의표지
④ 규제표지

04 보행자의 통행방법으로 옳지 않은 것은?

① 보도에서는 우측통행을 원칙으로 한다.
② 도로공사 등으로 보도의 통행이 힘든 경우에는 차도로 통행할 수 있다.
③ 보도와 차도가 구분되지 아니한 도로에서는 차마와 마주보는 방향의 길 가장자리 또는 길 가장자리 구역으로 통행하여야 한다.
④ 도로의 통행방향이 일방통행인 경우에는 차마를 마주보지 아니하고 통행할 수 있다.

05 차의 등화에 대한 다음 설명 중 틀린 것은?

① 모든 차가 밤에 서로 마주보고 진행하는 때에는 전조등의 밝기를 높여야 한다.
② 모든 차가 교통이 빈번한 곳에서 운행하는 때에는 전조등 불빛의 방향을 계속 아래로 유지하여야 한다.
③ 안개가 끼거나 비 또는 눈이 올 때에 도로에서 차를 운행하거나 고장이나 그 밖의 부득이한 사유로 도로에서 차를 정차 또는 주차하는 경우 밤에 준하여 등화를 켜야 한다.
④ 터널 안을 운행하는 경우에는 밤에 준하여 등화를 켜야 한다.

06 다음 중 운전면허를 받을 수 있는 경우는?

① 16세 미만인 사람이 면허를 받고자 하는 경우
② 듣지 못하는 사람이 제2종 면허를 받고자 하는 경우
③ 운전경험이 1년 미만인 사람이 제1종 특수면허를 받고자 하는 경우
④ 19세 미만인 사람이 제1종 대형면허를 받고자 하는 경우

07 여객자동차 운수사업법에 따른 여객자동차 운송사업의 종류로 틀린 것은?

① 시내좌석버스는 광역급행형, 직행좌석형, 좌석형에 사용되는 것으로 좌석이 설치된 것이다.
② 마을버스운송사업은 다른 노선 여객자동차운송사업자가 운행하기 어려운 구간을 대상으로 국토교통부령으로 정하는 기준에 따라 운행계통을 정하고 국토교통부령으로 정하는 자동차를 사용하여 여객을 운송하는 사업이다.
③ 시외버스운송사업은 대통령령으로 정하는 자동차를 사용하여 여객을 운송하는 사업이다.
④ 구역 여객자동차운송사업에는 전세버스운송사업, 특수여객자동차운송사업 등이 있다.

08 다음 중 도주(뺑소니)가 아닌 것은?

① 피해자를 병원까지 후송하였으나 치료를 받을 수 있는
조치 없이 가버린 경우
② 사고운전자가 자기 차량사고에 대한 조치 없이 가버린
경우
③ 환자를 남기고 택시기사에게 말로만 부탁하고 가버린 경우
④ 환자를 불러 병원까지 후송하였으나 보호자에게 맡기고 연락처
등을 알려주지 않고 가버린 경우

09 음주로 시동키를 조작하거나 교통안전시설 등 기ㆍ이정하거나 지사가 피해를 입혔을 때 행정처분에 해당하는 것은?

① 1차 이상의 경우이거나 이상인원 범칙금에 처한다.
② 3차 이상의 경우이거나 600만원 이상의 범칙금에 처한다.
③ 3차 이상의 경우이거나 700만원 이상의 범칙금에 처한다.
④ 5차 이상의 경우이거나 1,000만원 이상의 범칙금에 처한다.

10 교통사고처리 특례법상 안전사지방 신호위반 중 운전자의 과실
이 아닌 것은?

① 고압변전탑을 지나면서 신호가 변경되면 중앙선에
서 있던 중 경우
② 고압변전탑을 지나는 중 변경되어 진행한 경우
③ 황색등화 상태 경우 정지선을 초과하여 주행하던 차량이
설정되어 중 경우
④ 고압변전탑 녹색등화일 때 정지선을 통과하여 진행하고 있
는 피해자의 신호위반 차량과 충돌로 발생된 경우에는
중 경우

11 운전자의 주의의무 고지 이 해당되지 아니한 것은?

① 다만 해
② 음주가 다소 기울 합승되기 않거고 하는 경우
③ 신고가 소속에 다른 말을 부담받고 하는 경우
④ 이상증 문석차의 소속이 크게 나빠진 사용하고 있는 경우

12 시내버스운전자의 전동차버스운전자의 운행형식에 관한 옳지
않은 것은?

① 시내버스는 사용정차에 운행한다.
② 주로 고속도로, 도시고속도로 또는 주기도로 이용한다.
③ 기점 및 종점의 부근 4km 이내에 미리 지정된 정거장 3개
이내에 광범위 정차하도록 할 수 있으며 필요한 경우에는
7.5km 이내에 미리 지정된 정거장 6개 이내에 광범위 정차할
수 있다.

13 여객자동차운수사업의 양도 등에 따른 공공하는 대에 관한
것은?

① 관할방관청은 양도·양수 등에 따른 그 공공하는 자신하지
말아야 한다.
② 법의 효력은 어객자동차운수사업자에 서로 누구 이상의
범위이나 사업자에 일수부 승인될 경우에는 경영하여야 한다.
③ 양도와 양수는 경우 인적·물적 시설 등에 관한 법령의 기준
을 할 수 있으며, 면허(등록) 또는 구가의 기준이 유대한 사항
이 있을 수 있다.
④ 양수인이 양도인의 사업구역 외의 지역에 대하여 기준에
위반 가업 기준 중 대해지는 양도 양수는 경우는 방관해야
면허를 받아야 한다.

14 장치버스 자동차운전자 장기 및 심리 등에 관한 장수사항으로 옳지
않은 것은?

① 반대자지 및 심서검사를 수행해야 한다.
② 업무에 사용하는 타이어 점검 수 없다.
③ 업무에 사용하는 타이어는 반드시 사용해야 한다.
④ 13세 미만의 어린이가 탑승할 경우 어린이 안전시트를
설치 등 통제제를 점검하고 안전장치는 공공정비소를
반드시 예약된 되어야 한다.

15 다음 중 운송사업자의 운전자격증명 관리에 대한 설명으로 옳지 않은 것은?

① 여객자동차운송사업의 운수종사자는 운전업무 종사자격을 증명하는 증표를 발급받아 해당 사업용 자동차 안에 항상 게시하여야 한다.
② 관할관청은 운송사업자에게 운전자격이 취소되어 취소처분을 받은 사람이 생긴 경우에는 그 사람으로부터 운전자격증명을 회수하여 폐기한 후 운전자격증명 발급기관에 그 사실을 지체 없이 통보하여야 한다.
③ 운송사업자는 퇴직자의 운전자격증명을 해당 조합에 제출할 의무는 없다.
④ 구역 여객자동차운송사업의 운수종사자 중 대통령령으로 정하는 운수종사자는 운전자격증명을 전자적 매체·기기 등을 통한 방법으로 게시할 수 있다.

16 자동차 표시에 대한 설명으로 옳지 않은 것은?

① 특수여객자동차운송사업용 자동차에는 "장의"라고 표시한다.
② 구체적인 표시 방법 및 위치 등은 관할관청이 정한다.
③ 자동차의 표시는 안쪽에 한다.
④ 전세버스운송사업용 자동차의 경우 "전세"라고 표시한다.

17 다음 중 어린이 교통사고의 유형이 아닌 것은?

① 도로에 갑자기 뛰어들기
② 놀이터 사고
③ 차내 안전사고
④ 자전거 사고

18 다음 중 설명이 옳지 않은 것은?

① 공주거리는 운전자가 위험을 느끼고 브레이크를 밟았을 때 자동차가 정지될 때까지 주행한 거리를 말한다.
② 제동거리는 제동되기 시작하여 정지될 때까지 주행한 거리를 말한다.
③ 안전거리는 같은 방향으로 가고 있는 앞차가 갑자기 정지하게 되는 경우 그 앞차와의 추돌을 피할 수 있는 필요한 거리로 정지거리보다 약간 긴 정도의 거리를 말한다.
④ 앞차가 고의적으로 급정지하는 경우에는 뒷차의 불가항력적 사고로 인정하여 앞차에게 책임을 부과한다.

19 좌·우회전, 횡단, 후진, 유턴 등 진로를 변경하고자 하는 때에 취할 수 있는 조치사항으로 틀린 것은?

① 고속도로에서도 횡단, 후진, 유턴 등을 할 수 있다.
② 미리 후사경 등으로 안전을 확인한다.
③ 신호를 한 다음 진로를 변경한다.
④ 진로변경이 끝난 경우에는 신속히 신호를 멈춘다.

20 승하차 방법과 제한에 대한 설명으로 옳지 않은 것은?

① 운전자는 운전 중 타고 있는 사람이나 타고 내리는 사람이 떨어지지 않도록 하기 위해 문을 정확히 여닫는 등의 필요한 조치를 해야 한다.
② 모든 차의 운전자는 유아나 동물을 안고 운전해서는 안 된다.
③ 자동차의 승차인원은 승차정원의 130% 이내이어야 한다.
④ 화물자동차의 승차인원은 승차정원 이내여야 한다.

21 사고발생요인 중 가장 많은 비중을 차지하고 있는 것은?

① 인적 요인
② 환경 요인
③ 횡단보도 요인
④ 교통수단의 요인

PART 2 실내항공 시험대비

22 인고기행동의 요소로서 작절한 것은?

① 인간관계
② 임무관리
③ 상황상태
④ 소질

23 운전자의 정보처리과정의 흐름은?

① 시별 – 판단 – 응용 – 행동실천
② 시각 – 판단 – 시별 – 응용
③ 시각 – 시별 – 행동실천 – 응용
④ 시별 – 시각 – 행동실천 – 응용

24 남자기간 이내에 면허정지 처분을 아니한 경우 통고처분 범칙금의 얼마를 공탁하여 납부하여야 하는가?

① 10/100
② 20/100
③ 30/100
④ 50/100

25 지하에서 길을 갈 때 나는 반드시 상대에게 양보하여야 하는 곳인고가인가?

① 정기 않지 부근
② 교차로지 부근
③ 바탈 부근
④ 터널이고 정지 부근

26 자동차 관리에 대한 설명으로 틀린 것은?

① 기름이나 물이 묻어 있는 걸레로 점화플러그를 닦아낸다.
② 자동차를 세차하는 경우는 반드시 증기를 상검한 후 사용한다.
③ 소음, 연기, 진동, 이동잉이 발견하지 많도록 양상 점검 제가 한다.
④ 냉각 수질 시 내부에 맞강등을 가까이하지를 양상 한 후 한다.

27 다음 중 피로의 원인 기능이 아닌 것은?

① 기일 작용
② 영정도 작용
③ 감도과도 작용
④ 오인체기 작용

28 소속기에 대한 다음 설명 중 틀린 것은?

① 우리의 정성 형신 속도에 대한 광각상성을 변형시켜 인성한 운전을 하게 한다.
② 최고 정성 속도에서 그 속도가 더 폭아나는 것은 맞자시개가 하게 한다.
③ 자속에서 고속으로 변형할 때 곤곤 시각를 조정하게 한다.
④ 자속에서 기상성의 가상이 걸친 말자상이다.

29 LPG 엔진에서 냉각수의 열을 이용하여 액상의 연료가 기화하는 데 필요한 열을 공급하는 곳은?

① 믹 서
② 예열기
③ 여과기
④ 분배관

30 클러치의 구비조건으로 틀린 것은?

① 회전 부분의 평형이 좋아야 한다.
② 구조가 간단하고, 다루기 쉬우며 고장이 적어야 한다.
③ 냉각이 잘되어 과열하지 않아야 한다.
④ 회전관성이 많아야 한다.

31 다음 중 점화 플러그의 간극 조정 방법으로 적합한 것은?

① 접지 전극을 구부려 조정해야 한다.
② 중심 전극을 구부려 조정해야 한다.
③ 두 전극을 모두 구부려 조정해야 한다.
④ 규정 값보다 적게 조정해야 한다.

32 배터리가 자주 방전되는 원인으로 틀린 것은?

① 타이어의 편마모
② 배터리액의 부족
③ 팬 벨트의 느슨함
④ 배터리 단자의 풀림, 부식

33 다음 중 자동차의 진행방향을 좌우로 자유로이 변경시키는 장치는 무엇인가?

① 주행장치
② 제동장치
③ 전기장치
④ 조향장치

34 수막(Hydroplaning)현상에 대한 설명으로 바르지 않은 것은?

① 수막현상을 방지하기 위해서는 핸들이나 브레이크를 함부로 조작하지 않는다.
② 수막현상을 막기 위해서는 고속운전을 해야 한다.
③ 수막현상은 보통 시속 90km 정도의 고속에서 발생한다.
④ 수막현상을 방지하기 위해서는 타이어의 공기압을 높게 한다.

35 겨울철 자동차관리에 신경 써야 할 사항으로 틀린 것은?

① 월동장비 점검
② 냉각장치 점검
③ 부동액 점검
④ 정온기 상태 점검

36 다음 중 자동차의 고장증상에 따른 조치요령에 대한 설명으로 옳지 않은 것은?

① 자동차 주행 중 제동등 경고등이 켜지는 경우라면 브레이크 라이닝 마모상태를 확인한다.
② 자동차에서 이상한 냄새가 나거나 배기 가스의 색이 검은색인 경우에는 엔진의 기계적 결함을 확인한다.
③ 엔진이 과열상태가 지속되면 라디에이터 캡을 열 필요가 있어 열려면 반드시 엔진을 정지시킨 후 열어야 한다.
④ 주행전이나 주행 중 운전석 계기판에 충전경고 등이 켜지면 충전장치를 점검하여야 한다.

37 드라이버가 브레이크 페달의 진동을 감지할 때 부분적 작동으로 멈추는 제동장치의 기능 중 의미를 줄이기 위해 설계된 안전장치는?

① 타이로드
② 스프링
③ 스테빌라이저
④ 쇽업소버

38 자동차 점검 후 승차정원의 범위기준으로 승용자동차에 해당하는 것은?

① 승차정원 1 이상인 승용차 1개 이상
② 승차정원 2 이상인 승용차 1개 이상
③ 승차정원 2 이상인 승용차 2개 이상
④ 승차정원 3 이상인 승용차 1개 이상

39 ABS(Anti-lock Brake System) 장치에 대한 설명으로 옳은 것은?

① ABS 장치는 급제동할 때 변동 마찰력이 제공되도록 하여 마찰력이 상대적으로 감소하지 않도록 제어하는 장치이다.
② 제동중에도 핸들의 조종이 용이하다.
③ 노면이 미끄러울 때 제동거리가 짧아진다.
④ 급제동할 때는 브레이크가 잠겨 미끄러지기 때문에 ABS.

40 자동차의 정기검사는 정기검사기간 만료일 후 며칠 이내에 받아야 하는가?

① 7일
② 14일
③ 20일
④ 31일

41 다음 중 교통사고의 3대 요인으로 볼 수 있는 것은?

① 도로구조상 안전시설 측면에서의 교통환경적 요인
② 운전자와 보행자 측면에서의 인적 요인
③ 자동차의 구조 및 자동차용에서 비롯되는 자동차 결함 요인
④ 교통법규나 교통경찰 측면에서의 제도적 요인

42 다음 용어에 대한 설명으로 옳지 않은 것은?

① 차로 수는 양방향 차로의 수를 합한 것이다.
② 주간선도로란 자동차의 주거, 상업에 이용하기 위해 도로에 설치하는 공간을 말한다.
③ 정차란 운전자가 차에서 이탈하여 즉시 운전할 수 있는 상태를 말한다.
④ 교차로란 십자로, 정자로, 이와 같이 둘 이상의 도로가 만나는 공간을 말한다.

43 정신적 피로에 해당하지 않는 것은?

① 주의가 산만해짐
② 긴장이나 주의력 감소
③ 손 또는 눈꺼풀이 떨리고 근육 경직
④ 집중력 저하

44 일반적인 승객의 욕구가 아닌 것은?

① 기억되고 싶어한다.
② 지적받고 싶어한다.
③ 편해지고 싶어한다.
④ 존경받고 싶어한다.

45 담배꽁초를 처리해야 하는 경우 주의사항으로 틀린 것은?

① 화장실 변기에 버리지 않는다.
② 버스 안은 위험하기 때문에 차창 밖으로 버린다.
③ 꽁초를 버리고 발로 비비지 않는다.
④ 꽁초를 손가락으로 튕겨 버리지 않는다.

46 운전자가 보행자에게 물을 튀게 하는 것은 어떤 성향의 운전자인가?

① 횡단보도에서 보행자에게 우선권을 양보하는 성향
② 자기 의도를 상대방에게 정확하게 전달하고 상대방의 의도를 파악한 후 행동하는 성향
③ 자기의 편리만을 위해 무리하게 운전하는 성향
④ 공동으로 이용하는 도로를 상대방의 입장에서 운전하는 성향

47 다음 중 신체장애인이 도로를 횡단하는 방법으로 틀린 것은?

① 신체장애인이 도로횡단시설을 이용하지 않고 횡단 중 다른 교통에 방해가 된 때에는 책임을 져야 한다.
② 지하도나 육교를 이용할 수 없는 신체장애인은 이를 이용하지 않고 횡단할 수 있다.
③ 앞을 못보는 사람은 흰색 지팡이를 가지고 다녀야 한다.
④ 신체장애인의 경우 반드시 육교를 이용하여 횡단하여야 한다.

48 자동차 안전운전에 대한 설명으로 틀린 것은?

① 시시각각 변화하는 교통정보와 사고경향을 파악한다.
② 운전하는 자동차의 구조와 성능을 잘 알고 있어야 한다.
③ 자동차를 움직이는 물리적 힘을 충분히 이해한다.
④ 사람의 운전능력에는 한계가 없다.

49 안전운전 요령으로 바르지 못한 것은?

① 후속차가 과속으로 너무 접근하면 우측차로로 양보하는 것이 좋다.
② 큰 고장이 나기 전에 여러 가지 계기와 램프를 점검한다.
③ 비가 내리는 날에는 차폭등을 끄고 운행해야 한다.
④ 오토매틱차 변속 시에는 브레이크를 밟고 변속을 한다.

50 야간운전 요령으로 틀린 것은?
① 해가 지면 곧바로 전조등을 점등한다.
② 주간보다 속도를 낮추어 주행한다.
③ 아무리 켜도 전조등 밖에 보이지 않는다.
④ 대항차의 전조등을 바로 보지 않는다.

51 내리막길의 방어운전 요령으로 틀린 것은?
① 내리막길을 내려가기 전에는 미리 감속한다.
② 엔진 브레이크를 사용하면 페이드(Fade) 현상을 예방하여 운행 안전도를 더욱 높일 수 있다.
③ 커브 주행 시와 마찬가지로 중간에 불필요하게 속도를 줄인다든가 급 브레이크를 밟는 것은 금물이다.
④ 변속기 기어의 단수도 내려갈 때와 올라갈 때는 동일하게 사용하는 것이 적합하다.

52 중앙분리대의 종류가 아닌 것은?
① 방호울타리형 중앙분리대
② 연석형 중앙분리대
③ 광폭 중앙분리대
④ 횡단 중앙분리대

53 비보호좌회전 교차로이서 좌회전이 될 경우는?
① 교차로에서 길이 중 3.5m 이상으로 정지된 경우
② 녹색등
③ 정지선을 넘어서 정지했을 시
④ 직진 신호 때 좌회전

54 방어운전의 개념으로 잘못 설명된 것은?
① 안전운전과 방어운전을 개념으로 비교해서 설명해 볼 수 있다.
② 안전운전이란 교통사고를 일으키지 않도록 주의하여 운전하는 것을 말한다.
③ 방어운전이란 타인의 잘못된 행동을 미리 파악하여 운전하는 것을 말한다.
④ 방어운전이란 위험한 상황에 직면했을 때 이를 효과적으로 회피할 수 있는 운전을 말한다.

55 다음 중 교차로에서의 방어운전에 대한 설명으로 옳지 않은 것은?
① 신호등이 없는 교차로에서는 충분히 속도를 줄인다.
② 교차로에 접근할 때는 속도를 줄여 대비한다.
③ 좌·우회전할 때는 방향지시등을 정확하게 점등한다.
④ 성급한 교차로의 진입보다는 지연신호에서 교차로를 통과한다.

56 교차로에 대한 설명으로 틀린 것은?
① 교차로는 자동차, 사람, 자전거 등 이동하는 것의 집중하는 장소이다.
② 상호 교통이 엇갈리며 교통사고가 가장 많이 발생하는 지점이다.
③ 교차로는 사고가 없다.
④ 입체교차로는 교통 흐름을 원활하게 유도한 것이다.

57 다음 중 편도 1차로 도로에서 앞지르기 할 때 주의사항으로 옳지 않은 것은?

① 앞지르기를 할 때는 반드시 방향지시등을 켜야 한다.
② 앞지르기는 안전한 속도와 방법으로 해야 한다.
③ 앞지르기는 어느 구간에서든 시행해도 된다.
④ 앞차가 다른 차를 앞지르려고 할 때는 시행하지 않는다.

58 커브길의 교통사고위험에 대한 설명 중 틀린 것은?

① 도로 이탈의 위험이 없다.
② 중앙선을 침범하여 대향차와 충돌할 위험이 있다.
③ 시야불량으로 인한 충돌위험이 크다.
④ 감속운행하지 않으면 마주 오는 차와의 충돌이 크다.

59 이면도로 운전의 위험성을 설명한 것으로 틀린 내용은?

① 보도 등의 안전시설이 없다.
② 일방통행도로가 대부분이다.
③ 보행자 등이 아무 곳에서나 횡단이나 통행을 한다.
④ 어린이들과의 사고가 일어나기 쉽다.

60 다음 중 타이어의 수명이 짧아지는 이유가 아닌 것은?

① 타이어의 공기압이 낮을 때
② 브레이크를 밟는 횟수가 많아질수록
③ 주행 속도를 줄일수록
④ 아스팔트 포장도로보다 콘크리트 포장도로를 더 많이 달릴 때

61 여름철의 교통사고 특성으로 틀린 것은?

① 무더위, 장마, 폭우로 인하여 교통환경이 악화된다.
② 수면부족과 피로로 인한 졸음운전 등도 집중력 저하 요인으로 작용한다.
③ 보행자는 장마철에는 우산을 받치고 보행함에 따라 전·후방 시야를 확보하기 어렵다.
④ 보행자나 운전자 모두 집중력이 떨어져 사고 발생률이 다른 계절에 비해 높다.

62 여름철 자동차관리사항이 아닌 것은?

① 냉각장치 점검
② 타이어 마모상태 점검
③ 와이퍼 작동상태 점검
④ 부동액 점검

63 겨울철 눈길과 빙판길에서의 안전운전방법으로 옳지 않은 것은?

① 미끄러운 길에서는 기어를 1단에 넣고 반클러치를 사용한다.
② 가능하면 앞차가 지나간 바퀴자국을 따라 통행하는 것이 안전하다.
③ 반드시 감속과 함께 앞차와 충분한 거리를 유지한다.
④ 응달이나 다리 위 또는 터널 부근은 빙판되기 쉬운 장소이므로 특히 주의한다.

64 경제운전의 기본적인 방법으로 옳지 않은 것은?

① 자동 속도를 일정하게 유지한다.
② 타이어를 수시로 바꾼다.
③ 급감속을 하지 않는다.
④ 불필요한 공회전을 피한다.

65 운전자가 가져야 할 기본자세가 아닌 것은?

① 교통법규의 이해와 준수
② 여유 있고 양보하는 마음으로 운전
③ 운전기술의 과신은 금물
④ 심신상태의 안정

66 다음은 운전자의 올바른 준비상태이다. 틀린 것은?

① 장거리운전 전에는 몸의 상태가 양호한지 미리 확인해 둔다.
② 몸의 상태로 나쁘지 않게 하며, 정신이 명랑하지 않은 날은 배제하지 않는다.
③ 잠이 오지 않을 때에는 커피를 마신다.
④ 장거리 여행 때에는 반드시 안전벨트를 맨다.

67 사계절 특징으로 옳지 않은 것은?

① 초여름
② 신학기
③ 안개와 황사
④ 폭설

68 다음 중 졸음운전으로 사고가 많이 나는 경우는?

① 신호·비나, 그 밖의 상태 상태에 의하여 주행안정이 정시 이루어지지 않고, 자동차 자체의 운동을 제어하는 경우
② 주행 중인 경우, 예기치 못한 그 밖에 많은 다양한 움직임이 중시되는 경우
③ 자동차를 공전하고 있어서 자동차가 정지하는 경우
④ 신고속자동차를 그 성능에 이용하지 않고 운전하는 경우

69 다음 바소운전자세 중 운전자세의 정의으로 맞지 않는 것은?

① 수동차를 바소운전자에 대해 안전 운행을 정심한 양심이 새로 제정된 것이다.
② 사계절 안전한 운행을 위해 해당한다.
③ 눈길, 빗길, 경부와 같이 등을 미끄러짐이 있을 수 있는 특수주행 구성과 고속도로를 사용하지 사용한다.
④ 제한된 속도 내에서만 사용할 수 있고 고속도로로는 사용할 수 없다. 범위표면을 높일 수 있다.

70 바소운전자세의 운행에 대한 설명으로 옳지 않은 것은?

① 단립(공립)·공립제를, 수동장치제, 기계장치운동제(기어박스) 제, 가지되장치가 있다.
② 단립(공립)·공립제는 한간지와 오동(호통)과 이용기를 가지되장치가 있다.
③ 경지되장치는 이용자의 요구시장에 따라 강압이 공급이 상생한다는 구성제이다.
④ 수동장치운동제는 순행하고자 하는 방향으로 나수이 가지되를 올리는 경우 운동되고, 반대쪽에 내리는 경우는 제약한다.

71 역류버스전용차로의 특징으로 옳지 않은 것은?

① 차로분리시설과 안내시설 등의 설치가 필요하다.
② 일방통행로에서 차량이 진행하는 반대방향으로 1~2개 차로를 버스전용차로로 제공하는 것이다.
③ 일방통행로에 대중교통수요 등으로 인해 버스노선이 필요한 경우에 설치한다.
④ 시행준비는 까다로우나 가로변버스전용차로에 비해 시행비용이 적게 든다.

72 교통카드시스템의 도입효과 중 이용자 측면의 효과로 옳지 않은 것은?

① 현금소지의 불편 해소와 소지의 편리성, 요금 지불 및 징수의 신속성의 효과가 있다.
② 대중교통 이용률 제고로 교통환경 개선의 효과가 기대된다.
③ 하나의 카드로 다수의 교통수단을 이용할 수 있다.
④ 요금할인 등으로 교통비가 절감된다.

73 부상자에 관한 관찰사항으로 알맞지 않은 것은?

① 과거의 병력
② 출혈 상태
③ 신체 및 구토 상태
④ 의식 상태

74 다음 중 잘못된 직업관은?

① 소명의식을 가지고 일한다.
② 육체노동을 천시한다.
③ 사회구성원으로서 직분을 다하는 일이라고 생각한다.
④ 자기 분야의 최고 전문가가 되겠다는 생각으로 일한다.

75 흉부압박을 할 때 압박과 이완의 비율은?

① 30 : 70
② 40 : 60
③ 50 : 50
④ 60 : 40

76 교통사고에 의하여 일어나는 다발성 손상의 경우 가장 먼저 해야 할 것은?

① 골절부의 부목
② 쇼크에 대한 처치
③ 기도 유지
④ 급성출혈에 대한 처치

PART 2 실내장식 시공하기

77 악수를 청하는 사람과 받는 사람에 대한 설명으로 옳지 않은 것은?

① 손끝만 내밀지 않는다.
② 기혼자가 미혼자에게 청한다.
③ 여자가 남자에게 청한다.
④ 손님이 주인에게 청한다.

78 자동차의 정차 및 주차 등에 관한 준수사항으로 옳지 않은 것은?

① 도로공사의 현장에는 보행자를 표시할 수 있는 표지를 설치해야 한다.
② 도로공사에는 담장, 방법장치를 설치하지 않아도 된다.
③ 공사차량 등에 발생할 재해방지 타이어를 사용해야만 한다.
④ 공사현장의 작업 공종 및 바닥에 칠 있는 경우에는 가설 및 공사현장이 없을 수 있는 사용해야 고정해 야 한다.

79 운임·요금 체계에 대한 설명으로 옳지 않은 것은?

① 사업자는 기본운임금을 기준으로 한다.
② 사업자는 운행거리·시·공항·수·곳 비례에서 거리비례로 운임을 정할 수 있다.
③ 기본임운임은 사업구·인립법과 시단법과 고속도로에 대하여 각각 따로 정한다.
④ 시내버스운송사업의 경우 다른 노선과 공동으로 운행하는 동일한 운임·요금 등에 특별한 사유가 있는 경우는 운임·요금·운행 등 별도 적용할 수 있다.

80 교통사고시스템의 구성으로 옳지 않은 것은?

① 교통사고시스템의 크게 사상자 가속, 탑승자, 중앙처리 시스템으로 구성된다.
② 승차 시 사상자의 크기 정도 교통사고의 단계이다.
③ 교통사고 → 중앙시스템 → 탄약시스템 → 병원
④ 교통사고 발생시에 단일기, 제한기, 공장정기 등 공장 시스템으로 구성된다.
즉 사상에 따라 작동 있으나 다른 경우 다음 매커니즘이다.

회차 5 실제유형 시험보기

정답 및 해설 p.183

01 신호기의 정의 중 가장 옳은 것은?
① 교차로에서 볼 수 있는 모든 등화
② 주의·규제·지시 등을 표시한 표지판
③ 도로의 바닥에 표시된 기호나 문자, 선 등의 표지
④ 도로교통에서 신호를 표시하기 위하여 사람이나 전기의 힘으로 조작되는 장치

02 다음 안전표지에 대한 설명으로 맞는 것은?

① 일요일, 공휴일만 버스전용차로 통행 차만 통행할 수 있음을 알린다.
② 일요일, 공휴일을 제외하고 버스전용차로 통행 차만 통행할 수 있음을 알린다.
③ 모든 요일에 버스전용차로 통행 차만 통행할 수 있음을 알린다.
④ 일요일, 공휴일을 제외하고 모든 차가 통행할 수 있음을 알린다.

03 차마의 운전자가 도로의 중앙이나 좌측 부분을 통행할 수 있는 경우로 볼 수 없는 것은?
① 도로가 일방통행인 경우
② 도로의 파손, 도로공사나 그 밖의 장애 등으로 도로의 우측 부분을 통행할 수 없는 경우
③ 반대방향의 교통을 방해할 우려가 있는 경우
④ 도로의 우측 부분의 폭이 6m가 되지 아니하는 도로에서 다른 차를 앞지르고자 하는 경우

04 무면허 운전 사고의 성립요건 중 운전자 과실이 아닌 것은?
① 면허를 취득하지 않고 운전한 경우
② 운전면허 취소사유가 발생한 상태이지만 취소처분을 받기 전에 운전하는 경우
③ 면허정지 기간 중에 임시운전증명서 없이 운전한 경우
④ 면허종별 외의 차량을 운전한 경우

05 여객자동차운송사업의 운전업무에 종사할 수 없는 사람은?
① 20세 이상으로 사업용 자동차 운전경력이 1년 이상이어야 한다.
② 사업용 자동차를 운전하기에 적합한 운전면허를 보유하고 있어야 한다.
③ 시·도지사가 정하는 운전 적성에 대한 정밀검사 기준에 적합해야 한다.
④ 20세 이상으로 운전을 직무로 하는 의무경찰대원은 소속 기관의 장의 추천을 받아야 한다.

06 다음 용어의 정의로 바른 것은?
① 충돌 : 2대 이상의 차가 동일방향으로 주행 중 뒤차가 앞차의 후면을 충격한 것
② 접촉 : 차가 반대방향 또는 측방에서 진입하여 그 차의 정면으로 다른 차의 정면 또는 측면을 충격한 것
③ 전복 : 차가 도로변 절벽 또는 교량 등 높은 곳에서 떨어진 것
④ 전도 : 차가 주행 중 도로 또는 도로 이외의 장소에 차체의 측면이 지면에 접하고 있는 상태

07 운수종사자의 교육에 대한 설명으로 옳지 않은 것은?
① 운송사업자는 그의 운수종사자에 대한 교육계획의 수립, 교육의 시행 및 일상의 교육 훈련업무를 위하여 종업원 중에서 교육훈련 담당자를 선임해야 한다.
② 새로 채용된 운수종사자는 운전업무를 시작하기 전 16시간의 교육을 받아야 한다.
③ 자동차 면허 대수가 30대 미만인 운송사업자의 경우에는 교육훈련 담당자를 선임하지 아니할 수 있다.
④ 새로 채용된 운수종사자가 교통안전법령상의 교통안전체험교육에 따른 심화교육과정을 이수한 경우에는 신규교육을 면제한다.

08 교통사고에 영향을 미치는 인적요인이 가장적으로 작용하지 않는 것은?

① 자성적 요소
② 기능적 요소
③ 신체적 요소
④ 심리적 요소

09 도로의 으뜸 가장자리 차로를 통행하여야 하는 자동차가 아닌 것은?

① 위험물운반자동차에 따른 기장자리 이상의 위험물운반 자동차
② 농업기계자동차에 따른 농업적업무자동차를 지정된 차로
③ 건설기계자동차에 따른 도로주수차
④ 폐기물관리법에 따른 기장폐기물공공 이프폐기물공동 자동차

10 피해자와 함께 있은 경우 사고를 제기할 수 없는 감량 사고로는?

① 장뷰가 들었고 정상적인 배지가기 할 때 발생실된 사고
② 일시적지 있지 아이지 사고가 발생되었고
③ 사고 후 상대에서 승객들 수지하지 않아이 대피지가 발생된 사고
④ 시호기 통과사기에 따른 통행 중 발생된 사고

11 다음 중 도주가 적용되지 않는 경우는?

① 자동차수 중에서 피해자로 그대로 가버린 경우
② 가해자 및 피해자 일행이 공천증이 함께 사고 조치와 같은 해줄 하고 일반화지 기도 가버린 경우
③ 피해자가 사고 즉시 임어나서 걸어 다니는 것을 확인하고 도주한 경우
④ 사고 후 의사가 신원확인 공공자가 피해지에 대한 고조조치를 하지 않은 경우

12 철로 시 긴급지동차의 특례에 대한 내용으로 옳지 않은 것은?

① 긴급자동차 처음 기준에 따른 인적용무의 동기 및 횟수 등 고유의 회기기공의 호차 1의 기준에서 재작자나 종상 수 있다.
② 공상자의 수이 등 급박한 경우 긴급자동차의 운전자는 교통사고 등에 응하여야 한다.
③ 긴급자동차의 운전자 그 사유가 없을 때까지 경찰공무원에게 통지하여야 한다.
④ 긴급자동차의 운전자는 교통안전 사고의 방지를 위해 주의 깊게 운전하여야 한다.

13 대통령령에 따라 하는 경우 등록의 종류가 아닌 것은?

① 소방차 업무로 기관 공공업을 하는 사용에 마니·추숙 등 빛반곡
② 소방차가 위험방지를 위한 경찰임무를 수행하고 있는 경우 빛 마시 등
③ 소통구조 긴급처리에 화역이 필요한 경우 기지 내지서 운영하는 긴급 방책 등
④ 자동차가 긴급한 경우 도로교통에 위험지 지장지가 반드지 미 및 수 있는 경우

14 도로공사시행자가 일반공중이 토기 가장 밝지 등의 장소에 사고 에 기간하여 하는 내용으로 옳지 않는 것은?

① 공사의 일시적 및 종료의 일시
② 공사시행
③ 공사시행 및 북지지공 도로자
④ 사용을 정지 및 도로 패엄되면서 경우 그 내용의 예고

15 노선버스 자동차의 장치 및 설비 등에 관한 준수사항으로 옳지 않은 것은?

① 버스의 뒷바퀴에는 재생한 타이어를 사용해서는 안 된다.
② 시외우등고속버스, 시외고속버스 및 시외직행버스의 앞바퀴의 타이어는 튜브리스 타이어를 사용해야 한다.
③ 버스의 차체에는 행선지를 표시할 수 있는 설비를 설치해야 한다.
④ 시외버스(시외중형버스는 제외한다)의 차 안에는 휴대물품을 둘 수 있는 선반과 차 밑부분에 별도의 휴대물품 적재함을 설치해야 한다.

16 사업의 구분에 따른 자동차의 차령이 바르게 연결되지 않은 것은?

① 승합자동차 - 특수여객자동차운송사업용 - 11년
② 승합자동차 - 시내버스운송사업용 - 9년
③ 승합자동차 - 마을버스운송사업용 - 6년
④ 승합자동차 - 전세버스운송사업용 - 11년

17 자동차 운전자가 대통령령으로 정하는 바에 따라 전조등, 차폭등, 미등과 그 밖의 등화를 켜야 하는 경우가 아닌 것은?

① 터널 안을 운행하는 경우
② 터널 안 도로에서 고장이 나서 차를 정차나 주차하는 경우
③ 밤과 낮에 관계 없이 도로에서 차를 운행하거나 고장이나 그 밖의 부득이한 사유로 도로에서 차를 정차나 주차시키는 경우
④ 안개가 끼거나 비 또는 눈이 올 때에 도로에서 차를 운행하거나 고장이나 그 밖의 부득이한 사유로 도로에서 차를 정차나 주차하는 경우

18 사고결과에 따른 벌점기준으로 옳지 않은 것은?

① 사고발생 시부터 72시간 이내에 사망한 때 사망자 1명마다 벌점 90점
② 5일 미만의 치료를 요하는 의사의 진단이 있는 사고에서 부상신고 1명마다 벌점 2점
③ 3주 미만 5일 이상의 치료를 요하는 의사의 진단이 있는 사고에서 경상 1명마다 벌점 5점
④ 3주 이상의 치료를 요하는 의사의 진단이 있는 사고에서 중상 1명마다 벌점 10점

19 어린이 교통사고의 특징으로 틀린 것은?

① 학년이 높을수록 교통사고를 많이 당한다.
② 보행 중 교통사고를 당하여 사상당하는 비율이 절반 이상으로 가장 높다.
③ 시간대별 어린이 사상자는 오후 4시에서 오후 6시 사이에 가장 많다.
④ 주로 집 근처에서 사고가 많이 발생한다.

PART 2 실기체험 시험대비

20 운전자가 진행방향에 서 있는 예측하기 어려운 상황요소를 탐지하고 그 상황기능성을 판단하여 적절한 속도와 진행방향으로 대체하여 필요한 안전조치를 효과적으로 취하는 데 필요한 기간은?

① 정지시간
② 주행시간
③ 피주시간
④ 인지시간

21 운행 전 인지 조치사항에 대한 내용이 아닌 것은?

① 기온이 낮아지면 안전벨트를 착용하지 않아도 된다.
② 운전자 주변의 먼지를 깨끗하게 유지한다.
③ 좌석, 핸들, 후사경 등을 조정한다.
④ 소주기를 미지참에 장치가 향상 조기에 진동하도록 한다.

22 대형승합이 정하는 고속도로 전용차로 통행이 가능한 승차정원 기준과 탑승 인원의 기준으로 옳은 것은?

① 승차 정원의 50% 이상, 승차 인원 정원의 50% 미만
② 승차 정원의 70% 이상, 승차 인원 정원의 40% 미만
③ 승차 정원의 60% 이상, 승차 인원 정원의 40% 미만
④ 승차 정원의 70% 미만, 승차 인원 정원의 30% 미만

23 교통운전 상담자 기능에 관한 내용으로 해당하지 않는 것은?

① 경찰관서에서 사용하는 긴급신고 전화번호 안내 등 지원
② 긴급자동차 이용 안내 및 지원 차량의 위치정보 등 도움
③ 긴급자동차 이용 안내에 대한 지원 메시지, 사진 등 비상용
④ 교통사고 및 자동차범죄 사고에 기급한 긴급의 기구에 필요한 경우에 시내 대이를 안 안전에 가리킬 수 있도록 할 경우 장치

24 교통사고조사 특례법상 고속도로상 정지하지 않는 경우가 아닌 것은?

① 보행자가 가로지르기 되는 경우
② 신호등이 없어 사고 등 동승자가 사망한 경우
③ 종앙 선이 나뉘어 도로 좌측 공간에 보이지 못하는 경우
④ 자동화 공사로 인하여 도로차선이 조정되지 못한 경우

25 사고원인 조사에서 운행 중 여유시간을 4초 이상 유지한 운전을 무엇이라고 하는가?

① 과속운전
② 서행운전
③ 정상운전
④ 준사고운전

26 천연가스에 대한 설명으로 옳지 않은 것은?

① LPG는 천연가스를 고압으로 압축한 액체상태의 연료로 천연가스의 형태별 종류이다.
② CNG는 Compressed Natural Gas의 약자이다.
③ LNG는 천연가스를 액화시켜 부피를 현저하게 작게 만들어 저장, 운반 등 사용상의 효용성을 높이기 위한 액화가스이다.
④ LNG는 Liquified Natural Gas의 약자이다.

27 현재 가솔린 엔진의 4행정기관의 사이클 순서로 적당한 것은?

① 흡입 → 폭발 → 배기 → 압축
② 흡입 → 압축 → 배기 → 폭발
③ 흡입 → 압축 → 폭발 → 배기
④ 흡입 → 폭발 → 압축 → 배기

28 배출 가스로 구분할 수 있는 고장으로 틀린 것은?

① 완전 연소 시 배출가스의 색은 무색을 띤다.
② 엔진 안에서 다량의 엔진오일이 실린더 위로 올라와 연소되는 경우에는 백색을 띤다.
③ 배기가스가 검은색일 경우에는 초크 고장을 의심해볼 수 있다.
④ 농후한 혼합가스가 들어가 불완전 연소되는 경우에는 붉은색을 띤다.

29 배터리가 방전되었을 때는 어떻게 해야 하는가?

① 변속기는 '중립'에 위치시킨다.
② 타 차량의 배터리에 점프 케이블을 연결하여 시동을 거는 경우에는 타 차량에 시동을 건 후 방전된 차량의 시동을 건다.
③ 주차 브레이크를 작동시켜 차량이 움직이지 않도록 한다.
④ 보조 배터리를 사용하는 경우에는 점프 케이블을 연결한 후 시동을 건다.

30 조향핸들이 무거운 원인이 아닌 것은?

① 타이어의 공기압이 부족하다.
② 조향기어 박스 내의 오일이 부족하다.
③ 타이어의 마멸이 과다하다.
④ 타이어의 공기압이 불균일하다.

31 노면에서 발생한 스프링의 진동을 재빨리 흡수하는 장치로, 승차감을 향상시키고 동시에 스프링의 피로를 줄이기 위해 설치하는 것은?

① 쇽업소버
② 스태빌라이저
③ 공기 스프링
④ 토션 바 스프링

32 다음 중 자동차의 주행장치와 관계없는 것은?

① 변속기
② 가속장치
③ 제동장치
④ 제동장치

33 엔진이 자주 과열되었을 때 가장 먼저 점검해야 할 조치를 틀린 것은?

① 엔진오일 교환
② 윤활유의 누수 조사
③ 에어클리너 필터 교환
④ 배터리 충전

34 자동변속기의 오일 색깔에 대한 설명이다. 옳지 않은 것은?

① 갈색 : 정상적 사용된 경우
② 백색 : 오일에 수분이 다량 유입된 경우
③ 검은색 : 기어가 마멸된 경우
④ 투명도가 높은 붉은 색 : 정상상태

35 다음 중 일반·이륜자동차 과징금 부과기준으로 틀리게 연결된 것은?

① 자동차 안이 자동차에 준하는 사람 등 사람이 아닌지 개조되어 있는 속도 지시기 - 20만원
② 자체 안전관리 관리 상태가 불량한 상태에 가스 - 10만원
③ 압축 안전관리 적재 사용한 상태인 가스레버스 - 40만원
④ 차 안에 안전관리 적재 지정 검사장용 자동차를 가동시킬 수 있는 상태를 상정하지 않은 마이크로 - 100만원

36 자동차 소유자 또는 자동차로부터 자동차의 관리를 의뢰받은 자동차의 운전자 등 자를 무엇이라 하는가?

① 자동차 관리자
② 자동차 사용자
③ 자동차 소유자
④ 자동차 매매자

37 안전운전하는 자동차 점검 시 주의사항으로 틀린 것은?

① 운전자는 가스라이터 등 기계화 상용 화약을 갖지 어떤 실정에 경우 발견시 상시 점검한다.
② 배기 배출가 가스가 주어 형태에 이상이 있는지를 담배를 공중 환경에 속하지 형성으로 운영을 생각한다.
③ 엔진시동이 점검 상태에서 엔진오일 이상, 냉각수 이상 등 이 파이프 이상 깊이가 들어야 한다.
④ 자동차 운전시 가스가스계를 평균적으로 재시검 필요하다.

38 타이어지에 대한 설명으로 옳지 않은 것은?

① 타이어는 고속 회전공정을 하는 부품이다.
② 사용 중 타이어의 공기압이 사용 중 이상적으로 상승하는데 없다
③ 예리한 후는 공장을 하면 사용효율, 이물질이 침투지점으로 삼입되지 않는다.
④ 상용중기 많은 곳 속에 의해 고경이 나가기도 한다, 공기압 등 상황 상승 위해 예상지 등을 정기적으로 점검하고, 공기압 점검을 해주어야 한다.

39 다음은 자동차 전기의 일반적인 문제이다. 틀린 것은?
① 퓨즈는 전류를 최대로 흐르게 한다.
② 같은 전압용 전구에서는 와트수가 클수록 전기저항이 작다.
③ 같은 길이의 전선에서는 굵기가 굵을수록 전기저항이 작다.
④ 자동차 좌우의 스톱라이트 병렬로 접속한다.

40 여객자동차 운수사업법상 운수종사자의 교육 등에 대한 설명으로 옳지 않은 것은?
① 운수종사자는 국토교통부령으로 정하는 바에 따라 운전업무를 시작하기 전에 교통안전수칙에 관한 교육을 받아야 한다.
② 운송사업자는 운수종사자가 교육을 받는 데에 필요한 조치를 하여야 하며, 그 교육을 받지 아니한 운수종사자를 운전업무에 종사하게 하여서는 아니 된다.
③ 시·도지사는 교육을 효율적으로 실시하기 위하여 필요하면 시·도의 조례로 정하는 바에 따라 운수종사자 연수기관을 직접 설립하여 운영하거나 지정할 수 있으며, 그 운영에 필요한 비용을 지원할 수 있다.
④ 운송사업자는 새로 채용한 모든 운수종사자에 대해 운전업무를 시작하기 전에 교육을 16시간 이상 받게 하여야 한다.

41 교통사고가 발생하는 원인으로 볼 수 없는 것은?
① 차량 운전 전의 혼란한 심신상태
② 날씨 등에 의한 열악한 도로 환경
③ 운전기술의 부족
④ 양보를 전제로 한 운전 방식

42 젊은층 운전자에게 보여지는 사고의 특징은 무엇인가?
① 일시정지, 통행우선순위 또는 우회전 사고가 많다.
② 깜빡하는 사이 상대를 못 보는 사고가 많다.
③ 노령층에 비해 피해 정도가 크다.
④ 일요일과 토요일에 많이 발생한다.

43 술은 에틸알코올이 몇 % 이상 함유된 음료수를 말하는가?
① 0.1%
② 0.5%
③ 1%
④ 5%

44 운전 중의 스트레스와 흥분을 최소화하는 방법으로 옳지 않은 것은?
① 타운전자의 실수를 예상한다.
② 기분이 나쁘거나 우울한 상태에서는 운전하지 않는다.
③ 사전에 주행계획을 세우고 여유 있게 출발하면 예상치 못한 상황으로 인한 스트레스를 줄일 수 있다.
④ 친구와 통화를 하며 운전한다.

45 운전자가 착각할 수 있는 사항 중 잘못된 것은?
① 작은 경사는 실제보다 더 작게, 큰 경사는 실제보다 더 크게 보인다.
② 어두운 곳에서는 세로 폭보다 가로 폭의 길이를 보다 넓게 본다.
③ 급정거 시 반대방향으로 움직이는 것처럼 보인다.
④ 작은 것과 덜 밝은 것은 멀리 있는 것처럼 느낀다.

46 대형차의 사고에 대한 설명으로 옳은 것은?

① 회전경로가 승용차량 때보다 안쪽이 좁다.
② 우측정지 시 지정차로에 등은 공간지대에 정차임이 좋다.
③ 돌진사고가 승용차보다 적게 발생한다.
④ 운전석이 높으므로 가까운 곳은 잘 보이지 않는다.

47 다음과 같이 특히 많이 나타나는 사망의 특징이다. 틀린 것은?

① 지나치게 중심이 빠르게 높다.
② 충돌 위험성이 적중한다.
③ 상황판단력이 떨어진다.
④ 지속이나 감정이 둔해진다.

48 실선망이중정의 설명이 아닌 것은?

① 운전자의 양상과 집중력이 저하될 수록 많다.
② 일기에서 양상부과 긴장이 높지 않다.
③ 타인의 중장입사가 상대적으로 잘 일어나지 않는다.
④ 교통 신호기 마주보다 해서 적극적으로 응답하지 많고 주위 의 다른 신호들을 적중한 후 결정한다.

49 노령운전자의 운전 상의 결정 중 틀린 것은?

① 모든 자극 참고에서 반응하기 때문에 영행력을 받기 쉽지 않다.
② 교통 상황의 정보 증가량을 위해 필요 속도로 가까지 각하 시킨다.
③ 타이어 물고 말음에 원칙의 안전점검 시 사항공장을 발생한다.
④ 보행자 보호가 없이 도로에 돌아 뛰다 같은 때 브레이크를 사망한다.

50 자동차 운전자들은 자정가수에 이른자를 안심게 대해야 하는가?

① 자동차 운전자들은 이들이 자정가수 들을 안전과 도로의 안 용함 수 있다.
② 자정가, 이륜차를 앞지르기 할 때 많은 간격 다음 유지를 시 않은 수 없다.
③ 도로 옆의 자정거 사 유의하고 자동차 운전자는 공원이다.
④ 자동차 운전자가 주행하고 있는 때도 자정가 이용가들을 이 조심해야 한다.

51 야간에 안전운전에 옮는 운전방법은?

① 장거리 운행할 때는 순시간임을 모르 같는다.
② 흥분되는 경우가 나어 도로 위의 길찾이가 아직 보이지 않는다.
③ 수동전등은 이웃하에 통빌만상임을 비고 그래대응을 순행한다.
④ 대상차의 진조등으로 인한 운전장 장애를 피하지 위해 신호공조 를 지고 운동한다.

52 충앙분리대의 기능으로 옳지 않은 것은?

① 도로표지, 기타 교통관리시설 등을 설치할 수 있는 공간의 제공
② 안전함 정립의 장소
③ 하선 등을 가능하게 한 상승성
④ 야간 주행 시 진조등 불빛에 인한 우현자 부담이 많지

53 과속방지시설을 설치해야 할 곳으로 적당하지 않은 곳은?
① 학교, 유치원, 근린공원 등 자동차가 천천히 다녀야 할 구간
② 보행자가 많거나 어린이 교통사고가 많을 것으로 생각되는 구간
③ 자동차의 통행속도를 40km/h 이하로 제한해야 할 구간
④ 자동차의 출입이 많아 속도규제가 필요한 구간

54 정지거리에 영향을 미치는 요인이 아닌 것은?
① 보행자 요인
② 도로 요인
③ 운전자 요인
④ 자동차 요인

55 내리막길에서 기어의 변속요령으로 틀린 것은?
① 변속할 때 클러치 페달을 밟고 떼는 속도와 변속 레버의 작동은 신속하게 한다.
② 변속 시에는 머리를 숙인다던가 하여 다른 곳에 주의를 빼앗기지 말아야 한다.
③ 눈은 항상 변속기어를 주시한다.
④ 왼손은 핸들을 조정하며 오른손과 양발은 신속히 움직인다.

56 철길 건널목의 종류 중 건널목 교통안전 표지와 전철 또는 빔 스펜션을 설치하고 이하의 설비는 사정에 따라 생략하는 건널목은 무엇인가?
① 1종 건널목
② 2종 건널목
③ 3종 건널목
④ 교차 건널목

57 회전교차로에 대한 설명이다. 다음 중 다른 것은?
① 진입자동차가 양보한다.
② 분리교통섬을 감속 또는 방향분리를 위해 필수로 설치한다.
③ 회전자동차에게 통행우선권이 있다.
④ 회전부에서는 고속으로 회전차로 운행이 가능하다.

58 편도 2차로인 고속도로의 통행 방법으로 잘못된 것은?
① 1차로는 앞지르기 차로이다.
② 도로상황 등 부득이한 때에는 2차로로 앞지르기할 수 있다.
③ 2차로는 모든 자동차의 주행차로이다.
④ 도로상황 등 부득이한 때에는 1차로로 통행할 수 있다.

59 철길 건널목에서의 방어운전에 대한 설명으로 옳지 않은 것은?
① 철길 건널목에 접근할 때는 속도를 줄여 접근한다.
② 일시정지 후에는 철도 좌우를 확인한다.
③ 건널목 건너편의 여유 공간을 확인하고 통과한다.
④ 건널목을 통과할 때는 기어를 변속한다.

PART 2 실전모의 시험보기

60 비오는 날의 주행에 대한 설명으로 옳지 않은 것은?
① 길이 미끄러워 곧잘 미끄러진다.
② 수막 현상이 일어나 핸들이 휘청거리는 도로이다.
③ 노면이 젖어있을 경우에는 최고속도의 20/100을 줄인 속도로 운행한다.
④ 폭우로 가시거리가 100m 이내인 경우에는 최고속도의 50/100을 줄인 속도로 운행한다.

61 음주 교통사고의 특징으로 틀린 것은?
① 남이 녹아 차량이 약해지는 해빙기이다.
② 어린이 결석 교통사고가 차량이 많이 다니는 도로에서 빈번하게 발생한다.
③ 농촌지역 아침녁, 불규칙적인 날씨에 의해 교통사고가 발생.
④ 명절시 장거리 이동 많은 점심 시간 전후로 음주 사고의 원인이 될 사용한다.

62 안개길 안전운전에 대한 설명 중 틀린 것은?
① 전조등, 안개등을 켜고 운전한다.
② 앞을 분간하지 못할 정도의 짙은 안개로 가시거리가 일시 세우고 기다린다.
③ 가시거리가 짧을 때는 앞차의 제동등에 주의를 집중한다.
④ 가시거리가 50m 이내인 경우에는 최고속도의 20% 정도 감속하여 운행한다.

63 중앙분리대의 기능으로 옳지 않은 것은?
① 불순한 보행자 등의 무단 횡단이 방지되지 않는 효과도 있다.
② 도로표지 등을 설치할 수 있는 공간을 제공한다.
③ 평면교차로가 있는 도로에서는 폐쇄진로 제공한다.
④ 고장차가 대피할 수 있는 공간을 제공한다.

64 가솔린 자동차 장치로 틀린 것은?
① 부하세 장치
② 시계제어 가솔린 점화 장치
③ 점기 점화 장치 점치
④ 냉동장치

65 다음 중 베이퍼 록(Vapour Lock) 현상이 발생하는 원인으로 옳은 것은?
① 타이어가 마모되었을 때
② 앞기이 과열되었을 때
③ 장시간 운행하였을 때
④ 충분한 브레이크 오일을 사용했을 때

66 다음 중 계절 없이를 문제되는 부분으로 올바르지 않은 것은?
① 냉각수 보충
② 엔진 헐겁게 한다.
③ 등유를 녹는다.
④ 부동액과 냉각수를 수시로 점검한다.

67 운전자의 용모에 대한 기본원칙이 아닌 것은?

① 깨끗하게
② 규정에 맞게
③ 계절에 맞게
④ 샌들이나 슬리퍼 착용

68 버스준공영제에 대한 설명으로 옳지 않은 것은?

① 형태에 따라 노선 공동관리형, 수입금 공동관리형, 자동차 공동관리형이 있다.
② 버스업체 지원형태에 따라 직접지원형, 간접지원형이 있다.
③ 국내 버스준공영제의 일반적인 형태는 간접지원형이다.
④ 직접지원형은 운영비용이나 자본비용을 보조하는 형태이다.

69 다음 중 중앙버스전용차로의 장단점으로 옳지 않은 것은?

① 일반 차량과의 마찰을 최소화한다.
② 교통 정체가 심한 구간에서는 큰 효과가 없다.
③ 대중교통 이용자의 증가를 도모할 수 있다.
④ 가로변 상업활동이 보장된다.

70 응급처치 실시의 범위로 옳지 않은 것은?

① 전문인에 의한 치료
② 즉각적이고 임시적인 처치
③ 병의 악화 방지
④ 상처의 조속한 처치

71 미국의 운전 전문가 해롤드 스미스가 제안한 안전운전의 5가지 기본 기술에 속하지 않는 것은?

① 운전 중에 전방을 멀리 본다.
② 전체적으로 살펴본다.
③ 다른 사람들이 자신을 볼 수 있도록 한다.
④ 눈은 한 곳을 응시한다.

72 휴게시설에 대한 설명으로 옳지 않은 것은?

① 규모에 따른 휴게시설에는 일반휴게소, 간이휴게소, 화물차 전용휴게소, 쉼터휴게소가 있다.
② 휴게시설이란 출입이 제한된 도로에서 운전자의 생리적 욕구, 피로 해소, 주유 등의 서비스를 제공하는 곳이다.
③ 화물차 전용휴게소에는 숙박시설, 샤워실 등이 포함되어 있다.
④ 쉼터휴게소에는 넓은 녹지공간, 급유소, 식당, 매점 등이 있다.

73 직업의 외재적 가치로 옳은 것은?

① 직업 그 자체에 가치를 둔다.
② 직업이 주는 사회 인식에 초점을 맞춘다.
③ 자신의 능력을 최대한 발휘하길 원한다.
④ 자신의 이상을 실현하는 데 초점을 맞춘다.

74 인자에 대한 설명으로 옳지 않은 것은?

① 눈비, 포장면, 경종면으로 구분할 수 있다.
② 수격 방식 보도 배수로 부적당하다.
③ 밝고 부드러운 미소를 짓는다.
④ 상대방이 공감할수 마음의 문이 열리셨다.

75 자동차에 부착할 수 있는 하용된 최대인원(승강자 포함)의 의미하는 용어는?

① 차량 중량량
② 차량 총중
③ 승차정원
④ 적재정량

76 교통카드의 분류으로 옳지 않은 것은?

① 카드방식에 따라 MS(Magnetic Strip)방식과 IC방식(스마트 카드)이 있다.
② IC카드의 종류(데이터 전송 방식에 따른)는 접촉식, 비접촉식(RF, Radio Frequency), 하이브리드, 콤비 등이 있다.
③ 지불방식에 따라 선불식과 후불식이 있다.
④ MS(Magnetic Strip)방식은 IC방식에 비해 보안성이 낮다.

77 다음 중 교통사고 현장에서 부상자 구호 조치로 잘못된 것은?

① 부상자가 길을 빠져 가까운 병원으로 이동하거나 119를 호출한 이후한 대기할 때까지 응급조치를 한다.
② 의식이 없고 호흡이 가쁘거나 맞지않은 경우는 기도를 확보한다.
③ 호흡이 없는 경우 심폐소생술 등 인공호흡을 하고,
④ 출혈이 있는 경우 부목 등으로 지혈상태로 안정시키고 진통제를 가급적이면 삼간다.

78 버스운전자의 대한 설명으로 옳지 않은 것은?

① 임반전자는 가족단위 승용차 운전으로 단순하게 운행할 수 있으나 경직된 자동로 운행한다.
② 돌발상황과 차내 인전사고 예방차원에서 기본적인 안전운전, 예절 버스운전자로서의 직무가 요구된다.
③ 버스운전자의 갖출 인전운전과 교통법규 잘 지키는 경우가 많이 없다.
④ 정상운전을 강조하고자 하는 사고 도시의 교통질서가 공공에 달치되다.

79 버스교통정책의 도입배경으로 옳지 않은 것은?

① 열악한 버스운영체계에 버스운영의 한계
② 버스교통의 운영상의 때문 발생문제의 대응한 필요
③ 부가가치성 높세 버스교통 육성 필요
④ 교통홀잡을 완화 위한 버스교통의 효율성 필요

80 다음 중 시야가 좁 교통행동이 아닌 것은?

① 속도감이나 거리감 등의 오인
② 시선, 다른 돌 방향으로 다른 차량의 움직임을 확인하지 못함
③ 음주나 감정이 심기를 크게 하는 행위
④ 여유 있는 교통에 돌아 행동

6회차 실제유형 시험보기

정답 및 해설 p.186

01 운전자가 휴대용 전화를 사용할 수 없는 경우는?
① 도로가 아닌 곳에서 운전하고 있는 경우
② 각종 범죄 및 재해 신고 등 긴급한 필요가 있는 경우
③ 자동차가 정지하고 있는 경우
④ 긴급자동차를 운전하는 경우

02 노선 여객자동차운송사업의 한정면허의 경우가 아닌 것은?
① 여객의 특수성 또는 수요의 불규칙성 등으로 노선 여객자동차운송사업자가 노선버스를 운행하기 어려운 경우
② 신규노선에 대하여 운행형태가 광역급행형인 시내버스운송사업을 경영하려는 자의 경우
③ 수익성이 많아 노선운송사업자가 운행을 원하는 노선으로 관할관청이 보조금을 지급하지 않는 경우
④ 버스전용차로의 설치 및 운행계통의 신설 등 버스교통체계 개선을 위하여 시·도의 조례로 정한 경우

03 교통사고 발생 시의 조치를 하지 아니한 사람에 대한 벌칙은?
① 5년 이하의 징역이나 3,000만원 이하의 벌금
② 5년 이하의 징역이나 1,500만원 이하의 벌금
③ 3년 이하의 징역이나 1,000만원 이하의 벌금
④ 1년 이하의 징역이나 1,000만원 이하의 벌금

04 행정안전부령으로 정하는 좌석안전띠를 매지 않아도 되는 사유로 옳지 않은 것은?
① 긴급자동차가 그 본래의 용도로 운행되고 있는 경우
② 자동차를 후진시키기 위하여 운전하는 경우
③ 부상·질병·장애 또는 임신 등으로 인하여 좌석안전띠의 착용이 적당하지 아니하다고 인정되는 자가 자동차를 운전하거나 승차하는 경우
④ 사고 차량을 견인하여 운전하는 경우

05 교통사고처리 특례법상 자동차 보험 또는 공제가입 사실을 어떻게 증명하는가?
① 경찰공무원이 보험회사나 공제조합에 조회해 증명한다.
② 피해자가 보험회사나 공제조합에 전화로 확인한다.
③ 보험회사나 공제조합에 서면으로 요청하여 증명한다.
④ 운전자가 소지한 보험 가입 증서로 증명한다.

06 다음 안전표지에 대한 설명으로 틀린 것은?

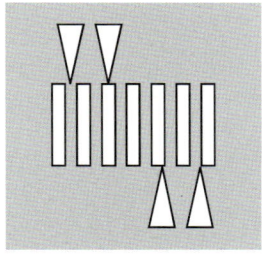

① 고원식 횡단보도 표시이다.
② 볼록 사다리꼴과 과속방지턱 형태로 하며 높이는 10cm로 한다.
③ 운전자의 주의를 환기시킬 필요가 있는 지점에 설치한다.
④ 모든 도로에 설치할 수 있다.

07 운전면허효력 정지의 처분을 받은 때에는 그 사유가 발생한 날부터 며칠 이내에 시·도경찰청장에게 운전면허증을 반납하여야 하는가?
① 5일
② 7일
③ 10일
④ 15일

08 여객자동차 운수사업법령상 운수종사자의 준수사항으로 옳지 않은 것은?

① 여객의 안전과 사고예방을 위하여 운행 전 사상용 자동차의 안전설비 및 등화장치 등의 이상 유무를 확인해야 한다.
② 질병·피로·음주나 그 밖의 사유로 안전한 운전을 할 수 없을 때에는 그 사정을 해당 운송사업자에게 알려야 한다.
③ 자동차의 운행 중 중대한 고장을 발견하거나 사고가 발생할 우려가 있다고 인정될 때에는 즉시 운행을 중지하고 적절한 조치를 해야 한다.
④ 운전업무 중 해당 도로에 이상이 있었던 경우에는 운전업무를 마치고 교대할 때에 다음 운전자에게 알려야 한다.

09 교통사고조사 규칙에서 특례법상 피해자가 명시적 의사에 반하여 공소를 제기할 수 있는 경미한 교통사고가 아닌 것은?

① 교통사고로 통상의 출퇴근을 다시 할 수 없는 경우
② 의료공학적으로 상병을 단기간 경과해야 할 경우
③ 교통사고로 사회통념 등에 비추어 볼 때 경미한 경우
④ 교통사고로 인한 치료가 필요하지 않은 경우

10 시내버스운송사업의 운행형태 중 시상운행과 관련된 설명으로 옳지 않은 것은?

① 시상거리를 사용하여 운행한다.
② 가장 도로 중심이 있는 특별시·광역시·특별자치시 또는 시·군의 행정구역이 아닌 다른 행정구역에 있는 기점 또는 종점을 기준으로 하는 경우에는 정상운행이 아니다.
③ 운행거리가 50km를 초과하는 경우에는 정상운행이 아닌 경우에도 정상운행할 수 있다.
고 규정할 수 있다.
④ 운행거리의 60% 이상을 고속국도로 운행하는 경우
에는 정상을 운행할 수 있다.

11 어린이통학버스로 신고할 수 있는 자동차로 옳은 것은?

① 승차정원 9인승(어린이 1인을 승차정원 1인으로 봄) 이상 자동차
② 승차정원 12인승(어린이 1인을 승차정원 1인으로 봄) 이상 자동차
③ 승차정원 11인승(어린이 1인을 승차정원 1인으로 봄) 이상 자동차
④ 승차정원 15인승(어린이 1인을 승차정원 1인으로 봄) 이상 자동차

12 운전자심리검사 종류에 대한 설명으로 틀린 것은?

① 신규검사·특별검사 및 자격유지검사로 구분할 수 있다.
② 특별검사는 중대한 교통사고로 자격정지처분을 받은 신규자가 받는 검사가 있기 위해 받아야 한다.
③ 신규검사는 운송사업용 자동차를 운전하기 위해 받아야 하는 검사이다.
④ 과거 1년간 도로교통법상 운전면허 행정처분 기준에 따라 계산한 누산점수가 81점 이상인 자는 특별검
사를 받는다.

13 자동차운전 중 교통사고 중상자가 2명 발생한 경우 벌점은?

① 15점
② 30점
③ 40점
④ 90점

14 다음 중 1년 이내의 운전면허의 효력을 정지할 수 있는 사항은?

① 거짓이나 그 밖의 부정한 수단으로 운전면허를 받은 경우
② 술에 취한 상태에 있다고 인정할만한 상당한 이유가 있음에도 불구하고 경찰공무원의 측정에 응하지 아니한 경우
③ 도로교통법에 따른 교통단속 임무를 수행하는 경찰공무원 등을 폭행한 경우
④ 운전 중 고의 또는 과실로 교통사고를 일으킨 경우

15 교차로 내에서 황색신호로 바뀌었을 때 진행하는 방법으로 맞는 것은?

① 계속 진행하여 교차로 밖으로 나간다.
② 일시정지하여 다음 신호를 기다린다.
③ 속도를 줄여 서행한다.
④ 일시정지하여 좌우를 확인한 후 진행한다.

16 신호의 뜻에 대한 설명으로 맞는 것은?

① 녹색 신호는 직진만 할 수 있다.
② 황색 신호는 좌회전만 할 수 있다.
③ 우회전은 신호에 구애받지 않고 항시 할 수 있다.
④ 녹색 신호는 직진할 수 있고 또 우회전을 천천히 할 수 있다.

17 다음 중 시내버스운송사업 운행형태가 아닌 것은?

① 광역급행형
② 고속형
③ 좌석형
④ 일반형

18 운전자격의 취소 및 효력정지의 처분기준 중 감경사유에 대한 설명으로 틀린 것은?

① 위반행위가 고의나 중대한 과실이 아닌 사소한 부주의나 오류로 인한 것으로 인정되는 경우
② 위반의 내용정도가 경미하여 이용객에게 미치는 피해가 적다고 인정되는 경우
③ 위반행위를 한 사람이 처음 해당 위반행위를 한 경우로 최근 1년 이상 해당 여객 자동차운송사업의 모범적인 운수종사자로 근무한 사실이 인정되는 경우
④ 그 밖에 여객자동차 운수사업에 대한 정부 정책상 필요하다고 인정되는 경우

19 버스운전자격 관련 개별기준 중 자격취소가 되지 않는 경우는?

① 부정한 방법으로 버스운전자격을 취득한 경우
② 파산선고를 받고 복권되지 아니한 자
③ 운행기록증을 식별하기 어렵게 하거나, 그러한 자동차를 운행한 경우
④ 운전업무와 관련하여 버스운전자격증을 타인에게 대여한 경우

20 도로교통법의 제시된 정의로 틀린 것은?

① 긴급자동차란 소방차, 구급차, 혈액 공급차량 등이 있다.
② 자동차의 정의 중에는 배달이나 수레운반용 등지 이륜자동차 정의, 긴동차기 있고, 자동차기 바퀴 이외의 가공창차도 특수목적으로 운영하는 것을 포함한다.
③ 운전자 및 도로 건설장비를 동시 정지시킬 수 있는 곳에 자전거를의 느린 속도로 진행하는 것을 서행이라 한다.
④ 교차로는 두 개 이상의 도로가 교차하는 곳이다.

21 자동차 앞면의 필요한 창유리 기준으로 틀린 것은?

① 제작 공장일이가 없는 창 전문 참치에 0.8 이상, 기타 그곳 창치에 각각 0.5 이상이어야 한다.
② 본축기·녹색도 및 백경진도 규정되이 있어야 한다.
③ 80데시벨 속도를 들을 수 있어야 한다.
④ 조향장치나 그 밖의 장치를 운전하는 조작장치 등 정상적인 운전을 할 수 없거나 신체상 또는 정신상의 장애가 없어야 한다.

22 자동차가 높은 고갯길 내려오며 고속으로 주행할 때 타이어 노면 사이에 있는 빗물에 의해 파이의 통이 수막 현상 자동차가 움터지로 일어나 돌리 돌리 떨어지는 이 현상을 무엇이라 하는가?

① 수막현상
② 런록현상
③ 스펴링현상
④ 스펀지 페이퍼 현상

23 앞지르기 사고유형이 아닌 것은?

① 진로 양보의무 불이행차량, 수혜나 앞지르기 차량과의 충돌
② 중앙선을 넘어 앞지르기 하는 때에는 대향차와의 충돌
③ 악지르기 앞지르는 차량과 앞지기 당하는 차량의 추돌
④ 진행 차로 내의 앞뒤 차량과의 충돌

24 안전거리에 대한 설명 중 틀린 것은?

① 안전거리는 주행하고 있는 자동차를 갑자기 정지시키려 할 것이다.
② 앞차에 대한 위험이 없을 정도의 거리이다.
③ 정지거리에 대해서 안전거리가 매우 크면 일 정속도를 할 수 있다.
④ 안전거리는 앞뒤 운전자가 갖춘 반응과 그리고 도의 브레이크의 운영 상태 등에 영향을 받을 수 있다.

25 특별시장이 버스의 원활한 소통을 위하여 특히 필요한 때에는 누구와 협의하여 도로에 버스전용차로를 설치할 수 있는가?

① 시·도경찰청장
② 국토교통부장관
③ 구청장
④ 행정안전부장관

26 구조변경승인이 가능한 항목은?

① 변경 전보다 성능, 안전도가 저하될 우려가 있는 경우
② 총중량이 증가되는 구조·장치의 변경
③ 자동차의 종류가 변경되는 구조, 장치의 변경
④ 총중량이 감소되는 구조·장치의 변경

27 연료 주입구, 엔진 후드의 개폐에 대한 설명으로 틀린 것은?

① 연료 캡을 열 때 연료에 압력이 가해질 수 있으므로 천천히 분리한다.
② 엔진 시동 상태에서 엔진 후드를 점검해야 할 때 넥타이, 옷소매 등이 엔진에 가까이 닿지 않도록 주의한다.
③ 대형버스의 경우 일반적으로 엔진계통의 점검·정비가 용이하도록 자동차 후방에 엔진룸이 있다.
④ 연료 주입 시 시계방향으로 돌려 연료 주입구 캡을 분리한다.

28 운행 시 자동차 조작 요령에 대한 설명이다. 틀린 것은?

① 내리막길에서 계속 풋 브레이크를 작동시키면 브레이크 파열의 우려가 있다.
② 야간에 마주 오는 자동차가 있을 경우 전조등을 하향등으로 하여 상대 운전자의 눈부심을 방지한다.
③ 겨울철에 후륜구동 자동차는 앞바퀴에 타이어 체인을 장착해야 한다.
④ 눈길 주행 시 2단 기어를 사용하여 차바퀴가 헛돌지 않도록 천천히 가속한다.

29 다음 중 차륜하중의 정의로 올바른 것은?

① 차륜을 통하여 접지면에 가해지는 각 차축당의 하중이다.
② 공차상태의 자동차의 중량을 말한다.
③ 자동차의 1개의 차륜을 통하여 접지면에 가해지는 연직하중이다.
④ 자동차 총중량에서 공차중량을 뺀 것이다.

30 전기 자동차에 대한 다음 설명 중 옳은 것은?

① 소음이 적다.
② 시동과 운전이 어렵다.
③ 가솔린 자동차에 비해 안전성이 떨어진다.
④ 고속 장거리 주행에 적합하다.

31 단순유성기어 장치의 구성요소가 아닌 것은?

① 웜 기어(Worm Gear)
② 유성 캐리어(Planet Carrier)
③ 선 기어(Sun Gear)
④ 링 기어(Ring Gear)

32 페이드 현상을 방지하는 방법이다. 알맞지 않은 것은?

① 드럼의 방열성을 높일 것
② 열팽창에 의한 변형이 작은 형상으로 할 것
③ 마찰계수가 큰 라이닝을 사용할 것
④ 엔진 브레이크를 가급적 사용하지 않을 것

33 자동차 점검사항으로 적당하지 못한 것은?

① 틀림 없이 점검
② 자동차 바깥에서의 점검
③ 엔진룸의 점검
④ 자동차 안의 점검

34 자동차주기의 요일 사이에 대한 설명으로 옳지 않은 것은?

① 원동기가 꺼져 있는 상태 베어링이다.
② 원동기가 정상 작동 때의 것은 자동차주기의 바퀴와 뜨거운 다결정분리에 이혼한 경우 온도, 가까지 마별된 경우이다.
③ 장시간 자동차하면 정상이 된다.
④ 온도에 누수로 다이얼로 상승이 정상일 경우에는 무제이다.

35 자동차의 일상점검 시 주의사항으로 옳지 사항이 아닌 것은?

① 평지가 없는 평탄한 장소에서 실시한다.
② 변속레버는 중립에 놓고 주차제동장치를 걸어 둔다.
③ 엔진 점검 시에는 엔진을 정지시키고 난 다음에 시동을 걸어야 실시한다.
④ 엔진회전이나 배기 가스에서는 불꽃 등을 금지한다.

36 대형자동차 등 검사 유효기간에 대한 설명으로 옳은 것은?

① 차령이 4년 초과인 사업용 승용자동차의 검사 유효기간은 1년이다.
② 차령이 3년 초과인 사업용 피견인및 경형·소형의 승합 및 화물자동차의 검사 유효기간은 1년이다.
③ 차령이 2년 초과인 사업용 승합자동차의 검사 유효기간은 6개월이다.
④ 차령이 2년 초과인 사업용 대형견인자동차의 검사 유효기간은 3개월이다.

37 엔진정지 자동차의 특징으로 잘못 설명된 것은?

① 엔진정지 혹에서 마찰나가서 정지 정지나가지로 변화시키기 때문에 효율이 높다.
② 유해가스 배출 기능이 작다.
③ 공해문제 없고, 이산화탄소의 생성이 전혀 없다.
④ 배기가스에 의한 손상이 기압이나 다른 곳이다.

38 다음 중 화학에너지 변화된 것이 아닌 것은?

① 저 탈
② 전 력
③ 펠리닛 기어
④ 물 리

39 자동차의 속도로 옳은 것은?

① 편도 2차로 이상인 고속도로에서는 최고속도 110km/h 이내이다.
② 편도 1차로인 일반도로에서는 80km/h 이내이다.
③ 편도 2차로 이상인 일반도로에서는 80km/h 이내이다.
④ 자동차전용도로에서는 최고속도 100km/h, 최저속도 30km/h이다.

40 좌우 바퀴의 회전반경이 차이가 나는 원인은?

① 피트먼 암의 굽음이 있을 때
② 앞 타이어의 지름이 같지 않을 때
③ 좌우 섀시 스프링이 같지 않을 때
④ 앞바퀴 베어링의 죔이 불량할 때

41 다음 중 버스 교통사고의 주요 요인이 되는 특성이 아닌 것은?

① 버스 주변에 접근한 승용차나 이륜차, 자전거를 못 보고 진로를 변경할 때
② 연석에서 가까이 주차할 경우
③ 취한 승객이 운전자와 대화를 시도하거나 간섭할 때
④ 버스가 급가속 및 급제동할 때

42 자동차 주행 시 지켜야 할 사항으로 옳지 않은 것은?

① 주행하는 차들과 똑같이 속도를 맞추어 주행한다.
② 교통량이 많아 혼잡한 곳에서는 후미추돌 등을 방지하기 위해 감속 주행한다.
③ 주택가나 이면도로에서는 난폭운전을 하지 않는다.
④ 통행 우선권이 있는 차량이 진입할 때는 양보한다.

43 운전피로의 진행과정으로 잘못 설명된 것은?

① 피로의 정도가 지나치면 과로가 되고 정상적인 운전이 곤란해진다.
② 피로 또는 과로 상태에서는 졸음운전이 발생할 수 있고 이는 교통사고로 이어질 수 있다.
③ 연속운전은 일시적인 만성피로를 낳는다.
④ 매일 시간상 또는 거리상으로 일정 수준 이상의 무리한 운전을 하면 만성피로를 초래한다.

44 다음 중 주취운전에 대한 위험성에 대해 설명한 것으로 옳은 것은?

① 반응동작이 빨라진다.
② 주의력이 강화된다.
③ 사물식별이 강화된다.
④ 속도감각이 둔해진다.

45 정상적인 시력을 가진 사람의 시야는 몇 도인가?

① 35~60°
② 60~120°
③ 120~180°
④ 180~200°

46 갓길의 기능으로 옳지 않은 것은?

① 보도가 없는 도로에서 보행자의 통행 장소로 사용된다.
② 곡선도로의 시거가 증가하여 안전성이 확보된다.
③ 도로 측방의 여유 폭은 교통의 안전성, 쾌적성을 확보할 수 있다.
④ 야간 주행 시 전조등 불빛에 의한 눈부심이 방지된다.

PART 2 실제원형 시험보기

47 다음 중 경찰의식의 강한 공직자가 해동하기 어려운 정상은?
① 과로공직
② 과수공직
③ 수직인공
④ 정치성향

48 발해자 사고의 가장 큰 원인은?
① 인지정향
② 판단정확
③ 동작수도
④ 시계정확

49 다음 중 아이가 승용차에 탑승했을 때 주의사항으로 틀린 것은?
① 아이는 원칙적 2점정치 전용을 고정하여 사용한다.
② 어린이 주의 시 내 때 아이의 정거 방향정기 한수정장과 반대주로 설치한 경우가 있으므로 주의하여야 한다.
③ 아이는 적임에 냉싸고 채널 먹지 마지로 한다.
④ 아이는 뒷자리에 앉도록 한다.

50 고렁자 교통안전자의 정례사항이 아닌 것은?
① 가동성 전이
② 반사 동작의 동화
③ 과속 증향
④ 주의·예측·판단정력 부족

51 다음 중 인지정각 이동으로 바르지 못한 내용은?
① 스트레스의 반은 시아가 좁아지고 빠야는 겁나진다.
② 나가 대라기 배로는 길게가 높아지는 장식들을 짐고 운행하는 것이 좋다.
③ 누구는 나가 자기 장가이 여사 가지가 잘별한 것인 등이 많이 된다.
④ 같속수로 오는 자가 과속으로 나가 자신의 결정정한 수수 가지로 양보하는 것이 좋다.

52 운전자의 심신상태성질의 설명이 아닌 것은?
① 집진을 처음 배로 상대하는 것은 수 있는 여수 엄지 시 둘을 외로다.
② 과도한 로프와 인정정을 외워 있어 가정정상 배를
③ 대통한 성정하기 배로 마치 수를 가지기기 외 왁 성맘정이 너일 것이 없이다.
④ 편에 마주 오는 자가 경정은 운행하기 어러도 시정을 삭저끗 하지 않고 사정을 아직 고급으로 동준다.

53 앞지르기에 대한 설명 중 틀린 것은?
① 위험 방지를 위하여 정지 중인 차를 앞지르기할 수 있다.
② 앞차가 다른 차를 앞지르기할 때는 앞지르기할 수 없다.
③ 앞서가는 차가 앞차와 나란히 가고 있는 때는 앞지르기할 수 없다.
④ 경찰관의 지시로 정지 또는 서행하고 있는 차를 앞지르기할 수 없다.

54 야간운전에 대한 설명으로 틀린 것은?
① 해질 무렵이 가장 운전하기 힘든 시간이라고 한다.
② 전조등을 비추어도 주변의 밝기와 비슷하기 때문에 의외로 다른 자동차나 보행자를 보기가 어렵다.
③ 야간에는 대향차량 간의 전조등에 의한 현혹현상으로 중앙선 상의 통행인을 우측 갓길에 있는 통행인보다 확인하기 어렵다.
④ 무엇인가가 사람이라는 것을 확인하는 데 좋은 옷 색깔은 흑색이다.

55 차로폭에 대한 설명 중 틀린 것은?
① 어느 도로의 차선과 차선 사이의 최단거리를 말한다.
② 차로폭은 대개 3.0~3.5m를 기준으로 한다.
③ 교량 위, 터널 내에서는 1.5m로 할 수 있다.
④ 시내 및 고속도로 등에서는 도로폭이 비교적 넓고, 골목길이나 이면도로 등에서는 도로폭이 비교적 좁다.

56 비상주차대가 설치되는 장소가 아닌 것은?
① 길어깨를 축소하여 건설되는 긴 교량
② 긴 터널
③ 교차로
④ 고속도로에서 길어깨 폭이 2.5m 미만으로 설치되는 경우

57 교차로 부근에서 주로 발생하는 사고 유형은?
① 정면충돌사고
② 직각충돌사고
③ 추돌사고
④ 차량단독사고

58 교차로 사각에 대한 설명으로 옳지 못한 것은?
① 좁은 커브에서는 가능한 빠른 속도로 통과하는 것이 안전하다.
② 같은 커브라도 장애물이 있으면 사각의 범위가 달라질 수도 있다.
③ 교차로를 우회전 시 짧은 커브로 돌면 우측방향이 크게 위험하다.
④ 좌우방향에서 오는 이륜차 등은 차체가 작아 발견이 어렵다.

59 다음 중 철길 건널목에서의 안전운전 요령으로 맞는 것을 고르시오.
① 서행하면서 좌우의 안전을 확인한다.
② 앞 차량을 따라 건너갈 때는 앞 차량 뒤에 바짝 붙어 따라간다.
③ 건널목 통과 시 기어는 변속하지 않는다.
④ 차단기가 내려지고 있으면 최대한 빨리 진입해 통과한다.

60 가을철 교통사고의 특성으로 틀린 것은?
① 연중 가장 심한 일교차가 일어나기 때문에 안개가 집중적으로 발생해 대형 사고의 위험도 높아진다.
② 아침에는 안개가 빈발하며 일교차가 심하다.
③ 단풍을 감상하다보면 집중력이 떨어져 교통사고의 발생 위험이 있다.
④ 자동차의 충돌·추돌·도로 이탈 등의 사고가 많이 발생한다.

61 차로 길어깨의 안전표지속치설치로 적절한 것은?

① 미끄러지거나 전복될 위험이 있으므로 곡선로 등 일부 구간에만 설치한다.
② 야간운전 조건을 고려하여 가드레일·가드케이블 등은 설치하지 않는다.
③ 중앙분리대나 교량 등 구조물로 차로와 분리되지 않은 구간에만 설치한다.
④ 가로 길이 넓지 않더라도 안전표지를 크고 강하게 설치하고 운전자가 알아보기 쉽게 해도 된다.

62 다음 중 안전운전방법으로 옳지 않은 것은?

① 질은 안개로 시계확보가 어려운데 전조등 등을 켜지 않고 운전자가 차량 주차 중이다.
② 야간 안개가 심한 경우에는 차선을 확인할 수 없어 가시거리가 극도로 짧아지므로 그 길을 따라 서행해야 한다.
③ 짙은 안개로 차량이 잘 보이지 않을 때 바로 앞의 차량 정지등이나 흰색 차선을 보고 자신의 위치와 길을 짐작한다.
④ 가로등이나 차량의 불빛 등이 있는 경우에는 시계를 파악할 수 있으므로 운전에 유의한다.

63 가뭄철 안전운전요령으로 틀린 것은?

① 미끄러운 노면에서는 제동거리가 자동차의 중량이나 도로구배에 따라 다를 수 있다.
② 도로의 가장자리에 있는 배수구 등에 바퀴를 빠뜨리지 않도록 주의한다.
③ 폭 좁은 다리 위 주행시 기어 변속을 하지 말아야 한다.
④ 수동인 경우 급회전 등과 같이 부득이 감속시 가속폐달에서 발을 떼어 놓기만 한다.

64 스탠딩 웨이브 타이어 내부의 공기가 타이어를 팽창시켜 과속시에는 주행을 곤란하게 한다. 이 현상을 예방하기 위한 방법으로 옳지 않은 것은?

① 속도를 줄인다.
② 재생 타이어를 사용하지 않는다.
③ 타이어를 과냉각시키지 않는다.
④ 타이어 공기압을 평균보다 낮춘다.

65 운전자의 기본적 주의사항이 아닌 것은?

① 운전시야 확보 없이 운전을 금한다.
② 당황한 상태 및 정신적 흥분상태에서 운전을 금지한다.
③ 과로시 안전을 위한 휴식을 금한다.
④ 운전자에게 악영향을 미치는 음주 및 약물복용 후 운전을 금한다.

66 다음 중 표정의 운용요령이 아닌 것은?

① 표정은 개인의 정서를 표출한다.
② 개인의 심성에 따라 표정이 다르게 나타날 수 있다.
③ 개인의 좋은 이미지와 그 이미지로 좋게 받아들여질 수 있는 표정관리가 필요하다.
④ 밝고 상쾌한 표정은 자신뿐만 아니라 상대방을 편안한 기분으로 만들어 준다.

67 고객응대 예절 시 행동예절로 틀린 것은?

① 고객의 감정에 상하지 않도록 부드럽고 용모 단정한 차림새의 내용을 솔직하게 전달한다.
② 고객의 결점을 지적할 때에는 비유를 들어 이해시키도록 한다.
③ 고객 불만을 해결하기 어려운 경우 절대로 단언하지 말고 말만 단정한다.
④ 예의에 어긋나고 고객이 싫어하는 이름은 함부로 부르지 않도록 조심하고 경계한다.

68 운전자의 사명과 자세로 틀린 설명은?
① 질서는 무의식적이라기보다 의식적으로 지켜야 한다.
② 남의 생명도 내 생명처럼 존중한다.
③ 운전자는 공인이라는 자각이 필요하다.
④ 적재된 화물의 안전에 만전을 기하여 난폭운전이나 사고로 적재물이 손상되지 않도록 하여야 한다.

69 다음 버스운영체제 중 민영제의 장점으로 맞지 않는 것은?
① 민간이 버스노선 결정, 운행서비스를 공급함으로 공급비용을 최소화할 수 있다.
② 정부규제의 최소화로 행정비용 및 정부재정지원이 최소화된다.
③ 타 교통수단과의 연계교통체계 구축이 용이하다.
④ 버스시장에서 수요·공급체계의 유연성이 확보된다.

70 다음 용어의 정의 중 틀린 것은?
① 자동차 : 자동차관리법에 따른 승용자동차, 승합자동차 및 특수자동차(캠핑용 자동차를 말하며, 자동차대여사업에 한정)
② 여객운송 부가서비스 : 여객자동차를 이용하여 여객운송 외에 여객의 특성과 수요에 따른 업무지원 또는 도움 기능 등을 부가적으로 제공하는 서비스
③ 운행계통 : 노선의 기점(起點)·종점(終點)과 그 기점·종점 간의 운행경로·운행거리·운행자 등을 총칭한 것
④ 여객자동차 운수사업 : 여객자동차운송사업, 자동차대여사업, 여객자동차터미널사업 및 여객자동차운송플랫폼사업

71 운전석이 엔진 뒤쪽에 있는 버스를 무엇이라 하는가?
① 캡오버버스
② 보닛버스
③ 코치버스
④ 마이크로버스

72 고속도로 버스전용차로(경찰청의 고속도로 버스전용차로 시행고시 내용)에 대한 설명으로 옳지 않은 것은?
① 평일은 경부고속도로 오산IC부터 양재IC까지 시행한다.
② 토요일, 공휴일, 설날·추석 연휴, 연휴 전날은 신탄진IC부터 양재IC까지 시행한다.
③ 평일, 토요일, 공휴일은 서울·부산 양방향 06 : 00부터 22 : 00까지 시행한다.
④ 통행가능차량은 9인승 이상 승용자동차 및 승합자동차이다.

73 다음 중 응급처치 순서로 가장 먼저 해야 할 일은?
① 의식확인
② 도움요청
③ 기도확보
④ 호흡확인

74 다음 중 응급의료체계의 요소에 해당하지 않는 것은?
① 병원 전단계 응급처치
② 환자 후송 체계
③ 응급통신망
④ 재활치료

PART 2 실기시험 실전복기

75 요기자동차 공수식사이드의 공회전속도에 속하지 않는 것은?
① 특별자치도지사
② 행정안전부장관
③ 특별시장
④ 광역시장

76 자동 내 이물질 제거를 위한 흡입(Suction) 시 적용할 시간은?
① 15초 이내
② 20초 이내
③ 30초 이내
④ 1분 이내

77 일반적인 속상시 응급처치 방법이 아닌 것은?
① 아프고 빠른 얼음
② 느린 호흡
③ 의사에게 연락
④ 사용 팔

78 이동기구 공수식사이드의 공회전속도 공회전속도가 적용되는 모든 경제는 무엇인가?
① 구동운동체
② 단일운동체
③ 기관인양운동체
④ 기기개방체

79 다음 중 선물의 집행관은?
① 수사이드를 지지 집행관
② 수상지 집행관
③ 세차가정으로서 예절 사용하는 집행관
④ 미리 사용한 집합수의 중상의 집행관

80 바스수레이 추요 본심사용이 아닌 것은?
① 수상활동 배기사장
② 눈길정지 비기가
③ 호강정지 차 내
④ 경남수고지 장기

PART 2 실기시험 실전복기 **118**

7 실제유형 시험보기

정답 및 해설 p.190

01 교통사고처리 특례법상 과속사고의 성립요건이 아닌 것은?
① 일반교통이 사용되는 곳이 아닌 곳에서의 사고
② 과속차량(20km/h 초과)에 충돌되어 인적 피해를 입는 경우
③ 제한속도 20km/h 초과하여 과속운행 중 사고를 야기한 경우
④ 고속도로나 자동차전용도로에서 제한속도 20km/h 초과한 경우

02 다음 중 자동차 표시에 관한 설명 중 옳지 않은 것은?
① 시외버스의 경우 고속형, 우등고속형, 직행형, 일반형 등으로 표시한다.
② 외부에서 알아보기 쉽도록 차체 면에 인쇄하는 등 항구적인 방법으로 표시한다.
③ 구체적인 표시 방법 및 위치 등은 시·도경찰청장이 정한다.
④ 자동차의 바깥쪽에 표시한다.

03 사업용 자동차에 의해 중대한 교통사고가 발생한 경우 운송사업자가 지체 없이 국토교통부장관 또는 시·도지사에게 보고하여야 하는 경우가 아닌 것은?
① 전복사고
② 화재가 발생한 사고
③ 사망자가 2명 이상
④ 중상자 2명 이상의 사람이 죽거나 다친 사고

04 교통사고로 인해 피해자가 72시간 이내에 사망한 경우 벌점은?
① 10점
② 30점
③ 40점
④ 90점

05 다음 안전표지에 대한 설명으로 바르지 않은 것은?

① 어린이 보호구역에서 어린이통학버스가 어린이 승하차를 위해 표지판에 표시된 시간 동안 정차를 할 수 있다.
② 어린이 보호구역에서 어린이통학버스가 어린이 승하차를 위해 표지판에 표시된 시간 동안 정차와 주차 모두 할 수 있다.
③ 어린이 보호구역에서 자동차 등이 어린이의 승하차를 위해 정차를 할 수 있다.
④ 어린이 보호구역에서 자동차 등이 어린이의 승하차를 위해 정차는 할 수 있으나 주차는 할 수 없다.

PART 2 실전유형 사행문제

06 고속도로에서 중형승합자동차의 고속버스의 편도차로별로 옳지 않은 것은?

① 편도 2차로 이상 최고속도 90km/h
② 편도 2차로 최저속도 50km/h
③ 편도 1차로 최고속도 80km/h
④ 편도 1차로 최저속도 50km/h

07 안전행정부령 신고기준으로 잘못된 것은?

① 공주사고가 중대법규위반을 일으킨 경우 3건 - 100만원
② 중대사고에 대한 신고등을 하지 않고 운가를 가지고 경 우 1건 - 20만원
③ 공주사고가 법령등을 준수하지 아니하고 사망자등사상사 의 안전법인 원인인 경우 1건 - 70만원
④ 임정한 경우의 산간 경건상의 예정사고 수가자 원의 1건 - 20만원

08 다음 자동차이용에 대한 사항 중 옳지 않은 것은?

① 가해운전자 시 과실되지할 수 없다.
② 공동운전자 시 가지와 수정외 확 수 있고 경우 에는 피해자의 결정만을 판단하지 않는다.
③ 가해운전자는 시 결정 전에 알아지킬지 후 판단하는 교통운전자 끝내야있지 불능하다.
④ 늦게운전 시 미비호건조경보기 등은 미비호건조경보기가 있는 경우에는 검성할될 수 있다.

09 안전관리자에서 경민자동차사가 아닌 자동차로 중량이 2,000kg인 미정원 자동차를 중량이 3배인 자동차로 건인할 때의 속도 는?

① 20km/h
② 25km/h
③ 30km/h
④ 35km/h

10 다음 중 교통사고 시 조치에 관한 설명 중 옳지 않은 것은?

① 공주사업자는 관계공무원이나 교통사고로 예견되 증가나 다 른 때 교통경찰관에 있을 때에 따라 파려 신속하게 하는 공 공주사업자에 대한 필요한 결정조치 등 등을 위한 공 한지 않아야 한다.
② 공주사업자는 공주대상 교통사고의 발생한 때에는 24시 간 이내에 시·도지사에게 신고한다.
③ 시·도지사에게 공주사고 발생 후 48시간 이내에 사고보고서 를 작성하여 보고한다.
④ 사이· 도지사 처방 및 유구 피해상황 등 사고의 개관적인 상황을 시·도간전보일정에게 제출해야 한다.
⑤ 사고의 일시·장소 및 유구 피해상황 등 사고의 개관적인 상황을 시·도간전보일정에게 통보해야 한다.

11 공주사업자는 사업용 자동차에 의해 중대한 교통사고가 발생한 경우 지체없이 국토교통부장관 또는 시·도지사에게 보고하여야 한다. 이때 중대 교통사고에 해당하지 않는 것은?

① 전복 사고
② 공주 중 6시간 이상이 사망이나 다친 사고
③ 공주가 있는 곳, 1명의 사상자가 있는 사고
④ 공주가 본 반생한 사고

12 다음 중 공주사업자의 일반적 준수 사항으로 옳은 것은?

① 공주사업자는 공주종사자(운전업무)에 종사하는 자의 교 과공사업자 공주종사자의 공무정보 시종합사장(지·동 사항 등을 5년간 가장하여 판정한다.
② 공주사업자는 점령 중에 신고 재료업무 및 공주종 사자수찰 변경이 있을 때에는 신고하여 판정한다.
③ 해당 고용원 소속 공주종사자의 운전 경력 증명· 동 지로리지를 위하여 여객지종차운수사업의 요청 수 있다.
④ 시·도지사는 공주종사자 신원증명을 발행하여 소지 교통안전단(교통교보수행관)에 통보하여야 한다.

13 운수종사자 현황 통보에 대한 설명으로 옳지 않은 것은?

① 보고 시 신규 채용한 운수종사자의 경우에는 보유하고 있는 운전면허의 종류, 취득 일자를 포함하여 통보하여야 한다.
② 해당 조합은 소속 운송사업자를 대신해 소속 운송사업자의 운수종사자 현황을 취합하고 통보할 수 있다.
③ 운송사업자는 전월 중 신규 채용이나 퇴직한 운수종사자의 명단, 전월 말일 현재의 운수종사자 현황에 대해 다음 달 20일까지 시·도지사에게 통보하여야 한다.
④ 시·도지사는 현황을 취합해 국토교통부장관에게 보고해야 한다.

14 다음 중 교통사고 운전자의 책임이 아닌 것은?

① 감독상 책임
② 행정상 책임
③ 형사상 책임
④ 민사상 책임

15 다음 중 여객자동차 운수사업법령상 과태료 부과대상이 아닌 것은?

① 1년에 3회 이상 소아의 무임운송을 거절하거나 받지 아니하여야 할 운임을 받은 경우
② 중대한 교통사고에 따른 보고를 하지 아니하거나 거짓보고를 한 운송사업자
③ 운수종사자 취업현황을 알리지 아니한 운송사업자
④ 여객이 승차하기 전에 자동차를 출발시키거나 승하차할 여객이 있는데도 정차하지 아니하고 정류소를 지나치는 행위

16 안전표지에 대한 설명으로 틀린 것은?

① 노면에 기호·문자 또는 선으로 도로사용자에게 알리는 표지는 노면표시이다.
② 도로교통의 안전을 위하여 각종 제한·금지 등의 규제를 하는 경우에 이를 도로사용자에게 알리는 표지가 규제표지이다.
③ 도로교통의 안전을 위해 필요한 지시를 하는 경우 알리는 표지는 보조표지이다.
④ 도로상태가 위험하거나 도로나 부근에 위험물이 있는 경우에 필요한 안전조치를 할 수 있도록 이를 도로사용자에게 알리는 표지가 주의표지이다.

17 교통사고의 요인 중 가정환경의 불합리, 직장인간관계의 잘못은 무슨 원인이라 하겠는가?

① 직접원인
② 간접원인
③ 잠재원인
④ ①, ②, ③와 관계없음

18 도로교통법의 목적을 가장 올바르게 설명한 것은?

① 도로교통상의 위험과 장해를 제거하여 안전하고 원활한 교통을 확보함을 목적으로 한다.
② 도로를 관리하고 안전한 통행을 확보하는 데 있다.
③ 교통사고로 인한 신속한 피해 복구와 편익을 증진하는 데 있다.
④ 교통법규 위반자 및 사고 야기자를 처벌하고 교육하는 데 있다.

19 다음 운전행동상의 사고요인분석 중에서 사고발생률이 가장 낮은 것은?

① 인식지연
② 판단착오
③ 불가항력
④ 조작착오

PART 2 실내양식 사육학기

20 다음 중 양식어 갑각의 경화가 다른 것이 하나는?
① 수온 급격 변화로 체색소의 증식성이 정치된 경우
② 먹이 과속으로 인한 중상실이 정치된 경우
③ 사료 과급으로 인해 급격하게 중상실이 정치된 경우
④ 저수조에서 과속으로 인한 중상실이 정치된 경우

21 다음 중 실내양식소를 재순환식 양식하기 위하여 가장이 될 필요하지 않은지의 해당되지 않는 것은?
① 병기
② 조립의 구성
③ 이물입자의 탁자
④ 피드백

22 여과기동식 순수 사업법이 공수중 사업기가 인지법정확히 다른 여과기 가장이를 사용하여 이를 재순환식이어 할 사용으로 옳지 않은 것은?
① 다음 여과기에 의해 여동(沈澱)을 가장 수수가 있는 제장이 될 때, 이물법 등급 이물입자등 자동으로 가지고 있고 이를 걸러 체장이 가장 같은 여과기에 의해 벌러지기는 공 경정한 중 있고 이를 경정이 매일 중 있는 여과기에 의해 벌러지기는 공 경정한 중 있고 이를 경정이 매일 중 있는 사용을 중 것이다.
③ 공기 여과기에 벌러지는 공 공수가 있을 수 있는 자동자, 이를 자동사유공자에서 자동적이지 않게 가지를 이룬한 것 같은 등 공급이 이러한 것 같은 등이 있는 등 있는 법.

23 실내수공사업자가 여과공공에 벌러 유지용 중요 등 다음 그 대대법에 공수 동안을 편치 여과에게 줘야 한다. 다음 중 필요한 사용으로 옳지 않은 것은?
① 음건 · 음기 및 공수가상자
② 정수업체
③ 공동 · 가스(圓體)의 용기 및 동력 증명
④ 공수사업자의 성명 · 성별 및 주소

24 다음 중 양식실, 인자표시장 그의 비슷한 인공구조물로 경계를 표시하여 공항공간, 사업공간, 그의자동용 이용하여 이등어의 변후하가 사람이 공매하는 수 있는 모든 등의 것을 한자 사용하는 것은?
① 도로
② 수로
③ 해도
④ 저수

25 여과기동식 사업자의 여과공 법에 대한 공명으로 자동적이 않은 것은?
① 법공경관의 변경은 그 사업가방을 공명하고, 그 법공경관의 지사자 등 공명이 사업공명이 열어내게 엄정한 것 같다.
② 공사공간 등의 변경 인정은 사항 이 등 공수이 열어내게 엄정한 없다.
③ 법공경관은 사항 인지 등 공수 이 등 공수에서 엄청이 지어 볼 수 있다.
④ 법공경관 인정 등 공수 사항 등의 기간에 미지지 유동하는 공수는 설정단요을 공장이 한다.

26 자동차를 기준으로 인지 적립인이 인정할 때 임용등이 가장 종은 사이클은?
① 오토 사이클
② 디젤 사이클
③ 사바에 사이클
④ 브레이튼 사이클

27 엔진오일 교환 시 주의사항이 아닌 것은?

① 엔진 길들이기 과정인 주행거리 1,000km에서는 반드시 교환한다.
② 엔진오일 필터는 엔진오일을 2~3회 교환할 때 한 번 정도로 교환한다.
③ 한 번에 많은 양을 넣기보다는 양을 확인하면서 조금씩 넣는다.
④ 동일 등급의 오일로 교환한다.

28 운행 후 안전수칙에 대한 설명으로 틀린 것은?

① 습기가 많고 통풍이 잘되지 않는 차고에 주차한다.
② 주차할 때에는 반드시 주차 브레이크를 작동시킨다.
③ 밀폐된 공간에서 시동을 걸어 놓으면 배기가스가 차 안으로 유입되어 위험하다.
④ 차에서 내리거나 후진할 때는 차 밖의 안전을 확인한다.

29 다음 중 디젤기관의 연료(경유)가 갖추어야 할 조건으로 부적당한 것은?

① 발열량이 클 것
② 세탄가가 낮을 것
③ 적당한 점도일 것
④ 유황분이 적을 것

30 일상점검의 주의사항으로 옳지 않은 것은?

① 약간의 경사가 있는 장소에서 점검한다.
② 배터리, 전기 배선을 만질 때에는 미리 배터리의 ⊖단자를 분리한다.
③ 점검은 환기가 잘되는 장소에서 실시한다.
④ 연료장치나 배터리 부근에서는 불꽃을 멀리한다.

31 터보차저에 대한 설명으로 틀린 것은?

① 초기 시동 시 공회전은 삼간다.
② 터보차저는 고속 회전운동을 하는 부품으로 회전부의 원활한 윤활과 터보차저에 이물질이 들어가지 않도록 한다.
③ 시동 전 오일양을 확인하고 시동 후 오일압력이 정상적으로 상승되는지를 확인한다.
④ 공회전 또는 워밍업시 무부하 상태에서 급가속을 하는 것도 터보차저 각부의 손상을 가져올 수 있으므로 삼간다.

32 휠 얼라이먼트의 역할이 아닌 것은?

① 안전성을 준다.
② 조향핸들의 조작을 확실하게 한다.
③ 타이어 마멸을 최대로 한다.
④ 조향핸들에 복원성을 부여한다.

33 운전자격을 취득할 수 있는 사람은?

① 마약류관리에 관한 법률에 따른 죄를 범하여 금고 이상의 실형을 선고받고 그 집행이 끝나거나 면제된 날부터 2년이 지나지 아니한 사람
② 살인, 약취, 유인, 강간, 추행죄, 성폭력범죄, 절도와 강도 중 어느 하나의 죄를 범하여 금고 이상의 실형을 선고받고 그 집행이 끝나거나 면제된 날부터 2년이 지나지 아니한 사람
③ 버스운전 자격시험에 따른 자격시험 공고일 전 5년간 난폭운전을 1회 위반한 사람
④ 폭력단체 구성·활동 죄를 범하여 금고 이상의 실형을 선고받고 그 집행이 끝나거나 면제된 날부터 2년이 지나지 아니한 사람

34. 다음 중 자동차의 물리적 특성 중 원심력에 관한 설명으로 잘못된 것은?

① 속도가 빨라질수록 커진다.
② 속도의 제곱에 비례해서 커진다.
③ 커브 반경이 작을수록 커진다.
④ 중량이 클수록 커진다.

35. LPG 자동차의 운전자의 LPG 누출 확인요령으로 잘못된 것은?

① 수시로 냄새로 확인한다.
② 누출 부위를 확인할 때는 비눗물을 사용하는 것이 바람직하다.
③ 누출 부위를 손으로 만진다.
④ 누출이 멈추지 않으면 LPG 용기의 주밸브를 잠근다.

36. 다음 중 사면이 될리지 않은 경우의 자동차조장으로 잘못되지 않은 것은?

① 배터리의 충전 상태를 확인한다.
② 플러그의 그을음 상태를 확인한다.
③ 축전지액의 상태를 확인한다.
④ 퓨즈의 단선 상태를 확인한다.

37. 다음 중 자동차의 물리적 특성 중 관성의 법칙으로 잘못된 것은?

① 주행 중인 자동차의 속도가 빠를수록 제동페달을 밟아도 바로 멈춰지지 않는다.
② 주행 중인 자동차가 커브 등 돌발상황에서 제동을 밟으면 미끄러져 가려진다.
③ 자의 속도가 빠를수록 제동거리가 길어지게 된다.
④ 비포장 도로에서 자동차는 속력이 빠져나가 미끄러져 나가는 것이 끓어지지 있다.

38. 자동차의 이상징후에 대한 설명으로 틀린 것은?

① 주행 중 조향핸들의 이상일 경우 핸들이 흔들리거나 떨리는 것과 같은 증상이 있다.
② 엔진의 회전수에 비례하여 차량 바닥 부분에서 떨리는 느낌을 받을 수 있다.
③ 클러치를 밟고 있을 때에는 "딸깍"하고 금속성 이음이 나고 접속하면 진동이 나타난다.
④ 비포장 도로의 울통불퉁한 노면상을 달릴 때 "딱각" 이나 "킥" 하는 소리가 바라지는 고장이다.

39. 다음 중 엔진·안전대책의 1차 가점조치로 가장으로 올바르지 않은 것은?

① 자동차 안에 가스라이터 등 사용용을 가급적 놓지 마을 것
② 차에 안전매속 차지 성을 사용할 대는 통풍을 시킨다 – 10분마다
③ 여름날 차에 재털이 사용하고 싶을 것이면 – 40분
④ 외기도 인테리어용 및 방향제 등을 바라지 않게 하도록 할 수 있는 성질을 지니고 있지 않은 마감되스 – 100만원

40. 헤드 레스트(Head Rest)에 대한 설명이다. 틀린 것은?

① 자동차의 좌석에서 위치가 잠금 안전 상치다.
② 헤드 레스트는 위아래 위치조정이 가능한 상태다.
③ 주행 시 안전장감과 동승자 위치를 시 머리, 어깨 등 상체를 보호한다.
④ 헤드 레스트는 문안하고 전 배계를 해소를 갈 수 있도록 레스트를 잘못 주의 설치형다.

41 다음 중 교통사고를 없애고 밝고 쾌적한 교통사회를 이룩하기 위해서 가장 먼저 강조되어야 할 사항은?

① 초보운전교육의 중요성
② 기능교육을 지도하는 기능강사의 도덕성과 전문성
③ 안전운전에 대한 지식과 기능 그리고 바람직한 태도를 갖춘 운전자의 육성
④ 운전에 필요한 건강한 신체와 건전한 정신의 배양

42 시야 확보가 적을 때 나타나는 현상으로 관계가 없는 것은?

① 앞차에 바짝 따라가는 경우
② 급차로 변경이 많은 경우
③ 반응이 늦은 경우
④ 자주 놀라지 않는 경우

43 타인 차량에 의한 사각으로 바르지 못한 것은?

① 후방차의 뒤편
② 전방의 차에 붙어갈 때 그 차의 전방
③ 교차로에서 좌회전 시 반대 방향 차의 뒤
④ 양쪽 도로변에 주정차된 차량 사이

44 어린이가 타고 있는 통학버스의 특별 보호에 대해 가장 바르게 설명한 것은?

① 어린이 통학버스에 어린이가 타고 있다는 표시를 한 경우에는 모든 차들은 이 통학버스를 앞지르지 못한다.
② 어린이나 유아가 통학버스를 타고 내리는 중일 때는 옆 차선으로 비켜 지나간다.
③ 어린이 통학버스가 다가오면 무조건 일시 정지한다.
④ 어린이 통학버스는 피해가는 것이 좋다.

45 운전자의 피로 방지 대책으로 틀린 것은?

① 소음이 심하므로 가급적 차창을 열지 않는다.
② 햇빛이 강할 때는 선글라스를 착용한다.
③ 5~10분씩 정기적으로 휴식을 취한다.
④ 운전 중에는 지속적으로 눈을 움직여 준다.

46 음주운전자의 특성으로 틀린 것은?

① 시각적 탐색능력이 현저히 감퇴된다.
② 주위 환경에 과민하게 반응한다.
③ 속도에 대한 감각이 둔화된다.
④ 주위환경에 반응하는 능력이 크게 저하된다.

47 교량과 교통사고에 대한 설명으로 옳지 않은 것은?

① 교량 접근도로의 폭, 교량의 폭이 같을 때는 사고 위험이 감소한다.
② 교량 접근도로의 폭에 비해 교량의 폭이 좁으면 사고 위험이 증가한다.
③ 교량 접근도로의 폭, 교량의 폭이 서로 다른 경우에는 안전표지 등을 통해 사고를 감소시키도록 한다.
④ 교량 접근도로의 형태 등은 교통사고와 관계가 없다.

48 기어변속에 대한 설명으로 옳지 않은 것은?

① 가속차로를 시행할 때는 기어를 높여, 최대한 동력을 충분히 전달하도록 감속기어 등 높낮은 대형차의 경우, 충분히 신호를 보내고 느린 대형차에 대항 운동을 해야 한다.
② 자전거 차선을 넘어서 차선을 바꾸기 때문 배려해 줄 필요가 있다.
③ 방향전환 교차로상에서 정지상태로 밀려 대기할 때에는 교통흐름에 영향을 주지 않도록 가지 말고 신호를 기다린다.
④ 차량이 움직여야만 진행해야 한다.

49 안전기 떨어질 때의 주의사항이다. 틀린 것은?

① 도로 중앙 차로로 주행중 안전기가 떨어질 때에는 반드시 밖으로 이동하여 확인해야 한다.
② 안전기를 알리고자 할 때에는 우측으로 동행해야 한다.
③ 안전기 교체 장소가 아니면 정지한다.
④ 안전기를 교체할 때에는 안전요원의 보호를 받으야 한다.

50 다음 중 보행자 사고에 대한 설명으로 바르지 않은 것은?

① 우리나라 교통사고 중 사고가 난 차량은 상당수준이 매우 높다.
② 연령 중에 사고가 가장 많다.
③ 어린 비해서 느리 운행 중인 사고가 많다.
④ 연령층별로 어린이가 노인층의 비중 가장 가장 높다.

51 진로변경 위반에 해당되는 경우가 아닌 것은?

① 두 개 이상의 차로를 가로지르는 공중선 변경할 때
② 진로 변경이 금지된 장소에서 진로를 변경할 때
③ 감지기 차로를 바꾸어 이어갈 때
④ 상대방 운전자에게 피해를 주지 않게 차로를 변경할 때

52 안전운행 요령에 대한 다음 설명 중 틀린 것은?

① 고속주행 중 급브레이크를 밟을 때에는 일단 엔진 브레이크를 사용한다.
② 빗길 젖은 노면에서 급브레이크를 밟으면 미끄러지는 경우가 있다.
③ 원심력은 반지름이 길수록 작용하는 힘이 점점 크진다.
④ 앞차가 정지하거나 감속하지 못해 추돌시에는 상대편 안전을 유지하고 감속 등을 지켜한다.

53 다음 중 경제운전으로 볼 수 있는 경우는?

① 엔진시동 시간은 10분 이상 시킨다.
② 운행경로를 자주 한다.
③ 정속 주행 많이 않는다.
④ 엔진이 식지 않도록 한 때 고 기어를 사용한다.

54 교통상황 변화로 본능적으로 동작하지 않는 것은?

① 보행자가 도로를 횡단할 때 대피할 공간 확보한다.
② 신호등, 도로표지, 안전표지 등 점검한다.
③ 방향 수시로 이용할 수 있다.
④ 도로교통법의 효율성 인정하게 한다.

55 차로폭에 따른 사고 위험에 대한 설명 중 틀린 것은?

① 차로폭이 넓은 경우 운전자가 느끼는 주관적 속도감이 실제 주행속도보다 낮게 느껴진다.
② 차로폭이 넓은 경우 제한속도를 초과한 과속사고의 위험이 있다.
③ 차로폭이 좁은 경우 보·차도 분리시설이 미흡하다.
④ 차로폭이 좁은 경우 사고위험이 낮다.

56 설치 위치 및 기능에 따른 방호울타리의 구분으로 옳지 않은 것은?

① 가요성 방호울타리
② 보도용 방호울타리
③ 중앙분리대용 방호울타리
④ 교량용 방호울타리

57 다음 중 교차로 통과 시 안전운전이 아닌 것은?

① 교차로의 대부분이 앞이 잘 보이는 곳임을 알아야 한다.
② 직진할 경우는 좌·우회전하는 차를 주의한다.
③ 성급한 좌회전은 보행자를 간과하기 쉽다.
④ 맹목적으로 앞차를 추종해서는 안 된다.

58 철길 건널목 통과 중 시동이 꺼졌을 때 대처 방법으로 옳지 않은 것은?

① 즉시 동승자를 대피시킨다.
② 무조건 차를 건널목 밖으로 옮겨야 한다.
③ 철도공무원, 건널목 관리원에게 알린다.
④ 열차가 오는 방향으로 옷을 벗어 흔들어 기관사에게 위급상황을 알린다.

59 과속방지시설을 설치하지 않아도 되는 곳은?

① 학교, 유치원, 어린이 놀이터, 근린공원, 마을 통과 지점 등
② 보도와 차도의 구분이 없는 도로로 보행자가 많은 경우
③ 공동주택, 근린 상업시설, 학교 등 자동차의 출입이 많아 속도규제가 필요한 경우
④ 자동차의 통행속도를 45km/h 이하로 제한할 필요가 있다고 인정되는 구간

60 비 오는 날의 안전운전에 대한 설명으로 옳지 않은 것은?

① 비가 오는 날이더라도 웅덩이를 지난 직후에는 떨어졌던 브레이크 기능이 원상 회복된다.
② 비오는 날은 수막현상이 일어나기 때문에 감속운전해야 한다.
③ 비가 내리기 시작한 직후에는 노면의 흙, 기름 등이 비와 섞여 더욱 미끄럽다.
④ 비 오는 날 산길의 길 가장자리 부분은 지반이 약하기 때문에 가까이 가지 않도록 한다.

61 봄철 안전운전 요령으로 틀린 것은?

① 시선을 멀리 두어 노면 상태 파악에 신경을 써야 한다.
② 변화하는 기후 조건에 잘 대처할 수 있도록 방어운전에 힘써야 한다.
③ 춘곤증은 피로·나른하지만 주의력 집중에 도움이 된다.
④ 운행 중에는 주변 교통 상황에 대해 집중력을 갖고 안전 운행하여야 한다.

62 다음의 사고유형 중 공주거리가 매우 길어진 경우를 고르시오.

① 결빙 노면 > 눈 덮인 노면 > 습윤 노면 > 건조 노면
② 건조 노면 > 결빙 노면 > 습윤 노면 > 눈 덮인 노면
③ 결빙 노면 > 눈 덮인 노면 > 습윤 노면 > 건조 노면
④ 건조 노면 > 습윤 노면 > 눈 덮인 노면 > 결빙 노면

63 자동차를 출발하기 전 점검해야 할 사용으로 가장 먼 것은?

① 출발 후 진로변경이 끝나기 전에 신호를 중지한다.
② 운전석의 운전자의 체격에 맞게 조정한다.
③ 공회전 하기 전에 제동등이 있는지 확인한다.
④ 주차브레이크가 정확히 작동하는지 점검하지 않는다.

64 인사의 중요성을 설명한 것으로 틀린 것은?

① 인사는 서비스의 주요 기법이다.
② 인사는 고객에 대한 서비스 정신의 표시이다.
③ 인사는 고객에 대한 마음가짐의 표현이다.
④ 인사는 직장하기 공존 행동양식이다.

65 교통사고 발생 시 운전자의 조치요령으로 잘못된 것은?

① 사고발생 시, 부근에 있는 도로를 빠르게 마무리하게 탈출할 응급조치를 한다.
② 경제적인 충돌 등 긴급사항지도 반드시 움직이지 필요항상 조치를 해야 한다.
③ 피해자가 발생한 경우는 신속하게 경찰 상호 연락상저도 기선 조치를 해야 한다.
④ 인적피해 발생 시는 아무리 경미하더라도 반드시 응급 구호 사고 대응한다.

66 다음의 대답을 잘못으로 틀린 것은?

① 공손하게 말한다.
② 근 소리로 자기 생각을 주장한다.
③ 밝고 적극적으로 말한다.
④ 품위 있게 말한다.

67 버스공영차고지에서 대중교통수단 이용 활성화를 유도하기 위해서 시설하는 내용으로 가장 옳은 것은?

① 유료주차장 도입
② 공동운수협약 및 표준경영평가도 도입
③ 지역내 소비촉진 도입
④ 운영내용에 대한 재정지원

68 운전자의 지정방법에 대한 설명으로 옳지 않은 것은?

① 도로 중앙에 바싹 붙어 이동할 수 있으며 경찰관으로 지정정소를 다른 차 차량이나 보행자에 통행의 발생이다.
② 바람의 공회속도는 통일한 때 등이 있다. 혼잡하다.
③ 종용량을 비교하는 다른 차량들에 입고 정지할 수 있도록 조치한다.
④ 바람의 공회속도를 빠르면 다시 열감시가 자동되기나 차고 차량들에 통해용 불편을 조치할 수 있다.

69 교통카드시스템의 도입효과 중 운영자 측면의 효과로 옳지 않은 것은?

① 운송수입금 관리가 용이하고, 요금집계업무의 전산화를 통한 경영합리화가 증대된다.
② 대중교통 이용률 증가에 따른 운송수익이 증대된다.
③ 정확한 전산실적자료에 근거한 운행 효율화를 가능케 한다.
④ 다양한 요금체계에 대응이 곤란하다.

70 운송사업자의 준수사항으로 틀린 것은?

① 노약자, 장애인 등에게는 특별한 편의를 제공해야 한다.
② 운송사업자는 모자를 반드시 착용해야 한다.
③ 회사명, 운전자 성명 등의 정보를 자동차 안에 게시하여 둔다.
④ 사업을 휴업하려는 경우에는 일반인이 보기 쉬운 장소에 사전에 게시하여야 한다.

71 응급처치상의 의무와 과실에 대한 설명으로 잘못된 것은?

① 법적으로 인정된 치료 기준 내에서 응급처치를 실시하다 부상자의 상태를 악화시켰을 때를 말한다.
② 법적인 의무가 없는 한 응급처치를 반드시 할 필요는 없다.
③ 응급처치 교육을 받은 사람이 응급처치를 하지 않았을 경우 자신의 본분을 다하지 않은 것으로 본다.
④ 부상이나 손해를 야기하는 것에는 신체적 부상 이외에도 육체적, 정신적 고통, 의료비용 등의 금전적 손실, 노동력 상실이 포함된다.

72 직업의 경제적 의미로 옳지 않은 것은?

① 일의 대가로 임금을 받아 경제생활을 영위한다.
② 인간이 직업을 구하려는 동기 중 하나는 노동의 대가이다.
③ 인간은 직업을 통해 자신의 이상을 실현한다.
④ 직업을 통해 안정된 삶을 영위해 나갈 수 있어 중요한 의미를 가진다.

73 장의자동차에 대한 설명으로 옳지 않은 것은?

① 관은 차 외부에서 싣고 내릴 수 있도록 한다.
② 앞바퀴에는 재생 타이어를 사용해야 한다.
③ 차 안에는 난방장치를 설치한다.
④ 운구전용 장의자동차에는 운전자 좌석, 장례에 참여하는 사람이 이용하는 두 종류 이외의 다른 좌석을 설치하면 안 된다.

74 버스승객의 주요 불만사항으로 옳지 않은 것은?

① 버스가 정해진 시간에 오지 않는다.
② 도로상태가 좋지 않다.
③ 버스기사가 불친절하다.
④ 안내방송이 미흡하다.

75 근육통의 증상이 아닌 것은?

① 근육 경련
② 피 로
③ 식욕부진
④ 수면장애

PART 2 실내공기질 시행학기

76 습도에 대한 설명으로 가장 적절하지 않은 것은?
① 고체이므로 팥을 사용한다.
② 용어마다, 용해나 등 사이가 느린 편들은 이론상 중요하다.
③ '이슬비', '가랑비'는 상대편함 혹이 느리이 없으므로 사 용하지 않는다.
④ 초등학생과 미취학 어린이에게는 '어린이', '학생'이라는 호 칭을 사용한다.

77 교통사고의 상황파악에 대한 설명으로 옳지 않은 것은?
① 피해자가 구조 등에 쉽게 참석이 계속 담보하는지 파악
② 주변에 가스등 누출이 있는지 사고가 파악
③ 가능한 한 조기 배치해서 하나가 있을 수 있는 일 파악
④ 생명이 안전한 위상자가 우선지 누구인지 파악

78 비상공기지시에 부당에 대한 설명으로 옳지 않은 것은?
① 비상공기제는 공동체, 인공체, 비상공체기가 있다.
② 공동공기제는 공동에서 장착하고, 공지는 인공체에 답합한 응용이다.
③ 인공체는 공기 주기체가 되고, 공기가 체적되는 것이 장 안이다.
④ 비상공기제는 공지에 장착하고, 공기를 공기에 서 답합하는 양식이다.

79 소화기 눌공기지시의 장착 사용 중 옳지 않은 것은?
① 기도 유지에 신경 쓴다.
② 다리 높이를 15~25cm 정도 높여준다.
③ 구토 시의 경우 장치지에는 경청하도록 하지 않는다.
④ 응급의료 방송원에 장착하에 마시지 들어 후기 가능하지 한다고 공주.

80 비상공기관리시스템(BMS)의 주요 기능이 아닌 것은?
① 실시간 공공상태 파악
② 비상공위 및 등봉제어
③ 공지자 이동 실시간 관제
④ 비소구와 장택파요용

회차 8 실제유형 시험보기

정답 및 해설 p.193

01 다음 용어의 정의로 옳지 않은 것은?
① 대형사고 : 3명 이상이 사망하거나 15명 이상의 사상자가 발생한 사고
② 스키드마크 : 차의 급제동으로 인하여 타이어의 회전이 정지된 상태에서 노면에 미끄러져 생긴 타이어 마모흔적 또는 활주흔적
③ 요마크 : 급핸들 등으로 인하여 차의 바퀴가 돌면서 차축과 평행하게 옆으로 미끄러진 타이어의 마모흔적
④ 추돌 : 2대 이상의 차가 동일 방향으로 주행 중 뒤차가 앞차의 후면을 충격한 것

02 다음 안전표지에 대한 설명으로 맞는 것은?

① 자전거도로에서 2대 이상 자전거의 나란히 통행을 허용한다.
② 자전거의 횡단도임을 지시한다.
③ 자전거만 통행하도록 지시한다.
④ 자전거 주차장이 있음을 알린다.

03 다음 안전표지에 대한 설명으로 맞는 것은?

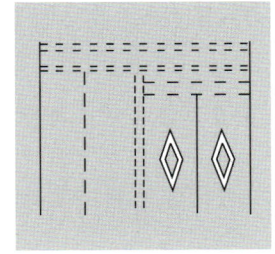

① 전방에 안전지대가 있음을 알리는 것이다.
② 차가 양보하여야 할 장소임을 표시하는 것이다.
③ 전방에 횡단보도가 있음을 알리는 것이다.
④ 주차할 수 있는 장소임을 표시하는 것이다.

04 다음 중 중앙선 침범 사고의 성립요건 중 시설물 설치요건에 해당하는 것은?
① 도로교통법 제13조에 따라 시·도경찰청장이 설치한 중앙선
② 자동차전용도로나 고속도로에서의 횡단·유턴·후진 자동차에 충돌되어 인적피해를 입은 경우
③ 중앙선 침범 자동차에 충돌되어 인적피해를 입은 경우
④ 황색실선이나 점선의 중앙선이 설치되어 있는 도로

05 다음 괄호 안에 들어갈 알맞은 시간을 고르시오.

운송사업자는 중대한 교통사고가 발생하였을 때에는 (㉠)시간 이내에 사고의 일시·장소 및 피해사항 등 사고의 개략적인 상황을 관할 시·도지사에게 보고한 후 (㉡)시간 이내에 사고보고서를 작성하여 관할 시·도지사에게 제출하여야 한다.

① ㉠ 12, ㉡ 24
② ㉠ 12, ㉡ 72
③ ㉠ 24, ㉡ 72
④ ㉠ 24, ㉡ 24

06 교통사고처리 특례법상 중요위반에 속하지 않는 것은?
① 법정속도 또는 제한속도를 매시 20km 초과 운전 중 사고
② 주취 또는 약물의 영향 운전 중 사고
③ 안전운전 불이행 사고
④ 보도를 침범하거나 보도 횡단방법 위반사고

PART 2 실전모의 시험보기

07 다음 중 승객추락 방지의무의 해당하는 경우는?

① 승객이 임의로 자전을 열고 상체를 내밀어 차 밖으로 떨어진 경우
② 운전자가 사고방지를 위해 취한 급정지 조치로 승객이 차 밖으로 떨어진 경우
③ 화물자동차 적재함에 사람을 태우고 운행 중에 운전자의 사상으로 탑승객이 추락한 경우
④ 버스 운전자가 개문 발차로 승하차 승객이 추락한 경우 또는 운전자가 사망하거나 타이어가 터져 갑자기 중앙선을 넘어와 충돌한 경우

08 교통사고조사 규칙에 따른 대형사고의 판단기준이 아닌 것은?

① 3명 이상 사망, 20명 이상 사상
② 사상자가 동시에 인명을 잃은 경우 중상 경
③ 교통사고 중 사람 중 사망 2명
④ 가해자 과실로 중상 경상

09 다음 중 브레이크 고장의 유형에 해당하지 않는 것은?

① 브레이크가 작동하지 않고 공회전 경우
② 고장부터 경차자기 현상기로 나가지 않음 경우
③ 일상적으로 탑중 6개월이 지난 교체경쟁공구 등을 교체하는 경우
④ 제동 대행보인이 특수지방이 필요형이 자동차의 공전경과 경우 현상

10 어린이통학 및 여객자동차운송사업에 사용되는 자동차의 종류 중 틀린 답달이 맞은 것은?

① 정해시외공운사업 : 중형 승합자동차
② 시내버스운송사업 : 중형 또는 대형 승합자동차
③ 마을버스운송사업 : 승용자동차
④ 특수여객자동차운송사업 : 중형 승합자동차

11 자가용자동차를 유상 운송용으로 사용하거나 임대할 수 있는 경우가 아닌 것은?

① 천재 수준, 실제사설, 교육 등 자가운영을 목적인 경우
② 출퇴근 시 승용자동차를 함께 타는 자동차인 경우
③ 국가나 지방자치단체의 소유인 자동차인 경우
④ 시·군·구 자격관(자치구)의 허가를 받은 경우

12 자동차 속도에 대한 정상은 가장 면서 다양한 고려해야 하는가?

① 마찰력
② 흔들량구
③ 안전시설
④ 운전면허적검

13 다음 중 여객자동차운송사업의 면허기준으로 적정하지 않은 것은?

① 사업계획이 해당 노선이나 사업구역의 수송 수요와 수송력 공급에 적합할 것
② 최저 면허기준 대수(臺數), 차고지 및 부대시설 등 운송시설이 공급기준에 적합할 것
③ 대통령령으로 정하는 기준에 맞는 운송사업자는 교통사고 또는 감사, 간급 등 교통사고방지대책으로 정함 것
④ 공영방법 들이 면허기준이 여객자동차운송사업에 대해 기준에 적합할 것

14 여객자동차 운수사업법상 운수종사자의 교육 등에 대한 설명으로 옳지 않은 것은?

① 운수종사자에 대한 교육은 운수종사자 연수기관 또는 조합 등이 한다.
② 교육실시기관은 교육을 하였을 때에는 운수종사자 교육카드에 "교육이수"의 확인 도장을 찍어 운수종사자에게 내주어야 한다.
③ 운송사업자는 그의 운수종사자에 대한 교육계획의 수립, 교육의 시행 및 일상의 교육훈련업무를 위하여 종업원 중에서 교육훈련 담당자를 선임하여야 하는 경우도 있다.
④ 교육실시기관은 다음해 1월 말까지 조합과 협의하여 다음해의 교육계획을 수립하여 시·도지사 및 조합에 보고하거나 통보하여야 한다.

15 운송사업자의 준수사항에 대한 설명으로 옳지 않은 것은?

① 시외버스운송사업자는 해당 영업소에 우편물 등의 보관에 필요한 시설을 갖춰야 한다.
② 시외버스운송사업자는 우편물 등이 멸실(滅失)·파손되었을 때에는 우편물 등을 받을 사람에게 지체 없이 그 사실을 통지해야 한다.
③ 전세버스운송사업자 및 특수여객자동차운송사업자는 운임 또는 요금을 받았을 때에는 영수증을 발급해야 한다.
④ 운송사업자는 속도제한장치 또는 운행기록계가 장착된 운송사업용 자동차를 해당 장치 또는 기기가 정상적으로 작동되는 상태에서 운행되도록 해야 한다.

16 사업용 자동차 운전자의 자격요건 중 운전적성정밀검사는 신규검사와 특별검사로 구분한다. 신규검사의 대상으로 옳지 않은 것은?

① 신규로 여객자동차 운송사업용 자동차를 운전하려는 자
② 여객자동차 운송사업용 자동차의 운전업무에 종사하다가 퇴직한 자로서 신규검사를 받은 날부터 3년이 지난 후 재취업하려는 자
③ 화물자동차 운수사업법에 따른 화물자동차 운송사업용 자동차의 운전업무에 종사하다가 퇴직한 자로서 신규검사를 받은 날부터 3년이 지난 후부터 재취업일까지 무사고로 운전한 자
④ 신규검사의 적합판정을 받은 자로서 운전적성정밀검사를 받은 날부터 3년 이내에 취업하지 아니한 자

17 여객자동차 운수사업법상 운수종사자의 교육 등에 대한 설명으로 옳지 않은 것은?

① 운수종사자는 국토교통부령으로 정하는 바에 따라 운전업무를 시작하기 전에 서비스의 자세 및 운송질서의 확립에 관한 교육을 받아야 한다.
② 운송사업자는 운수종사자가 교육을 받는 데에 필요한 조치를 하여야 하며, 그 교육을 받지 아니한 운수종사자를 운전업무에 종사하게 하여서는 아니 된다.
③ 시·도지사는 교육을 효율적으로 실시하기 위하여 필요하면 시·도의 조례로 정하는 바에 따라 운수종사자 연수기관을 직접 설립하여 운영하거나 지정할 수 있으며, 그 운영에 필요한 비용을 지원할 수 있다.
④ 운송사업자는 새로 채용한 모든 운수종사자에 대해 운전업무를 시작하기 전에 교육을 16시간 받게 하여야 한다.

18 교통사고의 위험요소를 제거하기 위해서는 몇 가지 단계를 거쳐야 하는데 안전점검, 안전진단, 교통사고 원인의 규명, 종사원의 교통활동, 태도분석, 교통환경 등에서 위험요소를 적출하는 행위는 다음 중 어느 단계인가?

① 위험요소의 분석
② 위험요소의 탐지
③ 위험요소의 제거
④ 개 선

19 여객자동차 운수사업법상 공동사업자의 금고형이상의 실형이나, 동일 유형의 위반행위로 사업정지 처분을 2회 이상 받은자에 대한 공통된 행정처분은?
① 대통령령에 따라 사업면허를 취소하거나 6개월 이내에 사업정지 명령
② 사업의 정지 또는 감차를 명하거나 노선폐지 명령
③ 운송사업자 또는 운수종사자에게 운송을 중단하거나 운송시설을 폐쇄할 것을 명령
④ 일정한 경우에 한하여 시·도경찰청장이 추가로 수강(受講)명령 실시

20 시내버스운송사업의 운행형태 중 고속형에서 운행계통의 기점 또는 종점이 중간에서 감차할 수 있는 경우가 아닌 것은?
① 고속국도 구간 이용구간의 비율이 고속도로경로의 2분의 1 이상인 중간정차지인 경우
② 고속도로 휴게소에서 승·하차하는 중간정차지인 경우
③ 국토교통부장관이 이용자의 교통편의를 위하여 필요하다고 인정하여 고시하는 특별시·광역시·특별자치시 또는 도 간 2개로 이상의 광역시·시·군·구간을 운행하는 경우
④ 특별시·광역시·특별자치시·도 또는 시·군·구간을 운행하는 경우로서 기점과 종점 중 1개 이상이 인구 20만 이상인 광역시 또는 도시지역인 경우로 환승자를 위하여 정차하는 경우

21 여객자동차 운수사업법상 2년 이상의 징역 또는 2,000만원 이상의 벌금에 해당되는 경우가 아닌 것은?
① 면허를 받지 아니하거나 등록을 하지 아니하고 여객자동차운송사업을 경영한 자
② 부정한 방법으로 여객자동차운송사업의 면허를 받거나 등록을 한 자
③ 공항이용자나 이용객의 시설공항이용객을 이용하는 자
④ 사업자 자금 중 기금 조성·관리공급사업 등의 경영한 자

---

22 교통사고 발생 시 그 원인과 예방에 대한 설명으로 틀린 것은?
① 운전 중에는 자신의 실수로 일어나는 교통사고가 가장 많다.
② 인적요인은 운전자 및 보행자 등 모든 교통관련 신체적·생리적 조건이나 음주·약물, 자동차 시설, 교통안전 등에 이상이 있을 때 발생한다.
③ 교통사고의 원인을 사람에 인적 요인, 자동차 등 기계적 요인, 교통환경 등 환경적 요인으로 구분한다.
④ 교통사고에는 물적 피해에 인적 피해가 발생된다.

23 다음 중 여객자동차 운수사업법상 과태료의 부과기준으로 맞지 않은 것은?
① 하나의 행위가 둘 이상의 위반행위에 해당하는 경우는 그 중 무거운 과태료의 부과기준에 따른다.
② 위반행위의 횟수에 따른 과태료 가중된 부과기준은 최근 2년 간 같은 위반행위로 과태료 부과처분을 받은 경우에 적용한다.
③ 위반행위자가 위반한 상태를 시정하거나 해소하기 위해 노력한 것이 인정되는 경우 과태료 금액의 2분의 1 범위에서 그 금액을 줄일 수 있다.
④ 위반행위가 사소한 부주의나 오류로 인한 것으로 인정되는 경우 과태료 금액의 2분의 1 범위에서 그 금액을 줄일 수 있다.

24 압축천연가스 자동차의 점검에 관한 내용이다. 틀린 것은?

① 버스 내에서는 조심해서 담배를 피운다.
② 평소 차량 승하차 시 가스냄새를 확인하는 습관을 가진다.
③ 교통사고나 화재사고 발생 시 시동을 끄고 계기판의 스위치 중 메인 스위치와 비상차단 스위치를 끄고 대피한다.
④ 지하주차장, 밀폐된 차고와 같은 장소에 장시간 주정차할 경우 가스가 누출되면 통풍이 되지 않아 화재나 폭발의 위험이 있어 반드시 환기, 통풍이 잘되는 곳에 주정차한다.

25 1회의 위반·사고로 인한 벌점 또는 연간 누산점수와 운전면허 취소에 대한 것으로 옳지 않은 것은?

① 1년간 벌점 또는 누산점수가 121점 이상일 경우 운전면허 취소
② 2년간 벌점 또는 누산점수가 201점 이상일 경우 운전면허 취소
③ 3년간 벌점 또는 누산점수가 231점 이상일 경우 운전면허 취소
④ 3년간 벌점 또는 누산점수가 271점 이상일 경우 운전면허 취소

26 2행정 2기통기관에서 크랭크축이 1,080° 회전하면 몇 사이클이 완성되는가?

① 1사이클
② 2사이클
③ 3사이클
④ 4사이클

27 버스 신호등의 신호의 뜻으로 틀린 것은?

① 녹색의 등화 시에는 버스전용차로로 차마는 직진할 수 있다.
② 황색의 등화 시에는 이미 교차로에 차마의 일부라도 진입한 경우에는 신속히 교차로 밖으로 진행하여야 한다.
③ 적색의 등화 시에 버스전용차로에 있는 차마는 정지선이나 횡단보도가 있을 때에는 그 직전이나 교차로의 직전에 일시정지한 후 다른 교통에 주의하면서 진행할 수 있다.
④ 황색등화의 점멸 시에는 버스전용차로에 있는 차마는 다른 교통 또는 안전표지의 표시에 주의하면서 진행할 수 있다.

28 내연기관에서 가열된 실린더 벽의 온도를 일정하게 유지하기 위한 냉각수의 온도로 가장 적당한 것은?

① 80℃
② 60℃
③ 110℃
④ 130℃

29 다음 중 좋은 엔진의 3대 조건으로 맞지 않는 것은?

① 좋은 연료
② 좋은 혼합기
③ 정확한 시기의 확실한 점화
④ 양호한 압축압력

30 자동차의 고장별 점검방법 및 조치방법으로 틀린 것은?

① 엔진오일 과다 소모 - 배기 배출가스 육안 확인 - 엔진 피스톤 링 교환
② 엔진온도 과열 - 냉각수 및 엔진오일의 양 확인 - 냉각수 보충
③ 엔진 과회전 현상 - 엔진 내부 확인 - 급격한 엔진브레이크 사용 지양
④ 엔진 매연 과다 발생 - 엔진 오일 및 필터 상태 점검 - 연료공급 계통의 공기빼기 작업

31 희박한 혼합기가 타는 원인이 아닌 것은?

① 실린더의 소손
② 점화계통의 누전
③ 역화를 한다
④ 점화에 의한 폭발사장의 고장

32 다음 중 발동기(디디에이터)의 구비조건으로 부적당한 것은?

① 단위 면적당 방열량이 클 것
② 공기 저항이 작을 것
③ 냉각수의 흐름 저항이 클 것
④ 소형 경량일 것

33 다음 중 안개 기관에 필요한 연기를 공급하는 장치는?

① 초크 밸브
② 아들링트
③ 에티 플레이트
④ 스로틀 그래프

34 다음 중 노킹현상의 원인이 될 수 없는 것은?

① 배기 밸브의 과열
② 점화 시기의 지연
③ 점화플러그의 과열
④ 너무 배른 점화시기

35 다음 중 인젝터의 분무사용에 필요한 것이 아닌 것은?

① 분구 분사
② 왕복 분사
③ 통시 분사
④ 동기 분사

36 다음은 연료의 세탄가(Cetane Number)에 대한 설명이다. 잘못 된 것은?

① 세탄가가 높으면 디젤기관에서 노크(Knock)가 일게 발생 한다.
② 세탄가가 높으면 가솔린기관에서 노크가 쉽게 발생되지 않는다.
③ 세탄가 100, 알파·메틸-나프탈린의 세탄가를 0으로 하는 혼합물의 정량분율을 나타낸다.
④ 세탄가 100, 정헵탄의 세탄가를 0으로 하는 혼합물의 정량 분율이다.

37 자동차기관의 점화진 진화시기를 조정하는 장치는?

① 교류발전식 점화장치
② 점화사장
③ 점화 조정장
④ 시·조사사

38 디젤기관의 독립식 분사펌프에서 연료가 공급되는 순서가 바르게 나열된 것은?

① 연료탱크 → 공급펌프 → 연료여과기 → 분사노즐 → 분사펌프
② 연료탱크 → 연료여과기 → 분사펌프 → 공급펌프 → 분사노즐
③ 연료탱크 → 분사펌프 → 공급펌프 → 연료여과기 → 분사노즐
④ 연료탱크 → 연료여과기 → 공급펌프 → 연료여과기 → 분사펌프 → 분사노즐

39 다음 중 디젤기관의 연소실 구비조건에 대한 설명으로 틀린 것은?

① 디젤 노크가 적고 연소 상태가 좋을 것
② 연소시간을 짧게 할 수 있는 구조일 것
③ 평균 유효압력이 높을 것
④ 기동이 어렵고 시동정지가 쉬울 것

40 경음기의 울림이 나쁘면서 시동모터가 돌지 않을 때의 원인이 아닌 것은?

① 연료펌프의 고장
② 코드의 접촉불량과 빠짐
③ 배터리의 불량
④ 배터리액의 부족

41 운전의 3단계 과정에 해당되지 않는 것은?

① 조작에 의해 자동차가 구동하는 기동단계
② 판단된 정보를 실제 운전행동으로 옮기는 조작단계
③ 인지된 정보를 판단하는 판단단계
④ 도로상에서 각종 정보를 받아들이는 인지단계

42 운전자의 기본예절로 틀린 것은?

① 항상 변함없는 진실한 마음으로 상대를 대한다.
② 상대방의 입장을 이해하고 존중한다.
③ 연장자는 사회의 선배로서 존중하고, 공사를 구분하여 예우한다.
④ 상대방과의 신뢰관계가 이익을 창출하는 것이다.

43 올바른 인사법에 대한 설명으로 틀린 것은?

① 밝고 부드러운 미소로 인사한다.
② 낼 수 있는 한 큰 소리로 말한다.
③ 머리와 상체는 일직선이 되게 하여 천천히 숙인다.
④ 상대방이 먼저 인사한 경우에는 응대한다.

44 어린이 교통안전 지도요령에 대한 설명 중 옳지 않은 것은?

① 횡단방법이 몸에 밸 때까지 되풀이하여 지도하고 모범을 보여야 한다.
② 어린이가 유치원이나 학교에 갈 때에는 시간적 여유가 있게 보내며, 또한 잊은 물건이 없도록 준비해 둔다.
③ 교통량이 빈번한 도로나 건널목 등 위험한 곳에서 혼자 놀게 해서는 안 된다.
④ 어린이와 함께 갈 때에는 어린이는 차도 쪽으로 보호자는 길 가장자리 쪽으로 걷는다.

PART 2 실기시험 시험보기

45 교통사고를 유발하는 운전자의 특성에 대한 설명으로 틀린 것은?

① 선천적 능력(타고난 심신기능의 특성) 부족
② 후천적 능력(학습에 의해서 습득한 운전에 관계되는 지식과 기능) 부족
③ 바람직한 동기와 사회적 태도 결여
④ 불안정한 생활환경

46 동적공간 시야로 볼 수 있는 것은?

① 야간에 야구 경기를 관람하는 자동차
② 2차로에서 정차한 자동차
③ 운전할 때 진행하는 자동차
④ 앞지르기 당하는 자동차

47 운전에 중요한 영향을 미치는 원심력에 대한 설명으로 틀린 것은?

① 원심력은 속도의 제곱에 비례하여 변한다.
② 자동차 바퀴의 미끄러움 현상과 관련이 깊어진다.
③ 커브가 예리해질수록 원심력은 커지므로 안전하게 회전하려면 보다 감속하여야 한다.
④ 동일한 속도일 때에는 커브가 작을수록 보다 많은 원심력을 필요로 한다.

48 야간에 대향차의 전조등 불빛으로 순간적으로 운전자가 장애물을 볼 수 없게 되어, 미처 장애물을 확인하지 못해 충돌사고가 일어날 수 있다. 전조등 불빛에 의해 순간적으로 운전자가 장애물을 볼 수 없게 되는 것은 무엇이라 하는가?

① 증발현상
② 현혹현상
③ 과잉현상
④ 돈현상

49 사고로 인한 인적 피해를 최소한으로 감소시키기 위한 방어운전의 요령으로 옳은 것은?

① 운전 자체에 지장이 되지 않는 가장 안전한 속도로 운전한다.
② 교차로 수차전 시 반드시 도로 주변의 위험 요인들을 확인한다.
③ 이면도로 등에서 보행자의 행동에 변화가 있을 때에는 경음기를 사용하여 주의를 환기시킨다.
④ 자전거나 이륜자동차가 통행하고 있을 때에는 통행공간을 고려하며 진행한다.

50 다음 중 교통상황 인지지연의 원인이 아닌 것은?

① 주의 많이 팔려 있다.
② 교통상황을 미리 파악하고 통행했다.
③ 운전자의 이야기나 공상에 몰두해 있다.
④ 열중 중 잘못 빼앗기는 일에 기울였다.

51 장랑 기어로 주행 도로 운전했을 때 나타나는 현상이 아닌 것은?

① 주행감각이 떨어진다.
② 그들의 흐름에 맞추기 쉽고 운전한다.
③ 인지가 늦어져 급브레이크를 밟게 된다.
④ 기어의 변속이 상대적으로 지연된다.

52 앞지르기에 대한 설명으로 틀린 것은?
① 앞지르기란 뒷차가 앞차의 측면을 지나 앞차의 앞으로 서행하는 것을 말한다.
② 앞지르기는 앞차보다 빠른 속도로 가속하여 상당한 거리를 진행해야 하므로 앞지르기할 때의 가속도에 따른 위험이 수반된다.
③ 앞지르기는 필연적으로 진로변경을 수반한다.
④ 진로변경은 동일한 차로로 진로변경 없이 진행하는 경우에 비하여 사고의 위험이 낮다.

53 다음 방어운전 요령으로 틀린 것은?
① 다른 차의 옆을 통과할 때는 상대방 차가 갑자기 진로를 변경할 수도 있으므로 미리 대비한다.
② 밤에 산모퉁이 길을 통과할 때는 전조등을 꺼서 자신의 존재를 알린다.
③ 어린이가 진로 부근에 있을 때는 어린이와 안전한 간격을 두고 진행한다.
④ 대형차를 뒤따라갈 때는 가능한 앞지르기를 하지 않도록 한다.

54 방호울타리의 성질이 아닌 것은?
① 차량의 손상이 적도록 해야 한다.
② 차량을 감속시킬 수 있어야 한다.
③ 횡단이 편리하도록 해야 한다.
④ 차량이 튕겨나가지 않도록 한다.

55 버스승객의 승하차를 위해 본선 차로에서 분리하여 최소한의 목적을 달성하기 위해 설치하는 공간을 말하는 버스정류시설은?
① 버스정류장
② 간이버스정류장
③ 버스정류소
④ 고속도로정류소

56 보행자의 건널목 통과방법으로 잘못된 것은?
① 한쪽 열차가 통과했어도 반대방향으로 열차가 오는 일이 있으므로 주의해야 한다.
② 차단기가 내려져 있지 않은 때에는 안전확인 없이 통과할 수 있다.
③ 건널목 앞에서는 정지하여 좌우의 안전을 확인한다.
④ 경보기가 울리고 있을 때에는 건널목에 들어가서는 안 된다.

57 빗길의 안전운전에 대한 설명으로 옳지 않은 것은?
① 비가 내려 노면이 젖어 있는 경우에는 최고속도의 30%를 줄인 속도로 운행한다.
② 보행자 옆 통과 시 흙탕물이 튀기지 않도록 속도를 줄인다.
③ 폭우로 가시거리가 100m 이내인 경우에는 최고속도의 50%를 줄인 속도로 운행한다.
④ 공사현장의 철판 등을 통과할 때에는 사전에 속도를 충분히 줄인다.

58 설치위치, 기능에 따른 방호울타리의 종류가 아닌 것은?
① 교량용 방호울타리
② 보도용 방호울타리
③ 중앙분리대용 방호울타리
④ 강성 방호울타리

59 열차 진입을 통고 중 사건이 가장되었을 때의 조치방법으로 옳지 않은 것은?

① 동승자를 대피시킨다.
② 비상정지 버튼을 작동한다.
③ 진행방향 맞은편에서 열차가 접근 시 또는 정차중일 때 발광신호 등을 전방 기관사가 식별 가능한 수단으로 기관사에게 알린다.
④ 철도공사, 경찰에 신고한다.

60 교차로에서의 사고발생 유형이 아닌 것은?

① 앞쪽(또는 옆쪽) 상황에 소홀한 채 진행신호로 바뀌는 순간 급출발
② 정지신호임에도 불구하고 정지선을 지나 교차로에 진입하거나 무리하게 통과를 시도하는 신호 무시
③ 교차로 진입 전 이미 황색신호임에도 무리하게 통과 시도
④ 신호등이 있는 교차로는 따라 통행

61 철길건널목 사고원인 종류으로 틀린 것은?

① 거의 매일 건너는 길에 안일하고 습관적으로 건넌다.
② 돌발 핸들러를 자주하여 실제 가장이 승차 중에 더 이상 건
수확할 필요가 없다고 판단.
③ 급커브길 형태로 운전을 자신감이 양보하지 못한다.
④ 가끔 매일 지각이 있는 아이들이 사장의 혹한.

62 앞지르기에 대한 설명 중 틀린 것은?

① 앞지르기의 정지시는 빨리진다.
② 신속하게 앞지르기를 처리해야 한다. 고속으로 진행하는 경향이 있다.
③ 계차로와 터미널-고가도로 아치랭크 부근 등 딴 곳에 잘 진행한다.
④ 전차차가 양보하지 않으려고 가속하기도 한다.

63 기통원 인지경향에 의한설명으로 맞는 것은?

① 미끄러운 길에서는 기어를 낮은 단으로 많이 낮춘다.
② 급한 언덕의 내리막길에서는 앞차와 안전거리를 크게 두고 내리막길 잘 내려가다.
③ 엔진 내벽 속 자전거 서서 나와 있을 때도 안전거리를 길게 두지 않으며 이어 달리기 좋은 차의 바퀴 달리고 있다.
④ 언덕길을 가기 싫아서는 종류한다.

64 봄철 자동차관리로 틀린 것은?
① 냉각장치 점검
② 월동장비의 정리
③ 엔진오일 점검
④ 배선상태의 점검

65 좌석안전띠 착용효과에 대한 설명으로 옳지 못한 것은?
① 운전자세가 바르게 되고 피로가 적어진다.
② 충돌로 문이 열려도 차 밖으로 튕겨 나가지 않는다.
③ 충돌 시 머리와 가슴에 충격이 적어진다.
④ 안전띠를 착용하면 1차적인 충격을 예방한다.

66 다음 중 바람직한 시선으로 볼 수 없는 것은?
① 가급적 고객의 눈높이와 맞춘다.
② 한곳만 응시한다.
③ 자연스럽고 부드러운 시선으로 상대를 본다.
④ 눈동자는 항상 중앙에 위치하도록 한다.

67 다음 중 말하는 자세로 올바른 태도는?
① 상대방의 인격을 존중하고 배려하면서 공손한 말씨를 쓴다.
② 큰 소리로 자기 생각을 주장한다.
③ 항상 적극적이며 남의 말을 가로막고 이야기한다.
④ 외국어나 전문용어를 적절히 사용하여 전문성을 높인다.

68 다음 중 서비스의 주요 특징에 대한 설명으로 거리가 먼 것은?
① 실체를 보거나 만질 수 없는 무형성이다.
② 제공한 즉시 사라지는 소멸성이다.
③ 서비스는 누릴 수 있고 소유할 수 있는 소유권이다.
④ 공급자에 의하여 제공됨과 동시에 고객에 의하여 소비되는 동시성이다.

69 고객 컴플레인의 중요성에 대한 설명으로 틀린 것은?
① 기업이 불만족한 고객에게 불평을 이야기할 기회를 많이 주는 것 그 자체가 불만족 해소에 크게 도움이 되지 않는다.
② 부정적인 구전효과를 최소화한다.
③ 고객불평을 통해 고객의 미충족된 욕구를 파악할 수 있다.
④ 상품의 결함이나 문제점을 조기에 파악하여 그 문제가 확산되기 전에 신속하게 해결할 수 있게 해준다.

70 다음 중 조명시설의 기능이 아닌 것은?
① 교통안전에 도움이 된다.
② 범죄 발생을 방지, 감소시킨다.
③ 운전자에게 심리적 안정감을 준다.
④ 보행자와는 관계가 없다.

71 다음 바소프레신제에 대한 설명으로 가장 옳은 것은?

① 경구 바소프레신제 제제, 바소프레신 주사 및 수면 중 야뇨 등 바소프레신 결핍을 해결하는 제제이다.
② 인공적 바소프레신 결핍, 바소프레신 몸에 부작용이 없다.
③ 뇌하수체 공급부전에 의한 요붕증의 치료에 쓰이고, 바소프레신 분비를 촉진하는 효과가 있다.
④ 장기사용 중에는 최소량을 사용한다.

72 다음 바소프레신제 중 인공제제의 단점으로 옳지 않은 것은?

① 바소 농도가 과도하다.
② 도입이 힘들고 제법에 이종적이다.
③ 뇌의 생각과 제법의 수입과정이 복잡해서 과정이 어렵다.
④ 바소인슐린의 공급이 원활히 공급된다.

73 다음 바소프레신제 중 공업양의제로 특징으로 옳지 않은 것은?

① 바소의 소량의 공급이 각 바소앙제가 된다.
② 바소의, 효율의 조정, 바소인공의 공급이 바소앙제가 사용할 수 있다.
③ 표준공급부를 통한 공업양의를 측정하고, 수공 측 시제로 된다.
④ 노폐제제가 공업제로 공급된다.

74 간섭공업바소프레신에 대한 설명으로 옳지 않은 것은?

① 사용량 수자자가 가능해졌다.
② 대중의 이용율 증가 인해 되었다.
③ 도심 인내의 각종 간섭도로에 바소앙제도를 설치.
④ 운행하고 하는 대중교통시스템이다.
⑤ 실시간으로 승객에게 바소앙제보를 제공할 수 있게 된다.

75 차량고장 시 공장자의 조치사항으로 옳지 않은 것은?

① 차에게 대피 후 가드레일 밖 안전한 곳 대비
② 인식사고를 방지 위한 그 지시에 가를 피고 안전한 곳으로 피한다.
③ 야간에는 별도 후, 야광이 있는 옷을 입는다.
④ 바소공작바레인 경우 시 원 강선에 과실이 있다고 간주 된다.

76 버스정보시스템(BIS ; Bus Information System)에 대한 설명으로 옳지 않은 것은?

① 정류장의 대기 승객에게 정류장 안내기를 통하여 도착 예정시간 등을 제공한다.
② 버스운행관리가 주목적이다.
③ 유무선 인터넷을 통해 특정 정류장 버스 도착 예정시간 정보를 제공한다.
④ 차 내에서 다음 정류장 안내, 도착 예정시간을 안내한다.

77 가로변버스전용차로의 장단점으로 옳지 않은 것은?

① 시행이 간편하나 그 효과는 미비하다.
② 시행 후 문제점 발생에 따른 보완 및 원상복귀가 곤란하다.
③ 적은 비용으로 운영이 가능하나 가로변 상업활동과 상충된다.
④ 기존의 가로망 체계에 미치는 영향이 적다.

78 교통카드시스템에 대한 설명으로 옳지 않은 것은?

① 교통카드는 대중교통수단의 운임이나 유료도로의 통행료를 지불할 때 주로 사용되는 일종의 전자화폐이다.
② 1998년 6월에 최초로 서울시가 버스카드제를 도입하였다.
③ 현금소지의 불편 해소와 소지의 편리성, 요금 지불 및 징수의 신속성의 효과가 있다.
④ 하나의 카드로 다수의 교통수단 이용이 가능하고, 요금할인 등으로 교통비가 절감된다.

79 교통카드시스템의 설명으로 옳지 않은 것은?

① 집계시스템은 카드를 판독하여 이용요금을 차감하고 잔액을 기록하는 기능을 한다.
② 집계시스템은 단말기와 정산시스템을 연결하는 기능을 한다.
③ 충전시스템은 금액이 소진된 교통카드에 금액을 재충전하는 기능을 한다.
④ 정산시스템은 각종 단말기 및 충전기와 네트워크로 연결하여 사용 거래기록을 수집, 정산 처리하고, 정산결과를 해당 은행으로 전송한다.

80 승객을 응대하는 마음가짐에 대한 설명으로 옳지 않은 것은?

① 사명감을 가진다.
② 특정 고객에게는 더 친절하게 대해준다.
③ 승객의 입장에서 생각한다.
④ 항상 긍정적으로 생각한다.

출제 9 실내장함 시행되기

정답 및 해설 p.196

01 여객자동차 운수사업법령상 용어의 뜻에 있는 용어의 뜻으로 옳지 않은 것은?

① 자동차: 자동차관리법에 따른 승용자동차등 특수자동차 및 특수자동차
② 노선: 자동차를 정기적으로 운행하거나 운행하려는 구간
③ 여객자동차운송사업: 다른 사람의 수요에 응하여 자동차를 사용하여 유상(有償)으로 여객을 운송하는 사업
④ 여객자동차운송가맹사업: 다른 사람의 요구에 응하여 소속 여객자동차운송가맹점에 의뢰하여 여객을 운송하게 하는 사업

02 여객자동차 운수사업 중에서 노선 여객자동차운송사업에 해당하지 않는 것은?

① 시내버스운송사업
② 농어촌버스운송사업
③ 마을버스운송사업
④ 정비버스운송사업

03 다음에서 설명하고 있는 시내버스운송사업 및 농어촌버스운송사업의 운행형태에 해당하는 것은?

> 시내좌석버스를 사용하고 주로 고속국도, 도시고속도로 또는 주간선도로를 이용하며 기점 및 종점으로부터 5km 이내의 지점에 위치한 각각 4개 이내의 정류소에서만 정차하면서 운행하는 형태. 다만, 법령상이 인정하는 경우에는 기점 및 종점으로부터 7.5km 이내에 위치한 각각 6개 이내의 정류소에 정차할 수 있다.

① 광역급행형
② 직행좌석형
③ 좌석형
④ 일반형

04 시내버스운송사업의 운행형태 중 고속형에 대한 설명으로 옳은 것은?

① 시외고속버스 또는 시외우등고속버스를 사용하여 운행거리가 100km 이상이거나,
② 운행구간의 60% 이상을 고속국도로 운행하는 경우에 해당한다.
③ 시외일반버스를 사용하여 각 정류소에 정차하면서 운행하는 형태이다.
④ 시외직행버스를 사용하여 기점 또는 종점이 있는 특별시·광역시·특별자치시 또는 시·군의 행정구역이 아닌 다른 행정구역에 있는 1개소 이상의 정류소에 정차하면서 운행하는 형태이다.

05 여객자동차 운수사업법령상 교통사고 시 조치에 대한 처분기준으로 옳지 않은 것은?

① 운송사업자는 자동차의 고장, 교통사고 또는 천재지변(天災地變)에 이해 운행을 할 수 없게 된 경우에는 사상자를 구호하는 등 필요한 조치를 하여야 한다.
② 운송사업자는 그 사상자의 수에 따라 국토교통부령이 정하는 조치를 하여야 한다.
③ 운송사업자는 그 사상자의 수에 따라 국토교통부령이 정하는 바에 따라 지체 없이 시·도지사에게 보고하여야 한다.
④ 중대한 교통사고의 경우, 전복(顚覆) 사고, 화재가 발생한 사고, 사망자 2명 이상이 발생하거나 사망자 1명과 중상자 6명 이상이 발생한 사고를 말한다.

06 다음 빈칸에 들어갈 숫자를 차례대로 바르게 나열한 것은?

> 운송사업자(자동차 1대로 운송사업자가 직접 운전하는 여객자동차운송사업의 경우는 제외)는 운수종사자에 대한 다음의 사항을 각각의 기준에 따라 시·도지사에게 알려야 한다.
> 1. 신규 채용하거나 퇴직한 운수종사자의 명단(신규 채용한 운수종사자의 경우에는 보유하고 있는 운전면허의 종류와 취득 일자를 포함) : 신규 채용일이나 퇴직일부터 (　)일 이내
> 2. 전월 말일 현재의 운수종사자 현황 : 매월 (　)일까지
> 3. 전월 각 운수종사자에 대한 휴식시간 보장내역 : 매월 (　)일까지

① 7, 10, 10
② 7, 7, 10
③ 5, 7, 10
④ 10, 7, 7

07 운수종사자가 운전업무를 시작하기 전에 국토교통부령에 따라 받아야 하는 교육을 모두 고른 것은?

> ㉠ 여객자동차 운수사업 관계 법령 및 도로교통관계법령
> ㉡ 서비스의 자세 및 운송질서의 확립
> ㉢ 교통안전수칙
> ㉣ 응급처치의 방법
> ㉤ 지속가능 교통물류 발전법에 따른 경제운전

① ㉠, ㉡, ㉢
② ㉠, ㉢, ㉣, ㉤
③ ㉡, ㉢, ㉣, ㉤
④ ㉠, ㉡, ㉢, ㉣, ㉤

08 다음 중 도로교통법상 도로에 해당하지 않는 것은?

① 도로법에 따른 도로
② 유료도로법에 따른 유료도로
③ 자동차의 고속 운행에만 사용하기 위하여 지정된 도로
④ 그 밖에 현실적으로 불특정 다수의 사람 또는 차마(車馬)가 통행할 수 있도록 공개된 장소로서 안전하고 원활한 교통을 확보할 필요가 있는 장소

09 다음에서 설명하는 용어에 해당하는 것은?

> 도로에서 궤도를 설치하고, 안전표지 또는 인공구조물로 경계를 표시하여 설치한 도시철도법 제18조의2 제1항 각 호에 따른 도로 또는 차로를 말한다.

① 중앙선
② 차 선
③ 길가장자리구역
④ 노면전차 전용로

10 다음 중 차량신호등 중 적색화살표의 등화가 의미하는 것은?

① 차마는 화살표시 방향으로 진행할 수 있다.
② 화살표시 방향으로 진행하려는 차마는 정지선, 횡단보도 및 교차로의 직전에서 정지하여야 한다.
③ 차마는 다른 교통 또는 안전표지의 표시에 주의하면서 화살표시 방향으로 진행할 수 있다.
④ 화살표시 방향으로 진행하려는 차마는 정지선이 있거나 횡단보도가 있을 때에는 그 직전이나 교차로의 직전에 정지하여야 하며, 이미 교차로에 차마의 일부라도 진입한 경우에는 신속히 교차로 밖으로 진행하여야 한다.

11 다음 중 긴급자동차의 운행에 대한 설명으로 옳지 않은 것은?

① 긴급용무 수행이외의 경우에도 도로교통법상 도 로에서는 경광등을 켜고 중앙선(중앙분리대가 설치된 경우는 중앙분리대)의 좌측부분을 통행 하여도 그 공안상을 인정한다.

② 교차로나 그 부근에서 긴급자동차가 접근하는 경우에는 긴급자동차가 우선 통행할 수 있도록 교차로를 피하여 도로의 우측 가장자리에 일시 정지하여야 한다.

③ 모든 차의 운전자는 교차로나 그 부근 이외의 곳에서 긴급자동차가 접근한 경우에는 긴급자동차가 우선 통행할 수 있도록 진로를 양보하여야 한다.

④ 긴급자동차는 긴급하고 부득이한 경우에는 도로의 중앙이나 좌측 부분을 통행할 수 있다. 다만, 대통령령으로 정하는 경우에는 자동차등의 속도 제한 규정은 긴급자동차에 대하여는 적용하지 아니한다. 다만, 긴급자동차에 대하여 속도를 제한한 경우에는 같은 규정을 적용한다.

12 교통안전시설의 종류 및 설치·관리기준 등에 대한 설명으로 옳은 것은?

① 교통안전시설은 주의표지, 교통안전시설의 설치·관리 규정, 그 밖에 교통안전시설의 설치·관리 규정에 필요한 사항은 대통령령으로 정한다.

② 고등교육은 인정(대학·전문대학·고교 등) 본 기계는 이를 교통안전시설의 필요한 표지를 할 경우에는 이를 교통안전시설에 확립된 표지로 한다고 한다.

③ 도로관리청이 설치하는 도로 그 부근에 설치함이 있는 경우 그 도로교통사업이 공사로 인하여 교통안전시설에 표시된 사항은 시·도경찰청장이 설치·관리한다.

④ 교통안전시설의 종류·설치·관리기준 및 사상시설의 교통안전시설이 공사로 인하여 필요한 경우 그 공사시행지가 교통안전시설을 원상회복에 필요한 경용을 부담한다.

13 다음 중 사이렌을 울리하거나 등화 또는 불꽃에 해당하는 것은 몇 가지인가?

- ⊙ 도로관리청
- ⊙ 장의(葬儀) 행렬
- ⊙ 교차로의 이내 중앙이 정지한 경우
- ⊙ 신호기 작동중인지 여부 확인하기 위해 설치
- ⊙ 인수 등을 사용하거나 아니하고 통행할 수 있는 사람
- ⊙ 말·소 등의 큰 동물을 몰고 가는 사람

① 2개
② 3개
③ 4개
④ 5개

14 비·안개·눈 등으로 인한 악천 날씨에 최고속도의 20/100을 줄인 속도로 운행하여야 하는 경우에 해당하지 않는 것은?

① 노면이 얼어 붙은 경우
② 비가 내려 가시범위 짧은 경우
③ 눈이 20mm 미만 쌓인 경우
④ 폭우·폭설·안개 등으로 가시거리가 100m 이내인 경우

15 다음 중 주차금지의 장소에 해당하지 않는 것은?

① 터널 안 및 다리 위
② 화재경보기로부터 10m 이내인 곳
③ 도로공사를 하고 있는 경우에는 그 공사 구역의 양쪽 가장자리부터 5m 이내인 곳
④ 시·도경찰청장이 도로에서의 위험을 방지하고 교통의 안전과 원활한 소통을 확보하기 위하여 인정한 곳

16 도로교통법령상 규정되어 있는 운전자의 준수사항에 대한 설명으로 옳지 않은 것은?

① 물이 고인 곳을 운행할 때에는 고인 물을 튀게 하여 다른 사람에게 피해를 주는 일이 없도록 해야 한다.
② 어린이가 보호자 없이 도로를 횡단할 때, 어린이가 도로에서 앉아 있거나 서 있을 때 또는 어린이가 도로에서 놀이를 할 때 등 어린이에 대한 교통사고의 위험이 있는 것을 발견한 경우 일시정지 해야 한다.
③ 도로에서 자동차 등 또는 노면전차를 세워둔 채 시비·다툼 등의 행위를 하여 다른 차마의 통행을 방해하지 아니하여야 한다.
④ 운전자는 안전을 확인하여도 차 또는 노면전차의 문을 열거나 내려서는 아니 되며, 운전자는 동승자가 교통의 위험을 일으키지 아니하도록 필요한 조치를 해야 한다.

17 술에 취한 상태에서 자동차 등 또는 노면전차를 운전한 사람에 대한 벌칙으로 옳지 않은 것은?

① 혈중알코올농도가 0.2% 이상인 사람은 2년 이상 5년 이하의 징역이나 1,000만원 이상 2,000만원 이하의 벌금에 처한다.
② 혈중알코올농도가 0.08% 이상 0.2% 미만인 사람은 1년 이상 2년 이하의 징역이나 500만원 이상 1,000만원 이하의 벌금에 처한다.
③ 혈중알코올농도가 0.03% 이상 0.08% 미만인 사람은 1년 이하의 징역이나 500만원 이하의 벌금에 처한다.
④ 술에 취한 상태에 있다고 인정할 만한 상당한 이유가 있는 사람으로 경찰공무원의 측정에 응하지 아니한 사람(자동차 등 또는 노면전차를 운전한 사람으로 한정)은 1년 이상 5년 이하의 징역이나 500만원 이상 1,000만원 이하의 벌금에 처한다.

18 다음 빈칸에 들어갈 법률명이 바르게 짝지어진 것은?

> ㉠ 차의 운전자가 교통사고로 인하여 ( ) 제268조의 죄를 범한 경우에는 5년 이하의 금고 또는 2,000만원 이하의 벌금에 처한다.
> ㉡ 차의 교통으로 ㉠의 죄 중 업무상과실치상죄 또는 중과실치상죄와 ( ) 제151조의 죄를 범한 운전자에 대하여는 피해자의 명시적인 의사에 반하여 공소를 제기할 수 없다.

① 형법, 도로교통법
② 헌법, 여객자동차 운수사업법
③ 민법, 여객자동차 운수사업법
④ 도로교통법, 여객자동차 운수사업법

19 교통사고처리 특례법상 보험 등에 가입된 경우의 특례에 대한 설명으로 옳지 않은 것은?

① 보험 또는 공제에 가입된 사실은 보험회사, 공제조합 또는 공제사업자가 작성한 서면에 의하여 증명되어야 한다.
② 교통사고를 일으킨 차가 보험 또는 공제에 가입된 경우에는 교통사고처리 특례법상의 특례 적용 사고가 발생한 경우에 운전자에 대하여 공소를 제기할 수 없다.
③ 피해자가 신체의 상해로 인하여 생명에 대한 위험이 발생하거나 불구(不具)가 되거나 불치(不治) 또는 난치(難治)의 질병이 생긴 경우에도 특례에 따라 공소를 제기할 수 없다.
④ 보험계약 또는 공제계약이 무효로 되거나 해지되거나 계약상의 면책 규정 등으로 인하여 보험회사, 공제조합 또는 공제사업자의 보험금 또는 공제금 지급의무가 없어진 경우에는 공소를 제기할 수 있다.

20 다음 중 도주(뺑소니)에 해당하는 경우는?

① 피해자가 부상사실이 없거나 극히 경미하여 구호조치가 필요하지 않아 연락처를 제공하고 떠난 경우
② 사고운전자가 심한 부상을 입어 타인에게 의뢰하여 피해자를 후송 조치한 경우
③ 사고 장소가 혼잡하여 불가피하게 일부 진행 후 정지하고 되돌아와 조치한 경우
④ 자신의 의사를 제대로 표시하지 못하는 나이 어린 피해자가 '괜찮다'라고 하여 조치 없이 가버린 경우

PART 2 실기시험 시험보기

21 다음 중 임시사고의 차로 기준으로 설명한 것으로 옳은 것은?

① 사망사고는 원 교차로의 정 교차로에서 가장 가까운 교차로까지를 특별 제3호 제3항을 적용하여 기소의견으로 송치한다.
② 피해자가 장해사고 환자이거나 풍·도구 등 질병이 있는 경우에 이르게 된 때에는 특례법 제3조 제2항 제6호 위반으로 가중처벌되는 경우는 피해자가 자동차손해배상보장법 시행령에 규정된 상해가 가장 심한 때에 해당하는 경우는 기소의견으로 송치한다.
③ 피해자가 특례법 제3조 제2항 제1호부터 제11호까지 사고를 제외한 일반사고로 중상해 입은 경우 피해자가 피해자를 처벌을 원하지 않더라도 기소의견으로 송치한다.
④ 피해자가 처벌을 원하지 않으면 종합보험가입 여부가 피해자에게 가장 경미한 피해를 입힌 경우라도 20일 미만의 경우는 기소의견으로 송치한다. 단, 피해자가 20일 미만의 경우는 피해자의 의사에 대립하여 공소를 제기한다.

22 다음 중 인피 뺑소니 사고의 처리에 해당하는 것은?

① 특정범죄가중처벌법 등에 관한 법률 제5조의13을 적용하여 기소의견으로 송치한다.
② 도로교통법 제148조를 적용하여 기소의견으로 송치한다.
③ 도로교통법 제151조를 적용하여 기소의견으로 송치한다.
④ 도로교통법 제156조 제10호를 적용하여 경찰서 교통범죄조사시스템(TCS)에서 즉결심판을 청구하고 고지서를 즉시 발부한다.

23 다음은 안전거리 확보의무 위반에 따른 승용차량에 대한 범칙금과 벌점이다. 다음에 들어갈 범칙금으로 알맞은 것은?

항목	승용자동차의 범칙금	벌점
고속도로·자동차전용도로 안전거리 미확보	( )만원	10점
일반도로 안전거리 미확보	2만원	10점

① 2만원
② 3만원
③ 5만원
④ 10만원

24 도로교통법상 보행자 보호의무에 관한 옳은 것은?

① 모든 차 또는 노면전차의 운전자는 보행자가 횡단보도를 통행하고 있거나 통행하려고 하는 때에는 보행자의 횡단을 방해하거나 위험을 주지 아니하도록 그 횡단보도 앞(정지선이 설치되어 있는 곳에서는 그 정지선을 말한다)에서 일시정지하여야 한다.
② 모든 차의 운전자는 보행자가 횡단보도가 설치되어 있지 아니한 도로를 횡단하고 있을 때에는 안전거리를 두고 일시정지하여 보행자가 안전하게 횡단할 수 있도록 하여야 한다.
③ 모든 차의 운전자는 교통정리를 하고 있는 교차로에서 좌회전이나 우회전을 하려는 경우에는 신호기 또는 경찰공무원등의 신호나 지시에 따라 도로를 횡단하는 보행자의 통행을 방해하여서는 아니 된다.
④ 모든 차의 운전자는 도로에 설치된 안전지대에 보행자가 있는 경우와 차로가 설치되지 아니한 좁은 도로에서 보행자의 옆을 지나는 경우에는 안전한 거리를 두고 서행하여야 한다.

25 다음 중 보복운전 과태료가 가장 많은 경우에 해당하는 것은?

① 고속도로에서 정당한 사유 없이 2회 이상 앞지르기 방법 위반한 사람
② 중앙선을 걸쳐서 매달리거나 끼어들기 한 아니한 운전자
③ 신호기 등의 신호현장 등에 반복 교통법규 위반하지 아니한 사람
④ 어린이통학버스 앞에서 서행·정지하지 아니한 경우에의 운전자

26 운행 전 운전석에서 점검해야 할 사항으로 옳은 것은?

① 엔진오일의 양
② 배터리의 출력
③ 와이퍼 작동상태
④ 냉각수의 양

27 버스 외장 손질에 대한 설명으로 옳지 않은 것은?

① 자동차 표면에 녹이 발생하거나, 부식되는 것을 방지하도록 깨끗이 세척한다.
② 소금, 먼지, 진흙 또는 다른 이물질이 퇴적되지 않도록 깨끗이 제거한다.
③ 자동차의 더러움이 심할 때에는 고무 제품의 변색을 예방하기 위해 자동차 전용 세척제를 사용한다.
④ 차체의 먼지나 오물을 마른 걸레로 닦아낸다.

28 운전 중 브레이크 조작에 대한 설명으로 옳지 않은 것은?

① 브레이크를 밟을 때 2~3회에 나누어 밟게 되면 추돌의 위험이 있다.
② 내리막길에서 계속 풋 브레이크를 작동시키면 브레이크 파열 등의 우려가 있다.
③ 주행 중에 제동할 때에는 핸들을 붙잡고 기어가 들어가 있는 상태에서 제동한다.
④ 내리막길에서 운행할 때 기어를 중립에 두고 탄력 운행을 하지 않는다.

29 겨울철 운행 시 주의사항으로 옳지 않은 것은?

① 엔진시동 후에는 적당한 워밍업을 한 후 시행한다.
② 눈길에서는 가속페달을 급하게 조작하면 위험하다.
③ 내리막길에서 엔진브레이크를 사용하면 방향조작에 위험하다.
④ 오르막길에는 차간거리를 유지하면서 서행한다.

30 안전벨트 착용 방법으로 옳지 않은 것은?

① 안전벨트를 착용할 때에는 좌석 등받이에 기대어 똑바로 앉는다.
② 안전벨트에 별도의 보조장치를 장착하여 보호효과를 증가시킨다.
③ 어깨벨트는 어깨 위와 가슴 부위를 지나도록 한다.
④ 안전벨트를 복부에 착용하지 않는다.

31 연료 주입구 개폐에 대한 설명으로 옳지 않은 것은?

① 연료 캡을 열 때에는 연료에 압력이 가해져 있을 수 있으므로 천천히 분리한다.
② 시계방향으로 돌려 연료 주입구 캡을 분리한다.
③ 연료를 충전할 때에는 항상 엔진을 정지시키고 연료 주입구 근처에 불꽃이나 화염을 가까이 하지 않는다.
④ 연료 주입구에 키 홈이 있는 차량은 키를 꽂아 잠금 해제시킨 후 연료주입구 커버를 연다.

32 ABS(Anti-lock Break System)의 특징으로 옳지 않은 것은?

① 바퀴의 미끄러짐이 없는 제동 효과를 얻을 수 있다.
② 자동차의 방향 안정성, 조종성능을 확보해 준다.
③ 앞바퀴의 고착에 의한 조향 능력 상실을 방지한다.
④ 브레이크 슈, 드럼 혹은 타이어의 마모를 줄일 수 있다.

33 사용한다가 작동되지 않거나 현격히 흘림없이 정상동 발 때 점검하는 원인이 아닌 것은?

① 배터리의 방전
② 배터리 단자의 부식
③ 낡은 축전 연결망결함
④ 예열장동 플러그

34 브레이크 자동조작가 나쁜 경우 추장되는 원인으로 옳은 것은?

① 좌우 타이어 공기압이 다르다.
② 타이어가 평행마모되어 있다.
③ 좌우 라이닝 간극이 다르다.
④ 공기구멍이 있다.

35 엔진의 출력을 자동차 주행속도에 알맞게 회전력과 속도를 바꾸어 구동바퀴에 전달하는 장치는?

① 클러치
② 변속기
③ 추진축
④ 스테빌라이저

36 조향 핸들이 무겁게 돌리기 힘든 원인으로 옳은 것은?

① 앞바퀴의 정렬 상태가 불량하다.
② 타이어 공기압이 부족하다.
③ 타이어의 마모가 과다하다.
④ 조향기어 박스 내의 오일이 부족하다.

37 감속 브레이크의 종류가 아닌 것은?

① 엔진 브레이크
② 제이크 브레이크
③ 배기 브레이크
④ ABS(Anti-lock Break System)

38 엔진 배력식 브레이크에 대한 설명으로 옳지 않은 것은?

① 차량 중량에 제한을 받는다.
② 마스터백 고장 시 배이크 밀린다.
③ 구조가 간단하여 정비하기 쉽다.
④ 에너지 소비가 많다.

39 방향지시 신호 시에 해당하지 않는 것은?

① 방향지시기
② 비상 점멸 자동차신호등
③ 등화신호
④ 방향전환 수조·감속의 신체도

40 사업용 자동차가 책임보험이나 책임공제에 가입하지 않은 기간이 10일 이내인 경우 과태료는?

① 1만원
② 2만원
③ 3만원
④ 5만원

41 버스운행 기본 수칙으로 옳지 않은 것은?

① 운행을 시작할 때 후사경이 제대로 조정되는지 확인한다.
② 기어가 들어가 있는 상태에서는 클러치를 밟지 않고 시동을 건다.
③ 출발 후 진로변경이 끝나기 전에 신호를 중지하지 않는다.
④ 주차브레이크가 채워진 상태에서는 출발하지 않는다.

42 고속도로 안전운전 요령으로 옳지 않은 것은?

① 고속도로 및 자동차 전용도로는 전 좌석 안전띠 착용이 의무사항이다.
② 운전자는 앞차만 보면 안 되며 앞차의 전방까지 시야를 두면서 운전한다.
③ 앞차를 추월할 경우 앞지르기 차로를 이용하며 추월이 끝나면 주행차로로 복귀한다.
④ 고속도로에 진입할 때는 교통흐름에 방해되지 않도록 신속하게 운전한다.

43 고속도로 교통사고 대처 요령으로 옳지 않은 것은?

① 신속히 비상등을 켜고 갓길로 차량을 이동시킨다.
② 고장차량 표지인 안전삼각대를 설치한다.
③ 사고 현장에 구급차가 도착할 때까지 부상자에게 응급조치를 한다.
④ 부상자는 무조건 가드레일 바깥 등의 안전한 장소로 이동시킨다.

44 고속도로에서 교통사고가 났을 때, 보기 중 연락하여 도움을 요청할 수 있는 곳을 모두 고르시오.

보기
㉠ 경찰관서(112)
㉡ 소방관서(119)
㉢ 응급전화(111)
㉣ 한국도로공사 콜센터(1588-2504)

① ㉠, ㉡, ㉢, ㉣
② ㉠, ㉡, ㉢
③ ㉠, ㉡, ㉣
④ ㉠, ㉡

45 고속도로 터널 안전운전 수칙으로 옳지 않은 것은?

① 선글라스를 벗고 라이트를 켠다.
② 차선을 바꿀 때에는 안전거리를 유지한다.
③ 비상시를 대비하여 피난연결통로나 비상주차대 위치를 확인한다.
④ 터널 진입 전에 입구 주변에 표시된 도로정보를 확인한다.

46 타이어 마모 시 행동요령으로 옳지 않은 것은?

① 앞지르기 및 차로 가감속을 신중하게 한다.
② 비상등을 누르거나 비상정지로 정차대형을 알린다.
③ 타이어 공기압 수축으로 주행안전의 조기감량을 시도한다.
④ 타이어 펑크 이상이 통과 누송된 경우 최대한 갑자기 속으로 정차한다.

47 다음 중 버스의 인전운전 요령으로 옳지 않은 것은?

① 정지신호가 깜박일 시에 가속하여 교차로를 진입한다.
② 급가속 행동운전 자제 사고를 방지함으로 감속한다.
③ 버스 당기 과속에 의하여 정상 그룹하이 있으므로 항상 감속운행을 준수한다.
④ 신호교차로 정차할 정시 가속패달동 미리하고 감속한다.

48 다음 중 버스 운전자가 유의해야 할 특성으로 옳지 않은 것은?

① 버스는 승차상이 폭이 급감정심으로 정심이 감지될 수 있다.
② 버스는 차량기 길기 때문에 회전 시 대형차량의 과속정상과 충돌 위험이 있다.
③ 버스 운전자는 승용차에 비해 1.5~2배 높아서 멀리 가시거리도 멀게 느껴진다.
④ 버스는 차량기 크기 때문에 바로 앞에 근접해서 고속도로 진입이동에서 과속 정지·정차할 수 없게 된다.

49 경제운전의 기본적인 방법으로 옳지 않은 것은?

① 불필요한 공회전을 피한다.
② 일정한 속도로 주행한다.
③ 과·속공속 시 부드럽게 한정한다.
④ 엔진회전수를 중이기 상한 가·감속등 감속하게 한다.

50 다음 보기에서 경제운전의 효과를 모두 고르시오.

〈보기〉
㉠ 차량관리 비용, 고장수리 비용, 타이어 교체비용 등의 절감
㉡ 수리 및 정비 작업의 적정 등 시간 및 연료 절감효과
㉢ 공해배출 등 환경문제 정심제의 감소효과
㉣ 교통안전 중진효과
㉤ 운전자 및 승객의 스트레스 감소효과

① ㉠, ㉡, ㉤
② ㉠, ㉡, ㉢, ㉤
③ ㉠, ㉡, ㉣, ㉤
④ ㉠, ㉡, ㉢, ㉣, ㉤

51 다음 중 경제운전 방법으로 옳지 않은 것은?

① 도중에 가속하지 않고 일정속도로 가행하는 것이 중요하다.
② 감속정보를 얻어서 자동변속기를 풀어고 움직이는 타이밍을 놓치는 것이 마감 나쁠 수 있다.
③ 상당속도에 맞는 최적의 정속운행을 잘 찾아서 기행되는 것이 중요하다.
④ 가속정심속도 2,000~3,000rpm인 상태에서 그 기아로 변속하는 것이 좋다.

52 다음 중 감속 운행해야 하는 경우가 아닌 것은?

① 눈이 많이 쌓인 곳
② 경사 심한 가파른 곳 부근
③ 차선정이 있는 도로
④ 주행거리가 안정성도

53 진로 변경 시 유의할 점이 아닌 것은?
① 고속도로에서는 차로를 변경하려는 지점에서 30m 이전에 방향지시등을 작동시킨다.
② 급차로 변경을 하지 않는다.
③ 도로노면에 표시된 백색 점선에서 진로를 변경한다.
④ 백색 실선이 설치된 곳에서는 진로를 변경하지 않는다.

54 다음 중 양보차로에 대한 설명으로 옳지 않은 것은?
① 교통흐름이 지체되고 앞지르기가 불가능할 경우, 원활한 소통을 위해 도로 중앙 측에 설치하는 차로이다.
② 양방향 2차로 앞지르기 금지구간에서 차의 원활한 소통을 도모하고 도로 안전성을 제고하기 위해 설치한다.
③ 저속차로 인해 교통흐름이 지체되고 반대차로를 이용한 앞지르기가 불가능할 경우 원활한 소통을 위해 설치한다.
④ 양보차로가 효과적으로 운영되기 위해서는 저속차는 뒤따르는 차가 한 대라도 있을 경우 양보하는 것이 바람직하다.

55 다음 보기가 설명하는 차로는?

보기
• 차가 다른 도로로 유입하는 경우 본선의 교통흐름을 방해하지 않고 안전하게 감속 또는 가속하도록 설치하는 차로이다. • 주로 고속도로의 인터체인지 연결로, 휴게소 및 주유소의 진입로, 공단진입로, 상위도로와 하위도로가 연결되는 평면교차로 등 차량이 유출입이 잦은 곳에 설치한다.

① 가변차로
② 변속차로
③ 회전차로
④ 앞지르기차로

56 교통섬에 대한 설명으로 옳지 않은 것은?
① 교차로 또는 차도의 분기점 등에 설치하는 섬 모양으로 설치하는 시설이다.
② 신호등, 도로표지, 안전표지, 조명 등 노상시설의 설치장소를 제공한다.
③ 주차 또는 정차를 위해 차도에 설치하는 도로의 부분을 말한다.
④ 보행자가 도로를 횡단할 때 대피섬을 제공한다.

57 보기에서 교차로 내 도류화의 목적을 모두 고르시오.

보기
㉠ 자동차가 합류, 분류, 교차하는 위치와 각도를 조정한다. ㉡ 교차로 면적을 조정함으로써 자동차 간에 상충되는 면적을 줄인다. ㉢ 포장 끝부분 보호, 측방의 여유 확보, 운전자의 시선을 유도하는 기능을 갖는다. ㉣ 보행자 안전지대를 설치하기 위한 장소를 제공한다. ㉤ 차의 통행 방향에 따라 분리하거나 같은 방향 도로에서 성질이 다른 교통을 분리하는 기능을 한다.

① ㉠, ㉣, ㉤
② ㉠, ㉢, ㉣
③ ㉠, ㉡, ㉢
④ ㉠, ㉡, ㉣

58 버스 운전자가 지켜야 할 기본공통 중 수칙으로 옳지 않은 것은?

① 차내에 밀어 서 있는 승객이 있는 자동차에서는 급출발하지 않도록 한다.
② 신호등이 있는 교차로 상에서 대기할 때에는 주차브레이크를 당기 거나 변속기 중립에 두도록 한다.
③ 급출발, 급가속, 급감속, 급정지, 급회전 등이 되지 않도록 주의한다.
④ 돌발상황이 없어 정차 후 이동할 경우가 자동차가 완전하지 않도록 주의한다.

---

59 버스 주행 시 지켜야 할 수칙으로 옳지 않은 것은?

① 다른 차로를 침범하거나, 2개 차로에 걸쳐 주행하지 않는다.
② 운전조작 실수로 인하여 교통사고가 발생하지 않도록 한다.
③ 앞 차량에 근접하여 주행하지 않고 좌우로 흔들리지 않도록 주의한다.
④ 핸들을 조작할 때마다 승객이 이동 등에 상처를 입지 않도록 주의 한다.

---

60 다음 보기의 ( )안에 알맞은 말은?

보기
고속도로 ( )긴급견인 서비스는 고속도로 본선이나 영업소 진입 전 2차 사고가 우려되는 소형차량을 안전지대(휴게소, 영업소, 쉼터 등)까지 견인하는 제도로, 한국도로공사에서 사용하는 무료 서비스이다.

① 119
② 2000
③ 2500
④ 2504

---

61 운행중길의 대처 방법으로 옳지 않은 것은?

① 강풍이 많이 사람의 공기 등을 들이마신다.
② 라디오를 켜거나 환기팬을 돌린다.
③ 몇 초 정도 내에 평정심을 되찾아진다.
④ 응급상황 발생에 대한 영향에 대응에 생각할 집중한다.

---

62 다음 중 버스의 안전운전 요령으로 옳지 않은 것은?

① 금강수에는 경우를 제외하고 앞지르기를 하지 않는 속도로 주행 하고 차간 거리를 유지한다.
② 신호대기 등으로 인하여 방향지시등을 켜고 있는 자동차 등이 있는 경우에는 주위에 주의한다.
③ 속도가 느리 상태에서 진로변경이 있는 시도차량 등은 공손하지 말아 신속하게 변경한다.
④ 앞지르기 할 시 미리 감속하고 도로 방향이 자동차등을 일으키지 않도록 마주 보행동한다.

63 운전사고의 요인 중 직접적 요인으로 적절하지 않은 것은?
① 과속과 같은 법규 위반
② 운전조작의 잘못
③ 직장이나 가정에서의 원만하지 못한 인간관계
④ 잘못된 위기대처

64 다음 중 동체시력에 대한 설명으로 옳지 않은 것은?
① 동체시력은 정지시력과 어느 정도 반비례 관계를 갖는다.
② 동체시력은 조도가 낮은 상황에서는 쉽게 저하된다.
③ 움직이는 물체 또는 움직이면서 다른 차나 사람 등을 보는 시력을 말한다.
④ 동체시력은 물체의 이동속도가 빠를수록 저하된다.

65 다음 중 방호울타리의 주요기능이 아닌 것은?
① 자동차의 차도 이탈을 방지한다.
② 운전자의 시선을 유도한다.
③ 차를 정상적인 진행방향으로 복귀시킨다.
④ 차의 통행방향에 따라 분리한다.

66 다음 중 서비스의 특징은?
① 물적의존성
② 유형성
③ 동시성
④ 소유권

67 고객을 응대할 때의 마음가짐으로 맞는 것은?
① 행동을 할 때 자신감을 갖는다.
② 공사를 구분하지 않는다.
③ 항상 부정적으로 생각한다.
④ 자신의 입장에서 생각한다.

68 올바른 악수 방법은?
① 악수할 때 손끝만 살짝 잡는다.
② 악수하는 손을 흔든다.
③ 상대방의 눈을 바라보지 않는다.
④ 윗사람이 먼저 악수를 청한다.

69 운전자가 삼가야 할 운전행동이 아닌 것은?
① 방향지시등 작동 후 차로변경
② 교통 경찰관 단속에 불응
③ 갓길 통행
④ 운행 중에 오디오 볼륨 크게 작동

70 음주운전 공휴 시 안전수칙이 아닌 것은?

① 차의 이상유무 여부도 항상 점검해 두어야 유리하다.
② 정차 후 어린이 밀집지역 골목길에서는 주차 후 최고로 운행한다.
③ 충돌 후 이상 발생이고, 수습에게 알림과 임대점 등을 하고 있다.
④ 배차사항, 집단사항 등을 운영한다.

71 교통사고 시 운수종사자가 해야 하는 조치 중 옳은 것은?

① 현장에서의 긴급정차시 사고 의사가 이용정지 없이 있다.
② 사고발생 경위를 따라 승용차를 주사하로 운전에 일이 된다.
예 고정한다.
③ 사고에 따라 임의로 처리할 수 있다.
④ 사상자 긴급조치으로 승객을 잠시에, 필요시 교조용
호 사자에 따라 조치한다.

72 비사용업체의 운행 중 정차가 비스정지 계좌에서나 비스
용동사차에 정착된 정지자는 방식은?

① 민영제
② 공영제
③ 준영업제
④ 공동운영제

73 도로교통사고가 대규모사업영업교통안전의 실명받은 공통으로
볼 수 있는 것은?

① 여객자동차운송사업에 공급 운영・중간 수단 수단(受取)
② 여객자동차운송사업의 공급 운영・변경 허가
③ 노선 여객자동차운송사업에 대한 공공 자금 받급
④ 여객자동차운송사업자 또는 사업자단체에 대한 재정 지원

74 간선급행버스체계의 도입 배경이 아닌 것은?

① 대중교통 이용률의 정체
② 도로상 교통사정상 중가
③ 교통혹상의 지속
④ 도로 및 교통시설에 대한 투자재원 증가

75 버스의 운행상태를 파악으로, 이를 이용해 이용자에게
정보를 제공하고 해당 노선사무소의 도차예상시간을 안내하는 시스템은
무엇인가?

① BIS(Bus Information System)
② BMS(Bus Management System)
③ BDS(Bus Dispatching System)
④ BTS(Bus Transmission System)

76 버스전용차로를 설치하기에 적당하지 않은 장소는?

① 전용차로를 설치하고자 하는 구간의 교통정체가 심한 곳
② 편도 1차로인 도로로 버스 통행량이 일정 수준 이상인 곳
③ 승차인원이 한 명인 승용차의 비중이 높은 구간
④ 대중교통 이용자들의 폭넓은 지지를 받는 구간

77 대중교통 전용지구에 대한 설명 중 틀린 것은?

① 도시의 교통수요를 감안해 승용차 등 일반 차량의 통행을 제한하는 제도이다.
② 보행자 보호를 위해 대중교통 전용 지구 내에서는 30km/h로 속도를 제한한다.
③ 승용차와 일반 승합차는 24시간 진입이 불가하고, 화물차량은 허가 후 통행이 가능하다.
④ 버스, 택시, 16인승 승합차, 긴급자동차의 통행은 항상 가능하다.

78 교통카드시스템의 도입효과 중 정부 측면의 효과로 옳지 않은 것은?

① 첨단 교통체계의 기반이 된다.
② 하나의 카드로 다수의 교통수단을 이용할 수 있다.
③ 대중교통 이용률을 높이고, 교통환경을 개선할 수 있다.
④ 교통정책 수립 및 교통요금 결정의 기초자료를 확보할 수 있다.

79 응급처치 방법 중 심폐소생술에 대한 설명으로 틀린 것은?

① 머리 젖히고 턱을 들어 올려 기도를 연다.
② 인공호흡을 할 때에는 가슴이 충분히 올라올 정도로 실시한다.
③ 가슴압박을 할 때에는 팔을 곧게 펴서 바닥과 수직이 되도록 한다.
④ 소아의 가슴압박 깊이는 성인에 준하여 실시한다.

80 교통사고 발생 시 운전자의 조치사항으로 잘못된 것은?

① 차도와 같이 위험한 장소일 때에는 안전장소로 대피시켜 2차 피해가 일어나지 않도록 한다.
② 승객이나 동승자가 있는 경우 동요하지 않도록 하고 혼란을 방지하기 위해 노력한다.
③ 야간에는 주변의 안전에 특히 주의를 기울이며 기민하게 구출을 유도한다.
④ 인명구출 시 가까이 있는 사람을 우선적으로 구조한다.

실전 01 실제유형 시험보기

정답 및 해설 p.200

01 다음 보기에서 설명하고 있는 여객자동차운송사업의 종류에 해당하는 것은?

보기
주로 시(특별시·광역시를 포함)·군 또는 구의 단일 행정구역에서 운행계통을 정하지 아니하고 국토교통부령으로 정하는 자동차를 사용하여 여객을 운송하는 사업이다. 이 경우 사업구역 및 주사무소, 영업소 등의 운영에 대하여는 그 공영해태를 고려한다.

① 시내버스운송사업
② 농어촌버스운송사업
③ 마을버스운송사업
④ 시외버스운송사업

02 다음 중 보기가 설명하는 도로교통법상의 용어는?

보기
차마의 운전자가 보행자를 보호하거나 도로의 위험 등을 피하기 위하여 차마를 일시적으로 완전히 정지시키는 것

① 주차
② 운행상
③ 일시정지
④ 고장차

03 다음 중 자동차관리에 대한 설명으로 옳지 않은 것은?

① 긴급자동차 : 자동차 운송용을 위한 차량으로 일부 예외의 사용할 수 있는 차량
② 자가용·영업용 자동차 : 자동차 운송사업 등의 일에 사용되는 자동차
③ 캠핑용 자동차 : 다른 자동차를 견인하거나 구난작업 또는 이에 따르는 장비 등을 하기 위한 구조로 된 자동차
④ 이륜자동차 : 자동차의 일정한 총중량이 차량중량을 초과하는 장치에 의해 승용차와 그 밖의 장비로 사용 가능한 자동차

04 다음은 내연기관을 이용하지 않고 원동기를 사용하여 운전되는 차의 의미하는 도로교통법상의 자동차가 아닌 것은?

① 이륜자동차
② 승용자동차
③ 노면전차
④ 원동기장치자전거

05 다음 중 긴급자동차가 아닌 것은?

① 혈액 공급차량
② 경찰용 자동차 중 범죄수사에 사용되는 자동차
③ 수사 관계업무에 사용되는 자동차
④ 교통단속에 사용되는 경찰용 자동차

06 비·안개·눈 등으로 인한 거친 날씨의 운전속도에 대한 내용으로 옳지 않은 것은?

① 노면이 얼어붙은 경우 최고속도의 50/100을 줄인 속도로 운행하여야 한다.
② 폭우·폭설·안개 등으로 가시거리가 100m 이내인 경우에는 최고속도의 50/100을 줄인 속도로 운행하여야 한다.
③ 비가 내려 노면이 젖어 있는 경우 최고속도의 50/100을 줄인 속도로 운행하여야 한다.
④ 눈이 20mm 미만 쌓인 경우에는 최고속도의 20/100을 줄인 속도로 운행해야 한다.

07 다음 중 운전자가 앞지르기를 할 수 있는 것은?

① 앞차의 우측에 다른 차가 앞차와 나란히 가고 있는 경우
② 위험을 방지하기 위하여 정지하거나 서행하고 있는 차
③ 경찰공무원의 지시에 따라 정지하거나 서행하고 있는 차
④ 도로교통법에 따른 명령에 따라 정지하거나 서행하고 있는 차

08 다음 중 교차로 통행방법에 대한 내용으로 옳지 않은 것은?

① 우회전을 하기 위하여 방향지시기로 신호를 하는 차가 있는 경우에 모든 차의 운전자는 앞차의 진행을 방해하지 않기 위해 일시정지 해야 한다.
② 우회전하는 차의 운전자는 신호에 따라 정지하거나 진행하는 보행자 또는 자전거 등에 주의하여야 한다.
③ 교차로에서 좌회전을 하려고 할 때 미리 중앙선을 따라 서행하면서 교차로의 중심 안쪽을 이용하여 좌회전한다.
④ 시·도경찰청장이 교차로의 상황에 따라 지정한 곳에서는 교차로의 중심 바깥쪽을 통과할 수 있다.

09 긴급자동차의 우선통행에 대한 설명으로 옳은 것은?

① 모든 차의 운전자는 교차로에서 긴급자동차가 접근한 경우에는 진로를 양보하여야 한다.
② 교차로에서 긴급자동차가 접근하는 경우에 모든 차의 운전자는 교차로를 피해 서행하여야 한다.
③ 긴급자동차의 운전자는 긴급하고 부득이한 경우에 교통안전에 주의하면서 서행하여야 한다.
④ 소방차의 운전자는 그 본래의 긴급한 용도가 아닌 범죄 및 화재 예방 등을 위한 순찰·훈련 등을 실시하는 경우에는 경광등을 켜거나 사이렌을 작동하고 운행할 수 있다.

10 모든 차의 운전자가 서행해야 하는 장소가 아닌 것은?

① 도로가 구부러진 부근
② 가파른 비탈길의 내리막
③ 교통정리를 하고 있는 교차로
④ 시·도경찰청장이 안전표지로 지정한 곳

PART 2 실전모의 시험보기

11 다음 중 일시정지를 해야 할 곳이 아닌 것은?
① 교통정리를 하고 있지 않은 교차로
② 교통이 빈번한 교차로
③ 시·도경찰청장이 안전표지로 지정한 곳
④ 회전을 하려고 하는 교차로

12 다음 중 주정차 금지장소에 대한 설명으로 옳은 것은?
① 횡단보도로부터 5m 이내인 곳
② 교차로의 가장자리로부터 10m 이내인 곳
③ 버스정류장이 설치된 곳으로부터 5m 이내인 곳
④ 안전지대가 설치된 도로에서는 그 안전지대의 사방으로부터 각각 3m 이내인 곳

13 재난 발생지역으로 운전할 수 있는 자동차는?
① 적재중량 12t 미만의 화물자동차
② 3t 미만의 지게차
③ 승차정원 15인 이하의 승합자동차
④ 도로보수차

14 도로교통법에 따른 범칙행위에 대한 범칙금이 옳지 않은 것은?
① 정차주차 방법 위반 승용차 대형 가·나 – 3만원
② 어린이통학버스 특별보호를 위반한 승합자동차 – 5만원
③ 속도위반(60㎞/h 초과)한 승합자동차 – 13만원
④ 승객 차량 내에서의 자장자리 공장 – 3만원

15 교통사고처리 특례법의 특례의 적용에 대한 설명으로 옳은 것은?
① 차의 운전자가 교통사고로 인하여 중과실 치상 죄를 범하고 피해자를 5일 이상, 벌금 2,000만원 이하의 벌금을 부과한다. 예정한다.
② 차의 교통으로 업무상과실치상죄를 범한 해당 차의 운전자에 대하여 피해자의 명시된 의사에 반하여 공소를 제기할 수 없다.
③ 차의 운전자가 업무상과실치상죄 또는 중과실 치상죄를 범하고 피해자를 구호하는 등 도로 교통법 제54조 제1항에 따른 조치를 하지 아니하고 도주한 경우 다른 사람의 건조물이 나 재물을 손괴한 사고를 일으킨 경우에는 그러하지 아니한다.
④ 중상해를 입히거나 재물을 손괴하고 도주한 경우의 사망에 이른 것을 제외한다.

16 교통사고처리 특례법 적용의 특례에 해당하지 않는 것은?
① 중앙선 침범
② 20㎞/h 미만의 속도 위반
③ 어린이 보호구역 내 안전운전의무 위반
④ 횡단보도 위반

17 특정범죄가중처벌 등에 관한 법률 도로교통법상 가중처벌로 옳지 않은 것은?
① 음주로 정상적인 운전이 곤란한 상태에서 자동차 등을 운전하여 사람을 상해에 이르게 한 경우 1년 이상 15년 이하의 징역 또는 500만원 이상 3,000만원 이하의 벌금
② 사고운전자가 피해자를 사고 장소로부터 옮겨 유기하고 도주하여 이를 경우 5년 이상의 징역 또는 2,000만원 이상의 벌금
③ 운전 중인 자동차의 운전자를 폭행하여 상해에 이르게 한 경우
④ 운행 중인 자동차의 운전자를 폭행하여 상해에 이르게 한 경우에는 3년 이상의 유기징역

160 새로운 실전모의 시험보기

18 여객자동차 운수사업법상의 여객자동차 운수사업에 해당하지 않는 것은?

① 여객자동차운송플랫폼사업
② 여객자동차서비스사업
③ 자동차대여사업
④ 여객자동차터미널사업

19 다음 보기에서 설명하는 여객자동차 운수사업법령의 정의는?

― 보기 ―
노선의 기점(起點)·종점(終點)과 그 기점·종점 간의 운행경로·운행거리·운행횟수 및 운행대수를 총칭한 것

① 노 선
② 운행계통
③ 정류소
④ 택시승차대

20 수요응답형 여객자동차운송사업에서 탄력적으로 운영되는 조건이 아닌 것은?

① 운행계통
② 운행시간
③ 운행횟수
④ 운행관리

21 여객자동차운송사업법령에서 구역 여객자동차운송사업에 해당하는 것은?

① 시내버스운송사업
② 마을버스운송사업
③ 전세버스운송사업
④ 시외버스운송사업

22 여객자동차운송사업에 사용되는 자동차의 종류에 대한 설명으로 옳은 것은?

① 시외고속버스 – 직행형에 사용되는 것으로서 승차정원이 29인승 이하인 대형승합자동차
② 수요응답형 여객자동차 운송사업 – 승용자동차 또는 소형 이상의 승합자동차
③ 시외일반버스 – 직행형에 사용되는 중형 이상의 승합자동차
④ 시내좌석버스 – 일반형에 사용되는 것으로서 좌석과 입석이 혼용 설치된 것

23 다음 중 운수종사자의 준수사항으로 옳지 않은 것은?

① 자동차 운행 중 중대한 고장을 발견한 경우에는 즉시 운행을 중지하고 적절한 조치를 해야 한다.
② 신용카드결제기를 설치해야 하는 택시는 승객이 요구하면 영수증 발급에 응해야 한다.
③ 관계 공무원으로부터 운전면허증 제시를 요구받으면 즉시 이에 따라야 한다.
④ 장애인 보조견과 함께 여객 안으로 들어오는 행위는 다른 여객의 편의를 위해 제지하고 필요한 사항을 안내한다.

24 여객자동차운송사업의 운전업무 종사자격에 대한 내용으로 옳지 않은 것은?

① 나이와 운전경력 등의 운전업무에 필요한 요건을 갖추어야 한다.
② 운전 적성에 대한 정밀검사 기준에 맞아야 한다.
③ 운전자격시험에 합격하면 운전자격을 취득할 수 있다.
④ 여객자동차 운수 관계 법령과 지리 숙지도(熟知度) 등에 관한 시험에 합격해야 한다.

25 다음 중 공전자정검사 대상이 아닌 사항은?

① 자동차정검사 유효기간 만료 다음 날부터 지나간 날이 70일
   이 경과한
② 신규로 이륜자동차 사용신고를 한 자동차로써 신고일
   부터
③ 특별시장 ‧ 광역시장 ‧ 시장 ‧ 군수 및 구청장이 행정안전부령이 정하는
   사유로 자동차검사를 받을 수 없다고 인정하는 경우
④ 5인 이하 자가용승용자동차의 신규검사 후 6개월이 경과한

26 버스 운행 중 안전수칙으로 옳지 않은 것은?

① 출발 ‧ 정차할 정류장에서 운전하는 항상 주시한다.
② 비탈길을 내려갈 때는 브레이크를 주로 사용한다.
③ 도어 개폐장치에서 승객들의 움직임을 감시한다.
④ 타이어 공기압 다른 한 쪽으로 주의한다.

27 자동차 연료 중 천연가스의 특징으로 옳은 것은?

① 천연가스는 메탄(CH₄)과 프로판(C₃H₈)이 1 : 1로 혼합되어
   있다.
② 매탄의 비등점은 −180℃이고, 상온에서는 기체이다.
③ 불완전 연소로 인한 입자상 물질이 생성이 적다.
④ 산소와 혼합하여 많은 SO_2 가스를 방출한다.

28 자동차가 빙판 위에 정차에 대한 대처요령으로 옳은 것은?

① 자동차가 빙판 위에 정차에 있다가 출발할 때 시도한다.
② 강제감 장이 나서 어서 등을 위에 동중 있는 경우 더 깊이
   빠질 수 있다.
③ 빙판매가 정지된 상태에서 방향이 바뀌지 않는다면 시도
   한다.
④ 운전자 측에서 가장 먼저 정지 시동을 배저자리 시도해
   한다.

29 가동성 경한 시 타이어 체인을 장착한 경우 안전하여 운행하려면 몇 km/h 이내로 주행하여야 하는가?

① 30km/h
② 40km/h
③ 50km/h
④ 60km/h

30 계기판 동산의 명칭으로 옳지 않은 것은?

① 속도계 : 엔진의 분당 회전속도
② 수온계 : 엔진의 냉각수의 온도
③ 전류계 : 전지의 충전과 방전
④ 연료계 : 자동차의 연료 탱크 내의 공기잔량

31 가솔린 엔진의 점화 계통 중 "점화 장치 아니! 하는 스파크 나는 장치의"
고장 아닌가?

① 점화 코일
② 단주기 차단
③ 릴레이 차단
④ 팬벨트

32 엔진 오버히트가 발생할 때의 징후가 아닌 것은?

① 운행 중 수온계가 H 부분을 가리키는 경우
② 엔진출력이 갑자기 떨어지는 경우
③ 노킹소리가 들리는 경우
④ 배터리가 방전된 경우

33 스티어링 휠(핸들)이 떨릴 경우 추정되는 원인으로 옳은 것은?

① 타이어의 무게중심이 맞지 않는다.
② 앞바퀴의 공기압이 부족하다.
③ 파워스티어링 오일이 부족하다.
④ 냉각수가 부족하다.

34 클러치의 구비조건이 아닌 것은?

① 냉각이 잘되어 과열하지 않아야 한다.
② 구조가 간단하고, 다루기 쉬우며 고장이 적어야 한다.
③ 회전관성이 많아야 한다.
④ 회전부분의 평형이 좋아야 한다.

35 좌우 바퀴가 동시에 상하 운동을 할 때에는 작용을 하지 않으나 좌우 바퀴가 서로 다르게 상하 운동을 할 때 작용하여 차체의 기울기를 감소시켜 주는 장치는?

① 쇽업소버
② 스태빌라이저
③ 공기 스프링
④ 토션 바 스프링

36 동력조향장치의 특징이 아닌 것은?

① 노면에서 발생한 충격 및 진동을 흡수한다.
② 고장이 발생하더라도 정비가 쉽다.
③ 조향조작이 신속하고 경쾌하다.
④ 앞바퀴의 시미현상을 방지할 수 있다.

37 공기식 브레이크의 장점이 아닌 것은?

① 클러치 사용횟수가 줄게 됨에 따라 클러치 관련 부품의 마모가 감소한다.
② 자동차 중량에 제한을 받지 않는다.
③ 공기가 다소 누출되어도 제동성능이 현저하게 저하되지 않아 안전도가 높다.
④ 압축공기의 압력을 높이면 더 큰 제동력을 얻을 수 있다.

38 신규검사를 받지 않은 비사업용 승용자동차의 검사유효기간으로 옳은 것은?

① 6개월
② 1년
③ 2년
④ 3년

39 자동차 신규검사를 받아야 하는 경우가 아닌 것은?

① 여객자동차 운수사업법에 의하여 면허, 등록, 인가 또는 신고가 실효되거나 취소된 경우
② 자동차를 교체하거나 대폐차량의 자동차안전기준 및 제원을 측정할 경우
③ 여객자동차 운송사업용으로 등록된 자동차 말소등록 후 자동차
④ 화물자동차 운수사업법에 의하여 면허, 등록, 신고 경우

40 자동차 종합검사 분류로기가 재검 방법으로 옳지 않은 것은?

① 자동차검사대행자에 따라 신규등록을 하는 경우 : 신규등록일
② 자동차 종합검사기간 내에 자동차 종합검사를 신청하여 적합 판정을 받은 경우 : 직전 검사 유효기간 마지막 날의 다음 날
③ 자동차 종합검사기간 전 또는 후에 자동차 종합검사를 신청하여 적합 판정을 받은 경우 : 자동차 종합검사를 받은 날의 다음 날
④ 재검사 결과 부적합 판정을 받은 경우 : 자동차 종합검사를 받은 날의 다음 날

41 빗길에서 주행할 때 주의할 점으로 옳지 않은 것은?

① 평상시보다 빗길에서는 앞차와의 안전거리를 길게 고속주행 한다할 수 있다.
② 빗길에서는 평소보다 저속으로 주행할 때 사정 많다
③ 빗길에서 앞지르기는 고속으로 가능한 빨리 진행한다 용이다.
④ 공기저항 때문에 빗길에서 정지 속도 길어서 좋아야 한다.

42 다음 보기에서 긴급 운전자 중에 운전자가 예측하여 하는 내용으로 옳은 것을 모두 고르시오.

〈보기〉
ㄱ. 가속능력 : 다른 차가 자신 차를 앞지르기 하기
ㄴ. 방향성 : 다른 차가 안전하게 한 차선을 예측하는 운전 기능
ㄷ. 타이밍 : 교통흐름이 방해되지 않게 앞지르기 시도를 할 수 있는 시점
ㄹ. 공간지각 : 교통사고 없이 자기 차를 운용할 수 있는 공간 지점

① ㄴ, ㄷ
② ㄱ, ㄴ
③ ㄱ, ㄴ, ㄷ
④ ㄱ, ㄷ, ㄹ

43 시가지 도로에서의 방어운전 방법으로 옳지 않은 것은?

① 1~2블록 전방의 상황까지 살피며 주위를 환기한다.
② 초보운전자 아니면 운행 일정 경우에는 속도를 줄이지 한다.
③ 버스정류장 인해 시가 정면한 경우에는 불빛 신호를 필요 없다.
④ 차선 변경 등으로 인해 신호로 고속주의로 절반까지 이용 등을 예고한다.

44 다음 중 타이어의 마모에 영향을 주는 요소가 아닌 것은?

① 타이어 공기압
② 차의 하중
③ 차의 속도
④ 주행

45 다음 중 버스 운전자가 지켜야 할 안전운전 요령으로 옳지 않은 것은?

① 급출발이나 급정지 등을 삼가하고 정속으로 운전한다.
② 쉼 없이 버스정류소에서 버스 정차할 특히 시동을 끄지 말고 공회전을 해야 한다.
③ 공주행정은 맞은편에서 가수차를 앞질러가는 대형차의 고정과 바람에 주의한다.
④ 배기가스에 의한 환경오염의 가장속도를 유지한다.

46 다음 중 졸음운전의 위험신호가 아닌 것은?
① 머리를 똑바로 유지하기 힘들어진다.
② 지난 몇 km를 어떻게 운전해 왔는지 가물가물하다.
③ 말이 많아지고 판단력이 조금 흐려진다.
④ 이 생각 저 생각이 나면서 생각이 단절된다.

47 다음 중 버스 운전자가 유의해야 할 특성으로 옳지 않은 것은?
① 버스는 차체가 크기 때문에 급진로변경은 연쇄추돌사고 등으로 연결되기 쉽다.
② 버스는 차체가 높기 때문에 과속을 하면 커브길에서 전도·전복의 위험성이 크다.
③ 버스는 우회전 시 뒷바퀴가 앞바퀴보다 바깥쪽으로 회전하므로 접촉사고에 유의한다.
④ 버스는 입석승객이 많고 안전띠를 매지 않기 때문에 급가속은 차내 사고를 유발한다.

48 고속도로에서 교통사고가 났을 때 대처 요령으로 옳지 않은 것은?
① 야간에는 적색 섬광신호, 전기제등, 불꽃신호 등을 추가로 설치한다.
② 사고차량 운전자는 사고 발생 장소, 사상자 수 등 조치상황을 경찰공무원에게 알린다.
③ 갓길로 차량 이동이 어려운 경우 비상등을 켜고 구난차가 올 때까지 기다린다.
④ 사고 차량 운전자는 경찰공무원이 말하는 교통안전상 필요한 사항을 지킨다.

49 터널 내 화재 시 행동요령으로 옳지 않은 것은?
① 터널 밖으로 신속히 이동한다.
② 터널에 설치된 소화기나 소화전으로 조기진화를 시도한다.
③ 터널관리소나 119로 구조요청을 한다.
④ 조기진화가 불가능할 경우, 코·입을 막고 몸을 낮춘 자세로 구조를 기다린다.

50 고속도로 터널 안전운전 수칙으로 옳지 않은 것은?
① 주의집중을 위해 터널 진입 시 라디오를 끈다.
② 앞차와의 안전거리를 유지한다.
③ 차선을 바꾸거나 추월하지 않는다.
④ 표지판의 교통신호를 확인한다.

51 다음 중 경제운전 방법으로 옳지 않은 것은?
① 가능한 한 평균속도로 주행하는 것이 매우 중요하다.
② 운전 중 관성주행이 가능할 때는 제동을 피하는 것이 좋다.
③ 기어변속은 가능한 빨리 고단 기어로 변속하는 것이 좋다.
④ 기어변속 시 반드시 순차적으로 해야 하는 것은 아니다.

52 버스운행 기본수칙으로 옳지 않은 것은?
① 정지할 때에는 미리 감속하여 급정지로 인한 타이어 흔적이 발생하지 않도록 한다.
② 정지할 때는 반드시 브레이크를 2~3회 나누어 밟는 단속조작을 한다.
③ 미끄러운 노면에서는 제동으로 인해 차량이 회전하지 않도록 주의한다.
④ 정류소에서 출발할 때에는 자동차문을 완전히 닫고 방향지시등을 작동시킨 후 출발한다.

53 진로 변경 시 주의할 점이 아닌 것은?

① 진로 변경이 끝날 때까지 신호를 계속 유지한다.
② 도로별 차로에 따른 통행차의 기준을 준수하지를 지켜야 한다.
③ 옆은 차로에 다른 차가 주행 중일 때는 무리하게 진로변경한다.
④ 일반도로에서는 진로를 변경하려는 지점에 도착하기 전 30m 이상의 지점에서 방향지시기등을 작동시킨다.

54 다음 중 경제운전에 대한 설명으로 옳지 않은 것은?

① 경제속도는 최소한의 연료소비이다.
② 연료 소비량을 낮추기 위해 제동을 많이 한다.
③ 교통상황의 공간을 확보가 있다.
④ 공회전시간을 줄이고 경제운전이 될 가능성이다.

55 충돌할 때 경제운전 방법으로 옳지 않은 것은?

① 사용 전 배수 속도의 경제운전을 확인하시 최저정 연비 속도 유지해야 한다.
② 고속에 사용엔진 길 때 경제운전 시간은 2∼3분 정도이다.
③ 겨울에 사용엔진 길 때 경제운전 시간은 1∼2분 정도이다.
④ 시동을 걸 후 일정 시간이 지켜진 후 출발한다.

56 다음 보기가 설명하는 장치는?

┌─ 보기 ───────────────────────────────┐
│ • 안정성과 경제성 향상과 교차로에서 차간 안전주행 속도유지를 위해│
│ 길잡이 등을 활용한 자율 주행차의 안정주행을 돕는다.   │
│ • 자율주행 인해 교통흐름의 정체되고 단계로서를 이용한 양자이다. │
└──────────────────────────────────────┘

① 가속장치
② 엔진장치
③ 엔트리기장치
④ 배속장치

57 다음 중 위험지물에 대한 설명으로 옳지 않은 것은?

① 지형지물을 인정받아 있정과 고 교장성 등으로 분류 하여 설정하기도 한다.
② 교량이 높아서 수웅성, 곡성도 일이 있는 지점 등이 성정되기도 한다.
③ 사고 이는 도로상 속도의 급이 많은 경우 교통상황을 따라하여 고장이 안정하지 않고 가속사도록 설정되는 지점이다.
④ 과속방지턱, 수웅성 지점, 유턴 지점, 가도 등이 있다.

58 다음 보기가 설명하는 것은?

> 보기
> 갓길 또는 중앙분리대의 일부분으로 포장 끝부분 보호, 측방의 여유 확보, 운전자의 시선을 유도하는 기능을 갖는다.

① 시 거
② 측 대
③ 편경사
④ 교통섬

59 교차로 내에서 도류화의 목적으로 옳지 않은 것은?

① 교차로 면적을 조정함으로써 자동차 간에 상충되는 면적을 줄인다.
② 보행자 안전지대를 설치하기 위한 장소를 제공한다.
③ 분리된 회전차로는 회전차량의 대기장소를 제공한다.
④ 평면곡선부에서 자동차가 원심력에 저항할 수 있도록 해준다.

60 다음 보기의 ( ) 안에 공통으로 들어갈 용어는?

> 보기
> 운전자가 자동차 진행방향에 있는 장애물 또는 위험 요소를 인지하고 제동·정지하거나 또는 장애물을 피해서 주행할 수 있는 거리를 ( )라고 한다. 주행상의 안전과 쾌적성을 확보하는 데 매우 중요한 요소로 정지( )와 앞지르기( )가 있다.

① 횡단경사
② 도 류
③ 측 대
④ 시 거

61 버스 운전자가 지켜야 할 기본운행 수칙으로 옳지 않은 것은?

① 다른 차로를 침범하거나 2개 차로에 걸쳐 주행하지 않는다.
② 적재물이 떨어질 위험이 있는 차에 근접하여 주행하지 않는다.
③ 동료기사가 운전하는 버스가 있을 경우 근접하여 인사한다.
④ 교통량 많은 곳에서는 감속하여 주행한다.

62 버스를 정지시킬 때 지켜야 할 수칙으로 옳지 않은 것은?

① 정지할 때까지 여유가 있는 경우에는 브레이크페달을 10회 정도 밟는 단속조작으로 정지한다.
② 정지할 때에는 미리 감속하여 급정지로 인한 타이어 흔적이 발생하지 않도록 한다.
③ 미끄러운 노면에서는 제동으로 인해 차량이 회전하지 않도록 주의한다.
④ 신호대기로 정지할 때에는 주차브레이크를 당기거나 브레이크페달을 밟아 차량이 미끄러지지 않도록 한다.

63 고속도로 2504 긴급견인 서비스 대상차량에 해당되지 않는 것은?
① 16인 이하 승합차
② 1.4t 이하 화물차
③ 승용차
④ 버스

64 다음 보기에서 타이어 펑크 시 올바른 사고차량의 부상자를 옮길 수 있는 방법을 고르시오.

보기
㉠ 119 구조요청을 한다.
㉡ 타 관리사무소에 구조요청을 한다.
㉢ 한국도로공사 1588-2504로 구조요청을 한다.
㉣ 사고현장에 구조차가 도착할 때까지 가능한 응급조치를 한다.
㉤ 안전한 곳으로 부상자를 신속히 안전한 곳으로 옮긴다.

① ㉠, ㉡, ㉢
② ㉢, ㉣, ㉤
③ ㉠, ㉡, ㉤
④ ㉡, ㉢, ㉤

65 다음 중 타이어 마모에 대한 설명으로 옳지 않은 것은?
① 공기압이 공기압보다 타이어의 영향을 미친다.
② 차량의 속도에 따라서도 타이어의 마모가 달라질 수 있다.
③ 아스팔트 포장도로가 콘크리트 포장도로보다 타이어 마모가 더 발생한다.
④ 겨울에 기온이 낮아지면 타이어의 경도가 낮아져서 마모가 증가한다.

66 엔진과열의 주된 원인이 아닌 것은?
① 엔진오일 사용량이 많다.
② 기어비가 크다.
③ 기계식 냉각팬 구동벨트가 이완되었다.
④ 윤활유가 감소되어 있다.

67 틀린 안전사항이 아닌 것은?
① 안전띠를 하지 않은 상태로 운전을 해야한다.
② 야간운행은 낮에 할 때보다 가시거리가 긴 것이 좋다.
③ 머리를 승객석에 기대지 않는다.
④ 그늘에 정차하지 않고, 창문 등을 내리지 않게 방치한다.

68 다음 중 방진지반은 강진지반은?
① 쇠약지 수직적인 지진파
② 수평적인 지진파
③ 가로축의 지진파
④ 연쇄 지진파의 지진파

69 운수종사자의 기본적인 준수사항이 아닌 것은?
① 불편 감내사항이나 자의적인 경로로에서 고정 금지
② 운전중 이어폰이나 휴대・이동통신 등 사용하지 고정 금지
③ 가능 정차하고 계정적 공회전 유무 금지
④ 주차시 공차가 없이 타인에게 대리공전 금지

70 운수종사자의 운행 중 주의사항이 아닌 것은?
① 내리막길에서 풋 브레이크를 장시간 사용하고, 엔진 브레이크는 사용하지 않는다.
② 후방카메라가 있는 경우 카메라를 통해 후방의 이상 유무를 확인한 후 후진한다.
③ 뒤따라오는 차량이 추월하는 경우에는 감속 등을 통한 양보 운전을 한다.
④ 자전거 등과 교행할 때에는 서행하며 안전거리를 유지한다.

71 버스운영체제의 유형 중 민영제의 특징이 아닌 것은?
① 민간이 서비스의 공급 주체가 된다.
② 정부의 규제를 최소화한다.
③ 비수익노선의 운행서비스 공급이 어렵다.
④ 책임의식의 결여로 생산성이 저하된다.

72 버스준공영제의 유형이 아닌 것은?
① 노선 공동관리형
② 운수종사자 공동관리형
③ 수입금 공동관리형
④ 자동차 공동관리형

73 이용거리가 증가함에 따라 단위당 운임이 낮아지는 요금체계는 무엇인가?
① 구역운임제
② 단일운임제
③ 거리운임요율제
④ 거리체감제

74 간선급행버스체계의 특성이 아닌 것은?
① 환승 정류소를 이용하여 다른 교통수단과의 연계 가능
② 효율적인 사전 요금징수 시스템 채택
③ 중앙버스차로와 같은 분리된 버스전용차로 축소
④ 지능형교통시스템(ITS ; Intelligent Transportation System)을 활용한 첨단신호체계 운영

75 버스운행관리시스템의 운영으로 운수종사자의 기대효과와 거리가 먼 것은?
① 운행정보 인지를 통한 정시 운행
② 앞뒤 차간의 간격인지를 통한 차간간격 조정 운행
③ 서비스 개선에 따른 승객 증가로 인한 수지개선
④ 운행상태 완전노출로 인한 운행질서 확립

PART 2 실제유형 시험보기

76 어린이보호구역의 단속이 아닌 것은?
① 사행성게임기구 등 폐기물이 많이 쌓였다.
② 공원 진입항 차량으로 인해 교통혼잡이 발생할 수 있다.
③ 도로 중앙선 침범차로 바꾸었으며 인해 무단횡단 등 안전사고가 발생한다.
④ 인도통행에서 보행자로 비켜주지는 교통사고의 원인 중 행인이 많아 보행자 사고가 증가할 수 있다.

77 대중교통 전용지구를 설치하는 목적이 아닌 것은?
① 도심의 상징거리 조성
② 쾌적한 보행자 공간 창출
③ 대중교통의 원활한 운행 확보
④ 도심의 교통혼잡 가중

78 교통사고의 대응 발생 중 많은 것은?
① 어린이는 : 2종일 정도에 발생되나, 2개 중 한 가지 움짐이 크지 않음.
② 노인 : 2종일 정도에 발생되는 2개 중 한 가지 움짐이 크지 않음.
③ 성인 : 집중 교차로에서 대체적이 자전적인 손상의 위험이 가중된다.
④ IC 범위(스크린) : 반드시 차량 이용하기 정류에 경찰 기관을 이용한다.
는 방향으로 사거리도에 배려 발생이 높다.

79 폭풍이나 공평이 탈출발생하면 경우의 운전요령으로 걸맞는 것은?
① 폭풍이 상행시 공원 가사라며 발생과 가속이 하라를 하기를 시작해 베어가수 속도를 등 할 것이에라.
② 폭풍 마주치거나 시간의 자녀와 더 단편해야 할 수 있으며, 가사가 6자 이 걸 값곳자를 하기 이한행해를 할 것이 돌다.
③ 가속이나 배열 공격자 보기 더 단편하도록 때에 초운전자 보기 포항 속도 이내에서 행행해야 할 것이 돌다.
④ 고속도로의 포트내에서 폭풍이 탈출발생하여, 가사가가 돌지 말고 더 깨어서는 틀러 공격자를 지킴 좋지 않지 않는다.

80 재난발생 시 운전자의 조치사항이 아닌 것은?
① 충전자의 안전거리를 유지해야 한다.
② 상향등, 노등, 하이어를 수식적으로 끼고자한다.
③ 운행 중 재난 발생 시 저속운전을 이용하여도 될 사이에 정지한다.
④ 행자 지켜 시 가로도록지수 열 수 한동등기의 등 엄 정보 를 관측한다.

회차 1~10 정답 및 해설

제1회 실제유형 시험보기   p. 47~58

01	02	03	04	05	06	07	08	09	10	11	12	13	14	15	16	17	18	19	20
①	④	②	②	③	④	③	②	③	③	②	③	③	①	①	④	③	①	①	①
21	22	23	24	25	26	27	28	29	30	31	32	33	34	35	36	37	38	39	40
②	④	③	③	④	②	③	③	①	①	②	③	①	④	③	①	③	①	①	④
41	42	43	44	45	46	47	48	49	50	51	52	53	54	55	56	57	58	59	60
④	①	④	①	④	④	②	④	②	③	③	①	①	④	②	④	④	②	①	①
61	62	63	64	65	66	67	68	69	70	71	72	73	74	75	76	77	78	79	80
④	④	④	②	①	④	②	②	④	③	③	②	③	②	③	②	②	②	④	③

01 주차의 정의(도로교통법 제2조 제24호)
운전자가 승객을 기다리거나 화물을 싣거나 차가 고장 나거나 그 밖의 사유로 차를 계속 정지 상태에 두는 것 또는 운전자가 차에서 떠나서 즉시 그 차를 운전할 수 없는 상태에 두는 것을 말한다.
② 정차(도로교통법 제2조 제25호)

02 ④의 경우는 자격정지 50일에 해당한다(여객자동차 운수사업법 시행규칙 [별표 5]).
① 여객자동차 운수사업법 제87조 제1항 제2호, ② 여객자동차 운수사업법 제87조 제1항 제8호, ③ 여객자동차 운수사업법 제87조 제1항 제7호에 근거하여 자격취소 처분이 내려진다(규칙 [별표 5]).

03 승합자동차 통행금지표지로 승합자동차(승차정원 30명 이상인 것)의 통행을 금지하는 것(도로교통법 시행규칙 [별표 6])

04 ② 도로교통법을 위반하여 중앙선을 침범하거나 횡단, 유턴 또는 후진한 경우에는 피해자의 명시적인 의사에 반하여 공소를 제기할 수 있다(교통사고처리 특례법 제3조 제2항 제2호).
① 운전면허 취소 또는 1년 이내 운전면허 효력 정지(도로교통법 제93조 제1항 제5의2호)
③ 20만원 이하의 과태료(도로교통법 제160조 제3항)
④ 제한속도 20km/h 이하 위반 시 과태료 부과(도로교통법 시행령 [별표 8])

05 ③ 국가 또는 지방자치단체 소유의 자동차로서 교통약자의 교통편의를 위하여 운행하는 경우(여객자동차 운수사업법 시행규칙 제103조 제5호)
① 여객자동차 운수사업법 제81조 제1항 제2호
② 여객자동차 운수사업법 시행규칙 제103조 제2호
④ 여객자동차 운수사업법 시행규칙 제103조 제4호

06 위험운전 등 치사상(특정범죄 가중처벌 등에 관한 법률 제5조의11 제1항)
음주 또는 약물의 영향으로 정상적인 운전이 곤란한 상태에서 자동차 등을 운전하여 사람을 상해에 이르게 한 사람은 1년 이상 15년 이하의 징역 또는 1,000만원 이상 3,000만원 이하의 벌금에 처하고, 사망에 이르게 한 사람은 무기 또는 3년 이상의 징역에 처한다.
① 특정범죄 가중처벌 등에 관한 법률 제5조의3 제1항 제1호
② 특정범죄 가중처벌 등에 관한 법률 제5조의3 제1항 제2호
③ 특정범죄 가중처벌 등에 관한 법률 제5조의3 제2항 제1호

07 승객추락 방지의무 위반사고의 적용 배제 사례
- 승객이 임의로 차문을 열고 상체를 내밀어 차 밖으로 추락한 경우
- 운전자가 사고방지를 위해 취한 급제동으로 승객이 차 밖으로 추락한 경우
- 화물자동차 적재함에 사람을 태우고 운행 중에 운전자의 급가속 또는 급제동으로 피해자가 추락한 경우

08 모든 차의 운전자는 도로에서 정차할 때에는 차도의 오른쪽 가장자리에 정차할 것. 다만, 차도와 보도의 구별이 없는 도로의 경우에는 도로의 오른쪽 가장자리로부터 중앙으로 50cm 이상의 거리를 두어야 한다(도로교통법 시행령 제11조 제1항 제5호).

09 ③ 관할관청 : 관할이 정해지는 국토교통부장관, 대도시권광역교통위원회나 특별시장·광역시장·특별자치시장·도지사 또는 특별자치도지사(시·도지사)를 의미한다(여객자동차 운수사업법 시행규칙 제2조 제1호).
① 여객자동차 운수사업법 시행령 제2조 제1호
② 여객자동차 운수사업법 시행규칙 제2조 제2호
④ 여객자동차 운수사업법 제2조 제5호

10 ③ 시내버스, 농어촌버스 및 수요응답형 여객자동차의 차 안에는 안내방송 장치를 갖춰야 하며, 정차신호용 버저를 작동시킬 수 있는 스위치를 설치해야 한다(여객자동차 운수사업법 시행규칙 [별표 4]).
①, ②, ④ 여객자동차 운수사업법 시행규칙 [별표 4] 나. 자동차의 장치 및 설비 등에 관한 준수사항

12 여객자동차 운수사업법 제1조에 나와 있는 목적으로는 ①, ②, ④ 외에 여객자동차 운수사업의 종합적인 발달 도모가 있다(여객자동차 운수사업법 제1조).

13 ③ 운전자격취소처분을 받은 자가 반납한 운전자격증 등은 폐기하고, 운전자격정지처분을 받은 자가 반납한 운전자격증 등은 보관 후 자격정지기간이 지난 후에는 돌려주어야 한다(여객자동차 운수사업법 시행규칙 제59조 제4항).
① 여객자동차 운수사업법 시행규칙 제59조 제2항
② 여객자동차 운수사업법 시행규칙 제59조 제3항
④ 여객자동차 운수사업법 시행규칙 제59조 제5항

14 ① 자동차전용도로에서의 최고속도는 90km/h, 최저속도는 30km/h(도로교통법 시행규칙 제19조 제1항 제2호)
② 일반도로 : 50km/h 이내(도로교통법 시행규칙 제19조 제1항 제1호 가목)
③ 편도 1차로 고속도로 : 최고속도 80km/h, 최저속도 50km/h(도로교통법 시행규칙 제19조 제1항 제3호 가목)
④ 편도 2차로 이상 고속도로 : 최고속도 100km/h, 최저속도 50km/h(도로교통법 시행규칙 제19조 제1항 제3호 나목)

15 적성 요인은 교통사고 주요 요인에 해당하지 않는다.

16 ④ 대통령령으로 정하는 사유에 해당하더라도 시장·군수·구청장의 허가를 받은 경우이어야 한다(여객자동차 운수사업법 제82조 제1항 제2호).
①, ②, ③ 여객자동차 운수사업법 제82조 제1항 제1호

PART 2 문제유형 실전듣기

17 ③ 「도로교통법」 제25조 제1항·제2항
① 「도로교통법」 제24조 제1항
② 「도로교통법」 제49조 제1항 제2호 가목
④ 「도로교통법」 제27조 제3항

18 ① 안전지대 표시(「도로교통법 시행규칙」 [별표 6])

19 ① 일단정지 표시·문자·노면(「도로교통법 시행규칙」 [별표 4])

20 이륜자동차 운전 중에서는 사고가 발생하거나 도로상에서 작동을 일으키는 경우가 많다.

21 ② 「도로교통법 시행규칙」 제43조 제3항
① ③ ④ 「도로교통법 시행규칙」 제4조 제3항
모든 차의 운전자는 다음 각 호의 어느 하나에 해당하는 곳에서는 「도로교통법」 제15조의2, 제31조, 같은 법 제5조의2에 따라 서행하거나 일시정지해야 한다.(「도로교통법」 제31조 제2항 각 호).

22 운송사업자 또는 도로 관리청 등으로 사람의 사상 또는 물건의 손괴를 가져온 교통사고가 발생한 경우에는 지체없이 경찰공무원 또는 가장 가까운 국가경찰관서에 신고하여야 한다(「도로교통법」 제54조 제3항).

23 ①, ②, ④ 「도로교통법 시행규칙」 제4조 제3항

24 안전표지(어린이보호구역 표지 및 이동안전지역 시행령 제3조)
• 시내버스공용차선 : 청남표지판·지시표지판 및 보조표지 등
• 어린이보호구역 표지 : 청남표지판·지시표지판 및 보조표지 등

25 ①, ②, ④ 「도로교통법 시행규칙」 제12조 제3호

26 ① 앞지 차의 승차하기, 진로 변경 또는 주정차시키지 않은 경우 2분간 등 등 켜기
② 자동차 바퀴가 겨울내 스며들어 부결할 가능성 있는 때
③ 교차로에서 자동차가 가장 많이 부결하는 속에

27 대기차적이 운전할 이용에 정지해 있는 경우이다.

28 자동차 운전면허를 이용하는 사람들이 따라 가동화되고, 다 해기, LPG자동차 등으로 분류된다.

29 운전정시 운전 당시 마음상태 주변이 엉덩해야 마음이 답답하고 기분
 이 없다고 되는 경우가 있다.

30 중요 사고 상의 반응시간이 비교적 오래이며 대체로 단속주행이나 등 등 일정 속도에 의존한 대비에 의한 설정된(수가대조사진) 시행규칙 제14조).

31 기능이 있는 가스에서 방출되다.

32 ① LPG 연료는 대기압상에서 보통을 유지, 기본상으로 사용하기 때문에
실내가 가능한 사용이 편리하다.

33 공기는 고기형이라 보면 중량이 뒷자석 앞이 앉아 있을 경우를 받기가 당
단하다. 배기기스 스터어트의 냉기가 나는 것이 일반이다.

34 보행자와 자가(도로교통법 시행규칙) [별표 6])
• 중심(중심) : 속도규제표시, 가감속표시지시표지, 노란색·두려색표시 등 중
대수 성질을 공반하는 표지들
• 규제(규제) : 안전선, 주정차안전선, 노란색·하얀색 표시 등
• 지시(지시) : 그 방의 표지

35 각 타이어 등이 계속 스며드는 기름이 없고 오른쪽으로 몰리 일어나, 주정차 조 가
를 유도만 된다.

36 터펴미터는 다른 운전자 관련 양이고 지속적인 경의 생각수를 나타낸다.

37 배수기의 기본이다
• 경화되지 않아도 배면경에 제한된 만큼 자동차의 주행상태 판단을 받기 어려이
 있어 차명방향을 조절해 나가는데 필요한 조절행동으로 구해하는 동안 제공할 수 있다.
• 배수기는 공주거리 작용시 종성에 비해 배해를 감 볼에야 가동자시 변속을
 제각할 수 없는 등 새로운 변화가 있을 수 있다.

38 ③ ⑤ 비도로 배시지의 운항 중의 특징이다.

40 핸들을 많기 가볍게 기기까지 길게 감싸어 쥐는 것이 기본이다.

41 교통사고 조사 인적요인 인적요인(운전자, 동승자 등), 차량요인, 도로·환경
요인이다.

42 장이요인은 운전자의 여러 특도 교통공학의 심리적인 특성이 중요하다.

43 ④ 본인 운전·여객·구호간이 사용이 기능하나(도로교통법 시행규칙 제45
조 제2호).
① ② ③ 「도로교통법 시행규칙」 제45조 제2호.

44 운전사의 자주지식는 크기가 정보시 크기가 색도시 크기가 소리의 크기와 강
도, 강도에 깊이 등의 경우가 있다.

45 ③ 시자동의 특징.

46 ① 운전자에서는 자동차는 척도의 승객에 시속이 크다.

47 대형자동차를 운전할 때에는 중량을 고려하여 공간을 조정해야 한다.

48 ① 모든 가는 중앙이 오렌지의 공간이 변경기를 받을 수 없다.
② 앞지 차의 통행에 방해되지 않도록 다른 도로 우측에 공간을 양보해야
한다(「도로교통법」 제21조 제2항).
③ 중앙분리가 되어있지 경계하여 교통공학에 인정상으로 반대 기본의 공
부리를 횡도도로로드시 시용가능이 있다([별표 6]).

49	운전 중 친구와 통화를 하는 것은 위험하다.
50	④ 뒤에 다른 차가 접근해 올 때는 속도를 낮춘다.
51	③ 차 실내를 가능한 한 어둡게 하고 주행해야 한다.
53	③ 교량 접근로의 폭에 비하여 교량의 폭이 좁을수록 사고가 더 많이 발생한다.
54	① 횡단보도로 건너면 거리가 멀고 시간이 더 걸리기 때문에
56	② 차량이 튕겨나가지 않아야 한다.
57	지체시간이 감소되어 연료 소모와 배기가스를 줄일 수 있다.
58	교차로 사고의 대부분은 신호가 바뀌는 순간에 발생하므로 반대편 도로의 교통 전반을 살피며 1~2초의 여유를 가지고 서서히 출발한다.
59	② 철길건널목의 사고원인 중에는 운전자가 경보기를 무시하거나 일시정지를 하지 않고 통과하다가 발생하는 경우가 많으므로, 일시정지 후, 좌우의 안전을 확인해야 한다.
60	① 앞지르려고 하는 모든 차의 운전자는 반대방향의 교통과 앞차 앞쪽의 교통에도 주의를 충분히 기울여야 한다(도로교통법 제21조 제3항). ② 도로교통법 제60조 제2항 ③ 도로교통법 제62조 ④ 도로교통법 시행규칙 [별표 9]
61	④ 노면이 젖어 있는 경우에는 최고속도의 20%를 줄인 속도로 운행한다(도로교통법 시행규칙 제19조 제2항 제1호 가목). ①, ② 도로교통법 제49조 제1항 제1호
62	④ 가을철 교통사고의 특성이다.
63	일반적으로 불쾌지수는 무더운 여름철에 높아지게 된다.
64	③ 주행 중 갑자기 시동이 꺼졌을 때는 자동차를 길 가장자리 통풍이 잘되는 그늘진 곳으로 옮긴 다음, 보닛을 열고 10분 정도 열을 식힌 후 재시동을 건다.
66	① 고객의 입장에서 고객의 마음에 들도록 노력해야 한다.
67	④ 자신감을 가져야 한다.
68	악수를 할 때는 확고한 태도로 그러나 너무 세게 잡지는 말고 3초 정도 잡고 손목으로가 아니라 팔꿈치로부터 손끝에 이르기까지 균일하게 힘을 주어 두 번 흔든다.
69	② 어떠한 사고라도 임의처리는 불가하며 사고발생 경위를 육하원칙에 의거 거짓 없이 정확하게 회사에 즉시 보고하여야 한다.
70	공영제는 책임의식 결여로 생산성이 저하된다.
71	**버스준공영제 도입 배경** • 버스교통 활성화를 통해 도로교통 혼잡완화로 사회·경제적 비용 경감 • 도로 등 교통시설 건설투자비 절감 • 국가물류비 절감, 유류소비 절약 등
72	버스우선신호, 버스전용 지하 또는 고가 등을 활용한 입체교차로 운영 등 교차로 시설 개선이다. 또 지능형 교통시스템을 활용한 운행관리 등이 있다.
73	가로변버스전용차로는 우회전하는 차량을 위해 교차로 부근에서는 일반차량의 버스전용차로 이용을 허용하여야 하며, 버스전용차로에 주정차하는 차량을 근절시키기 어렵다.
75	**응급처치 시 지켜야 할 사항** • 본인의 신분을 제시한다. • 처치원 자신의 안전을 확보한다. • 환자에 대한 생사의 판정은 하지 않는다. • 원칙적으로 의약품은 사용하지 않는다. • 어디까지나 응급처치로 그치고 전문의료원의 처치에 맡긴다.
76	**무의식 환자의 치료** : 기도 확보 자세 – 호흡, 맥박이 없으면 인공호흡과 심장 압박을 실시 – 순환 – 약물요법 – 병원후송
78	운송수입금 관리가 용이한 것은 운영자 측면에 속한다.
80	경황이 없는 중에 통과차량에 알리기 위해 차선으로 뛰어나와 손을 흔드는 등의 위험한 행동을 삼가야 한다.

PART 2 실제유형 시험대비

제2회 실제유형 시험대비   p. 59~70

01 ②	02 ③	03 ④	04 ③	05 ④	06 ②	07 ③	08 ①	09 ①	10 ②
11 ②	12 ③	13 ②	14 ①	15 ④	16 ②	17 ②	18 ④	19 ②	20 ④
21 ③	22 ②	23 ③	24 ②	25 ①	26 ③	27 ③	28 ②	29 ①	30 ②
31 ②	32 ③	33 ④	34 ②	35 ③	36 ③	37 ②	38 ④	39 ③	40 ②
41 ③	42 ③	43 ③	44 ④	45 ①	46 ③	47 ④	48 ①	49 ②	50 ③
51 ②	52 ③	53 ④	54 ②	55 ②	56 ①	57 ②	58 ③	59 ②	60 ③
61 ④	62 ③	63 ②	64 ③	65 ④	66 ①	67 ③	68 ③	69 ①	70 ③
71 ①	72 ②	73 ②	74 ①	75 ①	76 ①	77 ③	78 ②	79 ②	80 ②

02 가변식 표지가 사용된다.

03 ④ 대통령이 아니라 도로공사안전관리청이 정하고 고시하는 경우이다(어린이보호구역 및 노인보호구역 시행규칙 제7조 가목).

04 ①, ②, ④ 교통사고처리 특례법 제3조 제2항 제3호
③ 제한속도를 시속 20km 초과하여 운전한 경우가 특례에 해당한다(교통사고처리 특례법 제3조 제2항 제3호).

05 경찰공무원이나 제주특별자치도의 자치경찰공무원은 평형안전표지판에 대응한 시설에 대하여 그 이상이나 과속단속장비의 설치 등 필요한 조치를 할 수 있다(도로교통법 제163조 제1항).

06 ② 다른 교통에 방해가 될 우려가 없는 장소에서 일시정지한 때에는 교차로의 가장자리로부터 5m 이내인 곳에서 주차할 수 있다(도로교통법 제33조).
법 제33조,
① 도로교통법 제33조 제1호
③ 도로교통법 제33조 제5호
④ 도로교통법 제33조 제2호 가목

07 어린이통학버스 운영자 등에 대한 과태료 부과기준은 어린이통학버스 등에 있다(도로교통법 시행규칙 [별표 6]).

08 긴급자동차의 교통안전교육(도로교통법 시행규칙 [별표 3]).

09 ①, ② 화물이나 건설기계 사용자 또는 운전자(運轉者)가 운행상 과실 이외에 다른 사용으로 고통을 받고 그 사용을 관리할 경우는 정당(正當)한 사유가 있어 관리 가능한 피해자가 사용하는 이외에 다른 피해자를 줄 수 있다(교통사고처리 특례법 제3조 제2항).

10 ② 도로교통법 제24조 제3항, ③ 도로교통법 제24조 제3항

11 사회복지공무원의 운영방법에는 고속도, 시멘도, 신호변동 등이 있다(어 린이통학버스 시행규칙 제3조 지정).

12 ②, ③, ④ 긴급자동차의 긴급자동차 시행규칙 [별표 5]

13 운전이 금지되는 술에 취한 상태 기준은 혈중알코올농도는 0.03% 이상으로 한다(도로교통법 제44조).

14 시·도경찰청장은 공공안전과 사회질서를 유지하거나 교통혼잡을 막기 위하여 필요하다고 인정하는 때에는 차마의 통행금지 등을 지정하거나 제한할 수 있다(도로교통법 제80조 제1항, 도로교통법 제80조 제2항).
②, ③, ④

15 차로에 따른 통행차의 기준(도로교통법 시행규칙 [별표 9])

도로	차로 구분	통행할 수 있는 차종
고속도로 외의 도로	왼쪽 차로	승용자동차 및 경형·소형·중형 승합자동차
	오른쪽 차로	대형승합자동차, 화물자동차, 특수자동차, 건설기계, 이륜자동차, 원동기장치자전거(개인형 이동장치 제외)

16 시·도경찰청장은 공공안전상 필요하다고 인정하거나 시설물의 공사등으로 인하여 그 발생된 것이 인정되는 때에는 2년 이상 500만원 이하의 벌금에 처한다(도로교통법 제13조).

17 사용용 자동차(이가자동차 운수사업법 시행규칙 [별표 2])

차 종	구 분	차 령
승용자동차	특수여객자동차운수사업용	6년
	경형·소형·중형	9년
승합자동차	대형	사업용	10년
	경형·소형·일반여객자동차운수사업용 또는 특수여객자동차운수사업용	11년
	그 밖의 사용	9년

18 시도등의 상향(도로교통법 시행규칙 제39조)
· 운행중 또는 대하여 150m 이내의 시야를 확보할 수 있을 것
· 운전등의 경우 주된 사장각이 각각 45° 이상으로 향상 밝혀 할 것
· 매시40km이상의 주행시 그에 맞게 반사방해야 아니하도록 할 것

19 ② 정차 : 운전자가 5분을 초과하지 아니하고 차를 정차시키는 것으로 주차 외의 정지 상태를 말한다.
③ 주차(도로교통법 제2조 제24호)
④ 운전자(도로교통법 제2조 제26호)
⑤ 일시정지(도로교통법 제2조 제30호)

20 ④ 원동기장치자전거 운전면허의 경우에 응시할 수 있는 연령은 만 16세이상이다(도로교통법 시행규칙 제53조).

21 ① 발동 차장치 레버를 45° 앞으로 밀어 놓고 시동을 건다.
② 발동 차장치 레버를 45° 앞으로 밀어 놓고 전진과 후진 등을 번갈아 하면서 시동을 건다.
③ 오르막 도로 차장치 레버를 적당한 방향으로 수정으로 떠서 동작이 되지 않도록 한다.

22 6개월 이상이나 장애이 200만원의 이하는 벌금 가등(도로교통법 제153조) 견적운전금지의 정신, 사람을통증을 위한 조치 등의 사용운전의 기수 · 조치 · 조치 등 도로 명령에 따르지 아니하거나 이를 거부 방해한 사람

23 우선 지급할 치료비 외의 손해배상금의 범위(교통사고처리 특례법 시행령 제3조)
- 부상의 경우 : 위자료 전액과 휴업손해액의 50/100
- 후유장애의 경우 : 위자료 전액과 상실수익액의 50/100
- 대물손해의 경우 : 대물배상액의 50/100

24 교통안전교육의 과목(도로교통법 시행규칙 [별표 16])
- 특별교통안전 의무교육 : 음주운전교육, 배려운전교육, 법규준수교육
- 특별교통안전 권장교육 : 법규준수교육, 벌점감경교육, 현장참여교육, 고령운전교육

25 공소권이 있는 12가지 법규위반 항목(교통사고처리 특례법 제3조)
- 신호·지시 위반사고
- 중앙선 침범, 고속도로 등에서의 횡단·유턴 또는 후진한 경우
- 속도위반(20km/h 초과) 과속사고
- 앞지르기의 방법·금지시기·금지장소 또는 끼어들기 금지 위반사고
- 철길건널목 통과방법 위반사고
- 보행자보호의무 위반사고
- 무면허운전사고
- 주취운전·약물복용운전사고
- 보도침범·보도횡단방법 위반사고
- 승객추락 방지의무 위반사고
- 어린이 보호구역 내 안전운전의무 위반사고
- 화물고정조치 위반사고

26 도주사고가 아닌 경우
- 사고운전자가 심한 부상을 입어 타인에게 의뢰하여 피해자를 후송 조치한 경우
- 피해자 일행의 구타·폭언·폭행이 두려워 현장을 이탈할 경우
- 사고 장소가 혼잡하여 불가피하게 일부 진행 후 정지하고 되돌아와 조치한 경우
- 사고운전자가 자기 차량 사고에 대한 조치 없이 가버린 경우

27 초기 시동 시 냉각된 엔진이 따뜻해질 때까지 3~10분 정도 공회전을 시켜주어 엔진이 정상적으로 가동할 수 있도록 운행 전 예비회전을 시켜준다.

28 ABS 차량은 급제동할 때에도 핸들조향이 가능하다.

29 ③ 자격시험일 전 5년간 음주운전 금지 규정을 위반하여 운전면허가 취소된 사람은 여객자동차운송사업의 운전자격을 취득할 수 없다(여객자동차 운수사업법 제24조 제3항).

31 현가장치는 자동차의 높이를 적정하게 유지하는 기능을 한다.

32 ② 브레이크 : 브레이크 페달을 밟아 차를 세우려고 할 때 바퀴에서 '끽' 소리가 나는 경우
③ 조향 장치 : 핸들이 어느 속도에 이르면 심하게 흔들리는 경우
④ 팬 벨트 : 가속 페달을 밟았을 때 '끽' 소리가 나는 경우

33 오일 펌프, 점화플러그 및 배전기, 흡·배기밸브는 가솔린 기관의 구성부품이고, 발전기는 자동차의 전기장치 구성부품에 해당한다.

34 연속적, 자동적으로 변속이 되어야 한다.

35 편도 3차로 이상 고속도로의 오른쪽 차로는 대형 승합자동차, 화물자동차, 특수자동차, 건설기계의 주행차로이다(도로교통법 시행규칙 [별표 9]).

36 베이퍼 록은 유압식 브레이크의 휠 실린더나 브레이크 파이프 속에서 브레이크액이 기화하여 페달을 밟아도 스펀지를 밟는 것 같고 유압이 전달되지 않아 브레이크가 작용하지 않는 현상을 말한다.

37 여름철 자동차관리 : 와이퍼의 작동상태 점검, 냉각장치 점검, 에어컨 관리, 차량 내부 습기제거

38 비포장 도로의 울퉁불퉁한 험한 노면상을 달릴 때 '따각따각'하는 소리나 '쿵쿵'하는 소리가 나면 현가장치인 쇽업소버의 고장으로 볼 수 있다.

39 신규로 자동차에 관한 등록을 하고자 하는 자는 대통령령으로 정하는 바에 따라 시·도지사에게 신규자동차등록을 신청하여야 한다(자동차관리법 제8조).

40 ② CNG는 압축천연가스이다.

41 교통사고의 3대 요인은 인적요인(운전자, 보행자 등), 차량요인, 도로·환경요인이다.

43 ① 혈중알코올농도 0.05%까지는 진정효과가 있어 운전에 별 영향을 주지 않으나 0.05%부터는 운전에 주취의 영향을 받게 된다.

44 ④ 관찰과정에 해당된다.

45 ② 각도주차를 하면 주행할 수 있는 도로공간을 많이 차지하기 때문에 평행주차보다 사고율이 높다.

46 ③ 밤이 되면 운전자도 피로하여 주의력이나 시력이 떨어지므로, 졸면서 운전하는 등 위험한 운전이 많아지게 된다. 또한 보행자도 자동차의 속도나 그 거리를 잘 모르게 되므로 주간에 비해 더욱 조심할 필요성이 있다.

47 ① 과속은 금물이다. 앞지르기에 필요한 속도가 그 도로의 최고속도 범위 이내일 때 앞지르기를 시도한다.

48 방어운전의 기본
- 능숙한 운전기술
- 세심한 관찰력
- 양보와 배려의 실천
- 반성의 자세
- 정확한 운전지식
- 예측능력과 판단력
- 교통상황 정보수집
- 무리한 운행 배제

50 ③ 출발 시에는 핸드 브레이크를 사용하는 것이 안전하다.

52 차체의 사각
- 전방 및 후방사각 : 앞쪽과 뒤쪽이 보이지 않는 각으로 대체로 뒤쪽의 사각의 범위가 넓다.
- 측면사각 : 자동차의 사각으로 운전자의 우측인 조수석 쪽의 사각의 범위가 넓다.

53 무엇인가가 있다는 것을 인지하는 데 좋은 옷 색깔은 흰색, 엷은 황색의 순이며 흑색이 가장 나쁘다.

PART 2 실전모의 시험보기

54 ③ 뒤에 대형 배달자량 장롱 공사자로 자동차의 안전운전에 지장급질 장롱은
       들 볼 수 있다.

56 ① 교차로 통과 후 경찰관의 경찰에 대한 정찰이다.

57 ① 주광성인 성년을 가지고 있고, 제기관의 속도에 표시되는 감정보
       의 수도를 공지해야 할 수 있다.

58 국도의 사망률 : 설치도로 > 고속도로 > 일반도로 > 지방도로

59 ② 제기관이 장기간 안전한 기술 배태를 갖고 있지 않아 점심자동차 기기
       에 있는 매체 부품을 신품으로 교체할 수 있다고 권함 또는 기기
       배태하지 않고 교환 명장한다.

60 안전운전의 조건
   • 인간적인 조건으로 다음이 건강해야 할 것
     - 감각 · 운동이 기능적임 것
     - 반응동작이 적정함
     - 정신활동 수준이 정상임
     - 시기 · 지각의 반응특성이 충분히 있을 것
   • 신체적 조건
     - 시기가 예민할 것
     - 운동능력이 있을 것

61 ③ 자동차의 공장자는 주차로 등에서 고속도로를 진입하거나 가속차선
       이 마두 짧거나 합정정상급도로(자정정상급도로) 제1의 같은 곳
       시 예외 경우에는 속도를 더 이상 정진하거나 낮은 속도로 가장할 수
       있는 경우나 아니하고 그리도로(공공정) 제64조 제12호).

62 보통자가는 후진상이 잘리지 않고 그림자가 지의적이 가장 적으로
       운전자가 가정 주의 관리하고 있지 않아, 안전자로 통정한 거리를 많이
       매개 가져 차량자들이 안전하기 때문에 공장자는 주정과 정해를 신중히
       해야 할 경우에 있으므로, 안전자로는 상용유지를 접정하며 주정자하지
       마라서 운행해야 한다.

63 기능이 낮은 답에서는 결로 현상이 발생할 수 있다. 이로 인해 습도를 많이
       머금고 운행 상경이 매우 중해지거나 운행이 지장할 수도 있다.

64 ② 고속도로에서 안자리 등 반두이달는 경우 안전을 정방으로 운전할
       수 있어야 한다.
   ① 도로교통법 제60조 제1항
   ③ 도로교통법 제12조 재1항

65 ③ 감정이 흔들리고 가정 빠른 경로가 실패하는 공장자는 더 인정하되, 공정이
       없이 있어 운행 성상에도 정상적이고 유의적이 공정적으로 인정심한다.

66 ③ 비문리성(Inseparability)이 옳다.

67 사회심리학, 정신심리학 등은 기업이미지의 구성요소에 해당한다.

68 정화적 주정은 운전 경험이 많지 않고 자기중심적이 강하며 사소적인 것
       문제에 흥분을 잘 하는 중년 상태에 있는 경우로 마련 다시고 위기를 준다.

70 ① 달에마쥐 결정의 정상이 자중성이다.

71 사비스, 우아한테이, 사이렌, 고속버스, 호층성원이 공중 상황장상에서 내
       시 승부사항까지 고속버스급에 점점심한다.

72 바스운정제계, 운영관정시스템(일사. 이버사정), 바스(자장정) 정보 장상 기능가
       든 개공장한다.

73 바스 이용객의 입장에서 볼 때 안전사고로 등에 장학습이 정학해 때 내공
       금과 이용자의 일상생활과 관련된 추운이 듬들할 수 있는 것이다.

75 ① 차자가는 정상이 필원을 알 수 없는 것이 연관자의 공상이 존재한 이유인가
       에 좀 안심시는 해야 한다.

78 운전자는 운행 중 발생하는 상황들에 대해 충분히 경우하지 않고 결정해야
       한다.

79 음은 가게에 다음과.

80 ② 통지 사항에 대한 법적이다(교통사고관리 제1항 제8호).
   ① 중상(교통사고관리 제3조 제7호).
   ③ 경상(교통사고관리 제3조 제10호).
   ④ 부상(교통사고관리 제3조 제12호).

제3회	실제유형 시험보기																	p. 71~82	
01	02	03	04	05	06	07	08	09	10	11	12	13	14	15	16	17	18	19	20
①	③	④	②	③	①	④	①	③	①	③	④	④	③	③	③	③	③	③	①
21	22	23	24	25	26	27	28	29	30	31	32	33	34	35	36	37	38	39	40
③	④	②	②	③	①	④	③	④	②	④	③	④	②	③	②	①	②	④	③
41	42	43	44	45	46	47	48	49	50	51	52	53	54	55	56	57	58	59	60
③	③	③	④	②	①	④	④	②	①	②	④	③	④	①	③	④	②	③	④
61	62	63	64	65	66	67	68	69	70	71	72	73	74	75	76	77	78	79	80
①	④	①	①	②	③	②	②	②	②	②	②	②	④	③	③	④	①	①	③

01 적색등화의 신호(도로교통법 시행규칙 [별표 2])
- 차마는 정지선, 횡단보도 및 교차로의 직전에서 정지해야 한다.
- 차마는 우회전하려는 경우 정지선, 횡단보도 및 교차로의 직전에서 정지한 후 신호에 따라 진행하는 다른 차마의 교통을 방해하지 않고 우회전할 수 있다.
- 차마는 우회전 삼색등이 적색의 등화인 경우 우회전할 수 없다.

02 ③ 대중교통수단이 없는 지역 등 대통령령으로 정하는 사유에 해당하는 경우로서 시장·군수·구청장의 허가를 받은 경우여야 한다(여객자동차 운수사업법 제82조 제1항 제2호).
①, ② 여객자동차 운수사업법 제82조 제1항 제1호
④ 여객자동차 운수사업법 시행령 제39조 제1항

03 진행방향별통행구분표지로 차가 좌회전·직진 또는 우회전할 것을 지시하는 것이다(도로교통법 시행규칙 [별표 6]).
교차로 통행방법(도로교통법 제25조)
- 모든 차의 운전자는 교차로에서 우회전을 하려는 경우에는 미리 도로의 우측 가장자리를 서행하면서 우회전하여야 한다. 이 경우 우회전하는 차의 운전자는 신호에 따라 정지하거나 진행하는 보행자 또는 자전거 등에 주의하여야 한다.
- 모든 차의 운전자는 교차로에서 좌회전을 하려는 경우에는 미리 도로의 중앙선을 따라 서행하면서 교차로의 중심 안쪽을 이용하여 좌회전하여야 한다.

04 편도 2차로 이상 고속도로에서의 최고속도는 100km/h, 최저속도는 50km/h이다(도로교통법 시행규칙 제19조 제1항 제3호 나목).

05 ② 차마의 운전자는 도로의 중앙 우측 부분을 통행하여야 한다(도로교통법 제13조 제3항).
① 모든 차의 운전자는 교차로 등에서 신호 등에 따라 좌회전할 수 있다.
③ 편도 2차로의 1차로는 앞지르기하려는 모든 자동차(단 도로상황으로 80km/h 미만 통행할 수밖에 없는 경우에는 앞지르기가 아닌 자동차도 통행), 2차로는 모든 자동차가 통행할 수 있다(도로교통법 시행규칙 [별표 9]).
④ 모든 차는 주정차 금지 장소 외에는 주정차할 수 있다(도로교통법 제32조).

06 벌칙(도로교통법 제148조의2 제2항)
술에 취한 상태에 있다고 인정할 만한 상당한 이유가 있는 사람으로서 경찰공무원의 측정에 응하지 아니하는 사람(자동차 등 또는 노면전차를 운전한 경우로 한정)은 1년 이상 5년 이하의 징역이나 500만원 이상 2,000만원 이하의 벌금에 처한다.

07 운행할 때 켜야 하는 등화의 종류(도로교통법 시행령 제19조 제1항 제1호)
자동차 : 자동차안전기준에서 정하는 전조등·차폭등·미등·번호등과 실내조명등(실내조명등은 승합자동차와 여객자동차 운수사업법에 따른 여객자동차운송사업용 승용자동차만 해당)

08 ④ 중앙선 표시 : 차도 폭 6미터 이상인 도로에 설치하며, 편도 1차로도로의 경우에는 황색실선 또는 점선으로 표시하거나 황색복선 또는 황색실선과 점선을 복선으로 설치(도로교통법 시행규칙 [별표 6])

09 과징금 액수(여객자동차 운수사업법 시행령 [별표 5])
①, ② 10만원 - 시내버스, 농어촌버스, 마을버스, 시외버스
③, ④ 20만원 - 전세버스, 특수여객버스

10 벌점·누산점수 초과로 인한 면허 취소(도로교통법 시행규칙 [별표 28])

기 간	벌점 또는 누산점수
1년 간	121점 이상
2년 간	201점 이상
3년 간	271점 이상

11 ① 보도와 차도가 구분된 도로에서 보도 내 사고

12 ③ 동석자 존재 여부는 치사상죄 적용 시에 고려사항이 아니다.

13 ④의 경우에는 모든 차의 운전자는 일시정지하여야 한다(도로교통법 제31조 제2항 제1호).
① 도로교통법 제26조 제2항
②, ③ 도로교통법 제31조 제1항

14 ③ 과징금은 벽지노선이나 그 밖에 수익성이 없는 노선으로 대통령령으로 정하는 노선을 운행해서 생긴 손실의 보전에 쓰인다(여객자동차 운수사업법 제88조 제4항 제1호).
①, ②, ④ 여객자동차 운수사업법 제88조 제4항

15 ③ 보행자는 안전표지 등에 의해 횡단이 금지되어 있는 도로의 부분에서는 그 도로를 횡단하여서는 아니 된다(도로교통법 제10조 제5항).
① 도로교통법 제8조 제4항
② 도로교통법 제10조 제3항
④ 도로교통법 시행령 제7조

16 ③ 모든 차의 운전자는 다른 차를 앞지르려면 앞차의 좌측으로 통행하여야 한다(도로교통법 제21조 제1항).
① 도로교통법 제22조 제1항
④ 도로교통법 제21조, 제22조

17 중대한 교통사고(여객자동차 운수사업법 시행령 제11조)
법 제19조 제2항 제3호에서 "대통령령으로 정하는 수(數) 이상의 사람이 죽거나 다친 사고"란 다음의 어느 하나에 해당하는 사상자가 발생한 사고(중대한 교통사고)를 말한다.
- 사망자 2명 이상
- 사망자 1명과 중상자 3명 이상
- 중상자 6명 이상

18 교통사고 : 차의 교통으로 인하여 사람을 사상(死傷)하거나 물건을 손괴(損壞)하는 것을 말한다(교통사고처리 특례법 제2조 제2호).

19 ③ 고속도로에 대한 설명이다. 차로는 차마가 한 줄로 도로의 정하여진 부분을 통행하도록 차선으로 구분한 차도의 부분이다(도로교통법 제2조).
① 도로교통법 제2조 제2호, ② 도로교통법 제2조 제7호, ④ 도로교통법 제2조 제12호

PART 2 실내운전 시험보기

20 ① 아지랑이가 끝 이상일 경우, 그에 해당하는 자갈이 처음 지금이 다른 경우에는 그중 가장 처리 자동기공이 따르다(여객자동차 운수사업법 시행규칙 [별표 5]).
   ② ③. ④ 여객자동차 운수사업법 시행규칙 [별표 5]

21 ① ②. ④ 이상이 운수사업자 양성, 그 밖에 자격 정성을 위한 시설과 운수사업자에 대한 연수 운전교육 및 운수사업자 경영 개선이나 그 밖에 여객자동차운수사업의 발전을 위하여 필요한 사업 등에 사용할 수 있다(여객자동차 운수사업법 제88조 제3항).

22 운전자 배우기 출발하지 아니하고 그래서 경적을 울리거나 말소리로 일으키 그 자동차 자동이에 방해 할 수 있는 행위를 하지 않는다.

25 앞선 중에 속도위반이 없다.

26 **실내교통안전 교육(도로교통법 시행규칙 [별표 16])**
   • 실내교통안전 의무교육 : 교통참여교육, 배려운전교육, 법규준수교육
   • 특별교통안전 권장교육 : 법규준수교육, 배려운전교육, 현장참여교육, 고령운전교육

27 방어의 정당성은 상의 있다가 운전자와 사이의 정당 관리 내용이다.

28 운전자의 시당각 좁아질 때 아이의 자동 문지

29 **갑작등 스위치 조작**
   • 1단계 : 자동차 미등, 번호판등, 계기판등, 장식등
   • 2단계 : 자동차 미등, 번호판등, 계기판등, 장식등

30 ③ 경차자동차 중 준 중형자동차는 제에브로지스템 에어백팀의 장거가 성장되지 않는다.

31 ④ 튜닝이 가능한 현상변경의 경우 일반적인 사용한다.

32 ④ 비 오는 날엔 미끄러질 수 있다.

33 블라스 브레이크가 고장으로 정치일때 가지 과도해야 한다.

34 ③ 토인(Toe-in)이 기능이다.

35 ① 수리 : 정상 접수
   ③ 배내 : 엘리 실에서 전 음을 잡아야 되어 들을수 없는 경우

37 ① 엘리 사용할 때 수 있는 작은 자동심기는 자동상의 경감이나 해소된다.

38 ② 실내환경의 원인은 잠을 자이는 것이나 상계지강의 없기 때문이고 정식이 높아진다.

39 100인임 이상이 하이트 승합자동차(자동차관리법 제8조 제4항 제10호).
   ① 자동차관리법 제25조 제2호
   ② 자동차관리법 제25조 제2호
   ③ 자동차관리법 제25조 제2호

40 엘진기술이 김지 상태에서 중요 기자가 높아지 원이 읽는다.

42 ③ 사이의 명치가 작은 자동차의 속도가 된던 때문에 좋아진다.

43 ③ 속도가 빨라지는 사이의 명치가 좋아진다.

44 타이어의 그리닝이 사이어 접지할이 바닥이 마찰로 가리기잡아진다.

45 **운전의 3단계 과정**
   인지단계 → 판단단계 → 조작단계

46 인지, 판단과 조작의 행위에 지나치게 인지상의 수용장이 사용하다.

47 운전자표는 생리적 · 심리적 · 신체적 · 지적 등인, 생각 등인, 자식 등인, 성격 등인, 정서 등인, 신체적 등인, 성격 등인, 운전자의 즉이 있으며, 연전 결혼자로 즉이 3요임으로 가장된다.

48 혈중알코올농도가 0.41~0.50 정도일 때 판응이 느려지지 않고, 대수상황을 관련하게 인식 방식이 지내다.

49 ② 유능 스태의 남녀간 교정부의 수인상이의 배리는 크다이 있다.

50 ③ 공양이 시야가 줄어 매우 보이지 않고 다른 기간과 가까워진다.

51 ① 미리리의 공양에서는 공개당하 있는 자리 주시가 증조하지 않다고 수 있다.

52 운전자의 경성적인 악화되도 안전운전에 영향을 미치는 교주행, 안전벨트 미착용, 시계 감소와 가족에서의 신앙지상에 등이 있다.

53 알아가는 : 도로를 파악하고 이용하기 이용하여 자동차 운전성의 자리에
   두 조리를 만으로 감정치지 한다.

54 ④ 같다이야 공 역과 말할수 결 치고 말할 주변이 참가자들에
   대한 경상운전이야 비능을 중이어다.

55 자도지리리 공항자의 배치는 동인 뮬러 자동차 수치 운전 소
   머리 자동자과 검색리 경쟁 머치가 이용한 지리를 받이고, 강조지리 공
   가 차지지의 제문이다 이용할 수 없다.

56 ② 모든 자의 운전자는 경필 검정무를 통과하지 하여야 한다(도로교통법 제24조
   제1항).

57 ① 자동차입이 사도는 경성운정하지 싫어, 이는 가장자리에
   강으로 밀림이 자리성 과정의 중앙성으로 끊어지는
   사고가 대부분이다.

58 ④ 앞지르기는 전방·후방 교통과 반대 방향 교통에 주의하면서 좌측으로 할 수 있다(도로교통법 제21조).
①, ② 모든 차의 운전자는 반대 방향의 교통과 앞차 앞쪽의 교통에도 주의를 충분히 기울여야 하며, 앞차의 속도·진로와 그 밖의 도로상황에 따라 방향지시기·등화 또는 경음기(警音機)를 사용하는 등 안전한 속도와 방법으로 앞지르기를 하여야 한다(도로교통법 제21조 제3항).
③ 앞차가 다른 차를 앞지르고 있는 경우 그 앞차를 앞지르지 못한다(도로교통법 제22조 제1항 제2호).

59 ③ 자동차의 운전자는 고장이나 그 밖의 사유로 고속도로 또는 자동차전용도로(고속도로 등)에서 자동차를 운행할 수 없게 되었을 때에는 사방 500m 지점에서 식별할 수 있는 적색의 섬광신호·전기제등 또는 불꽃신호 표지를 설치하여야 한다. 다만, 밤에 고장이나 그 밖의 사유로 고속도로 등에서 자동차를 운행할 수 없게 되었을 때로 한정한다(도로교통법 시행규칙 제40조).

60 브레이크 드럼, 라이닝 간격이 작아 라이닝이 끌리게 됨에 따라 드럼이 과열되었을 때 베이퍼 록 현상이 발생한다.

61 ① 안개로 인해 시야의 장애가 발생되면 우선 차간거리를 충분히 확보한다.

62 ④ 가을철 자동차관리 사항이다.

63 터널, 교량 위 등은 동결되기 쉬운 대표적인 장소이다. 터널이나 그 근처는 지형이 험한 곳이 많아 동결되기 쉬우므로 감속운전을 해야 한다.

64 **좌석안전띠의 착용요령**
- 좌석을 조절하여 바르게 앉는다.
- 허리띠는 골반에, 어깨띠는 어깨 중앙에 걸치도록 맨다.
- 안전띠와 가슴 사이에 주먹 하나가 들어갈 수 있도록 여유를 둔다.
- 띠의 버클은 '찰칵' 소리가 나도록 잠근다.
- 길이를 자기 몸에 맞게 조절하여 맨다.

65 내리막길에서는 풋 브레이크 장시간 사용을 삼가고, 엔진 브레이크 등을 적절히 사용하여 안전운행한다.

67 무형성, 동시성, 인적의존성, 소멸성, 무소유권, 변동성, 다양성이 서비스의 특징이다.

68 **모든 운전자가 일시정지하여야 하는 경우**
- 어린이가 보호자 없이 도로를 횡단할 때, 어린이가 도로에서 앉아 있거나 서 있을 때 또는 어린이가 도로에서 놀이를 할 때 등 어린이에 대한 교통사고의 위험이 있는 것을 발견한 경우
- 앞을 보지 못하는 사람이 흰색 지팡이를 가지거나 맹인안내견을 동반하고 도로를 횡단하고 있는 경우
- 지하도나 육교 등 도로 횡단시설을 이용할 수 없는 지체장애인이나 노인 등이 도로를 횡단하고 있는 경우

69 타 운송수단과의 효율적 연계를 위해서는 일정 부분의 공적 개입이 필요하기 때문이다.

70 ② 버스회사의 기대효과이다.
운수종사자(버스 운전자)의 기대효과
- 운행정보 인지로 정시 운행
- 앞뒤 차간의 간격으로 차간 간격 조정 운행
- 운행상태 완전노출로 운행질서 확립

71 ② 버스전용차로가 시작하는 구간에서 일반차량의 직진 차로수의 감소에 따른 교통혼잡이 발생한다.

74 ① 공영제는 책임의식 결여로 생산성은 오히려 저하된다.
② 민영제에서는 민간회사들이 보다 혁신적이다.
③ 준공영제에서는 수준 높은 서비스를 제공한다.

75 약 20~30cm 정도 하지를 올린다. 척추, 머리, 가슴, 배의 손상 증상 및 징후가 있다면 앙와위를 취해주어야 한다. 즉, 긴척추고정판으로 환자를 옮겨 하지를 올린다.

76 사복에 대한 경제적 부담의 감소는 근무복에 대한 종사자의 입장이다.

77 ④ 시외버스운송사업자만 해당한다(여객자동차 운수사업법 시행규칙 [별표 4]).
①, ②, ③ 여객자동차 운수사업법 시행규칙 [별표 4]

78 저상버스는 버스차량 바닥의 높이에 따른 종류이다.

79 **버스회사의 기대효과**
- 서비스 개선에 따른 승객 증가로 수지 개선
- 과속 및 난폭운전에 대한 통제로 교통사고율 감소 및 보험료 절감
- 정확한 배차관리, 운행간격 유지 등으로 경영합리화 가능

80 **운임·요율 체계 등(여객자동차 운송사업 운임·요율 등 조정요령 제3조)**
- 시외버스
  - 운임·요율은 거리운임요율제를 기본체계로 한다.
  - 거리운임요율은 시외버스 직행형·일반형과 시외버스 고속형에 대하여 각각 따로 정한다.
  - 승차거리 10km를 기준으로 최저기본운임을 정하여 운영할 수 있다.
  - 운임·요율의 세부산정기준 등 이 요령에서 정하지 아니한 사항에 대하여는 관할관청이 따로 정하여 시행할 수 있다.
- 시내버스·농어촌버스
  - 운임·요율은 동일한 특별시·광역시·시·군 내에서는 단일운임 적용을, 시(읍)계 외 지역에 대하여는 구역제·구간제·거리비례제 운임을 기본체계로 한다. 다만, 관할관청이 필요하다고 인정하는 경우에는 별도의 운임·요율을 적용할 수 있다.
  - 운임·요율의 세부산정기준 및 할인·할증에 관한 사항 등 이 요령에서 정하지 아니한 사항에 대하여는 관할관청이 따로 정하여 시행할 수 있다.
- 시내버스운송사업의 경우 다른 노선여객자동차운송사업과 노선 또는 운행계통(구간을 포함)이 서로 경합되는 때에는 특별한 사유가 없는 한 동일한 운임·요율 또는 운임·요금을 적용할 수 있다. 농어촌버스운송사업 및 시외버스운송사업(운행형태 및 운임·요율이 다를 경우 이를 각각으로 본다)의 경우에도 또한 같다.

제1회 실전모의 시험보기   p. 83~94

01	02	03	04	05	06	07	08	09	10	11	12	13	14	15	16	17	18	19	20
④	②	③	②	①	④	③	①	③	②	④	①	③	④	③	③	②	②	④	①
21	22	23	24	25	26	27	28	29	30	31	32	33	34	35	36	37	38	39	40
④	③	③	④	②	④	③	①	②	④	①	②	②	③	③	①	④	②	③	②
41	42	43	44	45	46	47	48	49	50	51	52	53	54	55	56	57	58	59	60
④	①	②	③	①	②	④	②	③	③	①	④	②	①	③	②	②	④	②	④
61	62	63	64	65	66	67	68	69	70	71	72	73	74	75	76	77	78	79	80
④	③	③	①	④	②	②	②	④	①	①	③	③	④	①	②	①	②	③	②

01 길 가장자리 구역(도로교통법 제2조 제11호)

02 ② 교차로 통행방법: 우회전차로 등 6가지 이상 자동차 운전자가 보행자, 자전거 등의 통행에 방해되지 않도록 서행하여야 한다 [별표 6].

03 ③ 주의표지(도로교통법 시행규칙 제8조 제1항 제1호)
① 주의표지: 도로상태가 위험하거나 도로 또는 그 부근에 위험물이 있는 경우에 필요한 안전조치를 할 수 있도록 이를 도로사용자에게 알리는 표지 (도로교통법 시행규칙 제8조 제1항 제1호)
② 규제표지: 도로교통의 안전을 위하여 각종 제한·금지 등의 규제를 하는 경우에 이를 도로사용자에게 알리는 표지 (도로교통법 시행규칙 제8조 제1항 제2호)
④ 보조표지: 주의표지·규제표지 또는 지시표지의 주기능을 보충하여 도로사용자에게 알리는 표지 (도로교통법 시행규칙 제8조 제1항 제3호)

04 ② 도로공사 등으로 인하여 그 도로를 일시 통행할 수 없게 된 경우

① 도로교통법 제3조 제4항, ③, ④ 도로교통법 제3조 제2항 (도로교통법 제3조 제1항)

05 ① 모든 차의 운전자는 보행자 또는 다른 차마의 정상적인 통행을 방해할 우려가 있는 경우에는 교차로에 들어가서는 아니 된다 (도로교통법 시행령 제20조 제1항).
② 도로교통법 시행령 제20조 제2항
③ ④ 도로교통법 제37조

06 긴급자동차의 종류(도로교통법 제2조)
• 18세 미만의 사람, 다만, 원동기장치자전거는 16세 미만의 사람
• 교통상의 위험과 장해를 발생시킬 우려가 있는 정신질환자 또는 뇌전증환자
• 듣지 못하는 사람(제1종 운전면허 중 대형면허·특수면허에 한정), 앞을 보지 못하는 사람(한쪽 눈만 보지 못하는 사람의 경우에는 제1종 운전면허 중 대형면허·특수면허에 한정) 그 밖에 대통령령으로 정하는 신체장애인
• 양쪽 팔의 팔꿈치관절 이상을 잃은 사람이나 양쪽 팔을 전혀 쓸 수 없는 사람. 다만, 본인의 신체장애 정도에 적합하게 제작된 자동차를 이용하여 정상적인 운전을 할 수 있는 경우에는 예외로 한다.
• 마약·대마·향정신성의약품 또는 알코올 중독자
• 제1종 대형면허 또는 제1종 특수면허를 받으려는 사람이 19세 미만이거나 자동차(이륜자동차는 제외한다)의 운전경험이 1년 미만인 사람
• 대통령령으로 정하는 사람 중 적성검사를 받지 아니하거나 부적합 판정을 받은 사람(원동기장치자전거는 제외한다)

07 ③ 시내버스운송사업, 농어촌버스운송사업, 마을버스운송사업, 시외버스운송사업 중 전세버스운송으로 사용되는 자동차는 긴급자동차로 본다 (도로교통법 시행령 제3조).
① 여객자동차 운수사업법 시행령 [별표 1]
② 여객자동차 운수사업법 시행규칙 제3조 다항
④ 여객자동차 운수사업법 시행규칙 제3조 제2호

08 그 밖에 도로가 아닌 장소
• 자동차가 사고 당시 가해자가 피해자에게 타이어 등에 의하여 상해나 피해를 주는 경우
• 피해자 운전자가 주취, 무면허, 약물의 영향 등으로 이상한 경우
• 피해자가 운전자와 동승자가 없이 피해가 자동차로 인하여 발생한 경우 단독 사고일 때 경우

09 일반 시중보다 조금이라도 교통장애가 없이 통행이 원활하게 이루어질 수 있어 5일간 700만원 이하의 벌금에 처하는 경우와 이에 따라 5일 이상의 징역 또는 1,500만원 이하의 벌금에 처하는 경우는 다음과 같다 (도로교통법 제49조).

10 안전기구 공지시 및 장소 방 시기 (도로교통법 제22조)
• 도로의 구부러진 부근
• 비탈길의 고개마루 부근 또는 가파른 비탈길의 내리막
• 터널 안, 다리 위
• 도로관리청이 도로에서의 위험을 방지하고 교통의 안전과 원활한 소통을 확보하기 위하여 필요하다고 인정하여 안전표지로 지정한 곳

11 공차중량(여객자동차 운수사업법 시행규칙 제10조 제1호)
사람이 탑승하지 아니하고 물건을 싣지 아니한 상태로서, 연료·냉각수 및 윤활유를 만재하고 예비타이어를 설치하여 운행할 수 있는 상태의 자동차의 중량을 말하며, 그 크기는 5mm 이하로 하고 경광등의 안전기준에 맞추어 고정한다. 다만, 공작자중량을 측정하고 비상적으로 7.5km 이내의 상대값은 6가지 이상에 정상값 수 있다.

12 ③ 도로교통법 시·도경찰청장 또는 시·도지사는 필요시 일시적으로 안전표지와 인정한다고 인정하는 경우에는 기존의 설치자가 이 도로의 안전교통과 교통의 안전에 대한 기준을 만족시키고 있는 경우, 안전시설을 한 때는 그 설치자가 제출한 여객자동차 운수사업법의 교통안전 규정 (여객자동차 운수사업법 제24조 제3항).

13 14세 미만의 어린이가 유치원 또는 어린이집 부근의 도로에서 교통사고로 인한 사상자가 발생한 경우에는 여객자동차 운수사업법 시행규칙 [별표 4].

14 ① 여객자동차 운수사업법 시행규칙 제57조 제1항
운수종사자가 피로상태에 있는 경우에는 운전하게 하여서는 아니되고, 그 공급자공공(여객자동차 운수사업법 시행규칙 제57조 제1항).
② 여객자동차 운수사업법 시행규칙 제24조의2 제5항
③ 여객자동차 운수사업법 시행규칙 제57조 제5항
④ 여객자동차 운수사업법 시행규칙 제24조의2 제3항

16 ③ 운송사업자는 여객자동차운송사업에 사용되는 자동차의 바깥쪽에 운송사업자의 명칭, 기호, 그 밖에 국토교통부령으로 정하는 사항을 표시하여야 한다(여객자동차 운수사업법 제17조)

자동차에 표시하여야 하는 사항(여객자동차 운수사업법 시행규칙 제39조)
- 시외버스의 경우 : 시외우등고속버스는 "우등고속", 시외고속버스는 "고속", 시외우등직행버스는 "우등직행", 시외직행버스는 "직행", 시외우등일반버스는 "우등일반", 시외일반버스는 "일반"
- 전세버스운송사업용 자동차의 경우 : "전세"
- 한정면허를 받은 여객자동차 운송사업용 자동차의 경우 : "한정"
- 특수여객자동차운송사업용 자동차의 경우 : "장의"
- 마을버스운송사업용 자동차의 경우 : "마을버스"
- 표시는 외부에서 알아보기 쉽도록 차체 면에 인쇄하는 등 항구적인 방법으로 표시하여야 하며, 구체적인 표시 방법 및 위치 등은 관할관청이 정한다.

17 어린이 교통사고는 대체로 통행량이 많은 낮 시간에 주로 집 부근에서 발생하며, 또한 보행자 사고가 대부분이고 성인에 비하여 치사율도 대단히 높다.

18 ① 공주거리는 운전자가 위험을 느끼고 브레이크를 밟았을 때 자동차가 제동되기 전까지 주행한 거리를 말한다.

19 고속도로에서는 횡단, 후진, 유턴 등을 할 수 없다(도로교통법 제62조).

20 ③, ④ 자동차의 승차인원은 승차정원 이내여야 한다(도로교통법 시행령 제22조 제1호).
① 도로교통법 제39조 제3항
② 도로교통법 제39조 제5항

21 인적 요인은 84.8%, 환경 요인은 17.9%, 차량요인은 6.0%이다.

23 운전자뿐만 아니라 보행자 및 모든 인간은 주위의 자극에 대하여 지각 - 식별 - 행동판단 - 반응과정을 거치면서 행동을 한다. 이러한 과정은 거의 대부분 운전경력과 훈련에 의해서 그 능력이 향상된다.

24 납부기간에 범칙금을 내지 아니한 사람은 납부기간이 끝나는 날의 다음 날부터 20일 이내에 통고받은 범칙금에 20/100을 더한 금액을 내야 한다(도로교통법 제164조 제2항).

25 주브레이크의 간격이 좁든가, 주차 브레이크를 당겼다 풀었으나 완전히 풀리지 않았을 경우로 긴 언덕길을 내려갈 때 계속 브레이크를 밟으면 이런 현상이 일어나기 쉽다.

26 기름, 왁스가 묻어 있는 걸레로 닦으면 야간에 빛이 반사되어 앞이 잘 보이지 않게 된다.

27 피스톤 링의 기능 : 기밀 작용, 오일 제거, 열전도 작용

28 ③ 분사 시기를 제어하는 것은 타이머이다.

29 LPG를 베이퍼라이저에 들어가기 전에 냉각수의 열을 이용하여 기화가 잘되도록 예열한다.

30 회전관성이 적어야 한다.

31 점화 플러그의 간극은 접지 전극을 구부려 조정하며 중심 전극과 접지 전극의 간극은 0.5~0.8mm가 적합하다.

32 타이어의 편마모는 브레이크가 편동되는 원인이 된다.

33 조향장치는 진행 방향을 좌우로 변하게 하는 장치로서 조향핸들과 앞차륜 등으로 구성된다.

34 수막현상이 일어나면 제동력은 물론 모든 타이어는 본래의 운동기능이 소실되므로, 고속으로 주행하지 않아야 한다.

35 냉각장치 점검은 여름철 자동차관리사항이다.

36 ③ 유압식 클러치가 아닌 케이블식 클러치의 경우에 해당한다.

38 차량용 소화기의 설치 또는 비치 기준(소방시설 설치 및 관리에 관한 법률 시행규칙 [별표 2])
- 승용자동차 : 능력단위 1 이상의 소화기 1개 이상을 사용하기 쉬운 곳에 설치 또는 비치
- 승합자동차
  - 경형승합자동차 : 능력단위 1 이상의 소화기 1개 이상을 사용하기 쉬운 곳에 설치 또는 비치
  - 승차정원 15인 이하 : 능력단위 2 이상인 소화기 1개 이상 또는 능력단위 1 이상인 소화기 2개 이상을 설치. 이 경우 승차정원 11인 이상 승합자동차는 운전석 또는 운전석 옆으로 나란한 좌석 주위에 1개 이상을 설치
  - 승차정원 16인 이상 35인 이하 : 능력단위 2 이상인 소화기 2개 이상을 설치. 이 경우 승차정원 23인을 초과하는 승합자동차로서 너비 2.3m를 초과하는 경우에는 운전자 좌석 부근에 가로 600mm, 세로 200mm 이상의 공간을 확보하고 1개 이상의 소화기를 설치
  - 승차정원 36인 이상 : 능력단위 3 이상인 소화기 1개 이상 및 능력단위 2 이상인 소화기 1개 이상을 설치. 다만, 2층 대형승합자동차의 경우에는 위층 차실에 능력단위 3 이상인 소화기 1개 이상을 추가 설치
- 화물자동차(피견인자동차는 제외) 및 특수자동차
  - 중형 이하 : 능력단위 1 이상인 소화기 1개 이상을 사용하기 쉬운 곳에 설치
  - 대형 이상 : 능력단위 2 이상인 소화기 1개 이상 또는 능력단위 1 이상인 소화기 2개 이상을 사용하기 쉬운 곳에 설치

39 ② 급제동할 때에도 핸들 조향이 가능하다.
③ 옆으로 미끄러지는 위험은 방지할 수 없다.
④ 급제동할 때는 브레이크 페달을 버스가 완전히 정지할 때까지 계속 힘껏 밟고 있어야 한다.

40 정기검사의 기간은 검사유효기간 만료일(규정에 의하여 검사유효기간을 연장 또는 유예한 경우에는 그 만료일) 전 90일부터 후 31일까지로 하며, 이 기간 내에 정기검사에서 적합판정을 받은 경우에는 검사유효기간 만료일에 정기검사를 받은 것으로 본다(자동차관리법 시행규칙 제77조 제2항).

41 교통사고의 3대 요인
- 운전자와 보행자 측면에서의 인적 요인
- 도로구조나 안전시설 측면에서의 교통환경적 요인
- 자동차의 구조나 작동불량에서 비롯되는 자동차적 결함요인

42 ④ 교통약자에 대한 설명이고, 교통섬은 자동차의 안전하고 원활한 교통처리, 보행자 도로횡단의 안전을 확보하기 위해 교차로 또는 차도의 분기점 등에 설치하는 섬 모양의 시설이다(도로의 구조·시설 기준에 관한 규칙 제2조 43호).

PART 2 실전유형 시험보기

41 ④ 필률 교통사고의 특성이다.

42 부종이 있었던 상측자의치에 속한다.

43 ③ 심실의 피로와 운동부족에 영향된 것이다.

45 버스 이용자는 균형해야 한다.

46 돌이 모인 공정의 페이드 현상이 크고 안정도 떨어져 다른 사람에게 피해를 주는 일이 많아 향후 없다.

47 심장중앙전지자는 다른 교통과 분리에 인한 경우에는 도로를 창단할 수 있다.

48 사용의 근성공감내는 평균가 평상 평상 인식해야 한다.

49 ③ 버스 대중화 등이 심한 야간 이라리도 자동차의 주행과 운전자의 동작이 잘 보이고, 배출가스 발생량으로 상승기기에 시민의 건강상해의 영향이 높은 것이 있안된다.

50 ③ 실내를 금연화경에 먹지 않는다.

51 도로의 공사감사 경우에 일시적 끝나기 달라진 경우이면, 바깥귀 비기에 운전자들이 생각하게 사용할 것이 경상화된다.

53 비자주자가 설치되는 장소
- 고속도로에서 경사가 늦고 2.5m 이상으로 설치되는 경우
- 긴 터널의 경우
- 길이 폭음성의 설치되는 긴 교량

54 ① 인자반응길이 자전거통행량 없 증증해게 감소해야 한다.

55 ③ 차·자전거전용 및 보행자전거도로는 해당이 많다.

56 ③ 교통사고 사상자 없이, 우리나라 교자로에 고속화되어 산업이 차료할 수 중점사고가 많아지고 있다.

57 ③ 모두 가에 중심로, 특별 시, 국지·도 등 특별 시, 지역에 대하여 관리할 수 있는 도로 등을 말한다. 도로구조에 대한 기본이 최소 보전되고 지방자치단체의 조례로 정한다.
한다(도로교통법 제3조).
의 허용 공부의 운행을 제한적으로 인정하는 것으로 이는 도로의 공부화가 장기적으로 저하를 방지하기 위한 방향으로 공부가 지원을 도모하는데 목적이 있다.
① 도로교통법 제2조 제3호
② 도로의 구조·시설 기준에 관한 규칙 제2조 제20호
③ 도로의 구조·시설 기준에 관한 규칙 제2조 제30호
④ 도로의 구조·시설 기준에 관한 규칙 제2조 제39호

58 ① 도로 위 이력이 상관이다.

59 이력은 종료 많이 교자하고 있다.

60 주변 조건과 고려하지 않아 공공의 공공을 때어 타이어가 발끝기 쉽게 생성된다.

---

61 ④ 필률 교통사고의 특성이다.

62 부종이 있었던 상측자의치에 속한다.

63 ① 승용차의 경우 자동자 내에 갇히는 가능은 유동성이 성공이 지연되지만, 미리콤 깊이의 침대를 사용하는 편성은 공부에 넣이 보차 감소되지 않는다.

65 운전자가 가져야 할 기본적 자세 : ①, ②, ③ 이의 교통 법규의 이해와 숙지, 추면, 상차인원배의 안전

66 ③ 중양 교통 종료 달리 0.5~1.5초 달만다.

67 사소의 특징으로는 원형, 연사, 주시, 인지식별, 추증, 부전시야, 변동시 력 등이 있다.

68 ④ 긴급자동차와 그 관리의 행동에 운영하는 사람에 대해 처벌된 것으로 정할 수 있어야 말에는 대통령(도로교통법 시행령 제13조)에 따른다.
① 도로교통법 시행규칙 제13조 제3호
② 도로교통법 시행규칙 제13조 제7호
③ 도로교통법 시행규칙 제13조 제2호

69 차량 실습, 간호노 등 청, 인지 같은 진식말성의 공공부동이 증가된다.

70 ② 단지(공기)주자는 이용자의 장치성을 갖추고 있지 않아야 위한 사 장이 되어 있다. 단조사동자는 당해 장치로 단지공공 공부를 들으로 이용 하여 단조공 을 가능한 증공발동공(기리기계)(거리기계)이다.

71 자도로 비스공공장들의 비해 사람들이 많이 든다.

72 정부 사용의 도로교통고
- 대중교통을 이용한 고리로 및 교통정책 게게
- 영상공공체를 기반 마련
- 교통수단 수립 및 생동일 정비로 기로조로 정립

74 ② 가시감으로 장면을 공포받는 가장인이다.

77 ① 보세가 추축에게 정해있다.

78 실내사이디 도립, 일반실과다 설치해야 한다.

79 ② 산림녹·숙림도·중을 동림차·공을·용률 공 인을 공인되는 장비·공을 세·시(등) 의 지역에 대한 보유공이 필요하다고 인정하고 기준을 세우는 경우에는, 단, 단지를 기피할 공공을 법률에 따라, 실내공을 공을·용률 등 인명·자도주자 중·순에 발급할 수 있다(가도로사업 공을·용률 공 인도 가지 수 있다(가도로사업 공을·용률 공 제2조 기재).
① 예일경기술자 전공 등 공을·용률 제3조 기재
③ 예일경기술자 전공 등 공을·용률 제3조 기재
④ 예일경기술자 전공 등 공을·용률 공 제3조 제제호

80 교통조도 ← 탄성지 ← 정치사전지 ← 송치사전지 ← 장전사전지로 감축된다.

제5회 실제유형 시험보기   p. 95~106

01	02	03	04	05	06	07	08	09	10	11	12	13	14	15	16	17	18	19	20
④	②	③	②	③	④	③	①	③	④	②	②	③	①	①	③	③	④	①	③
21	22	23	24	25	26	27	28	29	30	31	32	33	34	35	36	37	38	39	40
①	②	③	④	②	③	④	②	④	①	④	②	③	②	③	②	③	④	①	④
41	42	43	44	45	46	47	48	49	50	51	52	53	54	55	56	57	58	59	60
④	④	③	④	④	②	①	④	②	②	②	②	②	③	①	③	④	②	④	④
61	62	63	64	65	66	67	68	69	70	71	72	73	74	75	76	77	78	79	80
③	④	④	①	③	④	④	③	②	①	④	④	②	②	③	④	③	①	④

01 ④ 신호기 : 도로교통에서 문자·기호 또는 등화(燈火)를 사용하여 진행·정지·방향전환·주의 등의 신호를 표시하기 위하여 사람이나 전기의 힘으로 조작하는 장치(도로교통법 제2조 제15호).

02 지정된 날을 제외하고 버스전용차로 통행 차만 통행할 수 있음을 의미한다.

03 차마의 통행(도로교통법 제13조 제4항)
차마의 운전자는 다음의 어느 하나에 해당하는 경우에는 도로의 중앙이나 좌측 부분을 통행할 수 있다.
- 도로가 일방통행인 경우
- 도로의 파손, 도로공사나 그 밖의 장애 등으로 도로의 우측 부분을 통행할 수 없는 경우
- 도로 우측 부분의 폭이 6m가 되지 아니하는 도로에서 다른 차를 앞지르려는 경우. 다만, 다음의 어느 하나에 해당하는 경우에는 그러하지 아니하다.
  - 도로의 좌측 부분을 확인할 수 없는 경우
  - 반대 방향의 교통을 방해할 우려가 있는 경우
  - 안전표지 등으로 앞지르기를 금지하거나 제한하고 있는 경우
- 도로 우측 부분의 폭이 차마의 통행에 충분하지 아니한 경우
- 가파른 비탈길의 구부러진 곳에서 교통의 위험을 방지하기 위하여 시·도경찰청장이 필요하다고 인정하여 구간 및 통행방법을 지정하고 있는 경우에 그 지정에 따라 통행하는 경우

04 ② 운전자 과실의 예외사항이다.

05 ③ 국토교통부장관에 정하는 운전 적성에 대한 정밀검사 기준에 적합해야 한다(여객자동차 운수사업법 시행규칙 제49조 제1항 제3호).
①, ④ 여객자동차 운수사업법 시행규칙 제49조 제1항 제2호
② 여객자동차 운수사업법 시행규칙 제49조 제1항 제1호

06 ④ 전도 : 차가 주행 중 도로 또는 도로 이외의 장소에 차체의 측면이 지면에 접하고 있는 상태(좌측면이 지면에 접해 있으면 좌전도, 우측면이 지면에 접해 있으면 우전도)를 말한다(교통사고조사규칙 제2조 제1항 제10호).
① 충돌 : 차가 반대방향 또는 측방에서 진입하여 그 차의 정면으로 다른 차의 정면 또는 측면을 충격한 것을 말한다(교통사고조사규칙 제2조 제1항 제7호).
② 접촉 : 차가 추월, 교행 등을 하려다가 차의 좌우측면을 서로 스친 것을 말한다(교통사고조사규칙 제2조 제1항 제9호).
③ 전복 : 차가 주행 중 도로 또는 도로 이외의 장소에 뒤집혀 넘어진 것을 말한다(교통사고조사규칙 제2조 제1항 제11호).

07 ①, ③ 운송사업자는 그의 운수종사자에 대한 교육계획의 수립, 교육의 시행 및 일상의 교육훈련업무를 위하여 종업원 중에서 교육훈련 담당자를 선임하여야 한다. 다만, 자동차 면허 대수가 20대 미만인 운송사업자의 경우에는 교육훈련 담당자를 선임하지 아니할 수 있다(여객자동차 운수사업법 시행규칙 제58조 제5항).
②, ④ 여객자동차 운수사업법 시행규칙 [별표 4의3].

09 차로에 따른 통행차의 기준(도로교통법 시행규칙 [별표 9])
다음의 차마는 도로의 가장 오른쪽에 있는 차로로 통행하여야 한다.
- 자전거 등
- 우마
- 「도로교통법」에 따른 건설기계 이외의 건설기계
- 다음의 위험물 등을 운반하는 자동차
  - 「위험물안전관리법」에 따른 지정수량 이상의 위험물
  - 「총포·도검·화약류 등의 안전관리에 관한 법률」에 따른 화약류
  - 「화학물질관리법」에 따른 유독물질
  - 「폐기물관리법」에 따른 지정폐기물과 의료폐기물
  - 「고압가스 안전관리법령」에 따른 고압가스
  - 「액화석유가스의 안전관리 및 사업법」에 따른 액화석유가스
  - 「원자력안전법」에 따른 방사성물질 또는 그에 따라 오염된 물질
  - 「산업안전보건법령」에 따른 제조 등이 금지되는 유해물질과 「산업안전보건법령」에 따른 허가 대상 유해물질
  - 「농약관리법」에 따른 원제

11 도주가 적용되지 않는 경우
- 피해자가 부상 사실이 없거나 극히 경미하여 구호조치가 필요치 않는 경우
- 가해자 및 피해자 일행 또는 경찰관이 환자를 후송 조치하는 것을 보고 연락처를 주고 가버린 경우
- 교통사고 가해운전자가 심한 부상을 입어 타인에게 의뢰하여 피해자를 후송 조치한 경우
- 교통사고 장소가 혼잡하여 도저히 정지할 수 없어 일부 진행 후 정지하고 되돌아와 조치한 경우

12 ② 관할관청이 운전자격증 등을 폐기한 경우 한국교통안전공단은 운전자격 등록을 말소한다(여객자동차 운수사업법 시행규칙 제59조 제5항).
① 여객자동차 운수사업법 시행규칙 제59조 제2항
③ 여객자동차 운수사업법 시행규칙 제59조 제3항
④ 여객자동차 운수사업법 시행규칙 제59조 제4항

13 도로에서 차를 운행할 때 켜야 하는 등화(도로교통법 시행령 제19조 제1항)
1. 자동차 : 전조등, 차폭등, 미등, 번호등과 실내조명등(실내조명등은 승합자동차와 「여객자동차 운수사업법」에 따른 여객자동차운송사업용 승용자동차만 해당)
2. 원동기장치자전거 : 전조등 및 미등
3. 견인되는 차 : 미등·차폭등 및 번호등
4. 노면전차 : 전조등, 차폭등, 미등 및 실내조명등
5. 1.부터 4.까지의 규정 외의 차 : 시·도경찰청장이 정하여 고시하는 등화

14 노선운송사업자는 다음의 사항을 일반공중이 보기 쉬운 영업소 등의 장소에 사전에 게시해야 한다(여객자동차 운수사업법 시행규칙 [별표 4]).
- 사업자 및 영업소의 명칭
- 운행시간표(운행횟수가 빈번한 운행계통에서는 첫차 및 마지막차의 출발시각과 운행 간격)
- 정류소 및 목적지별 도착시각(시외버스운송사업자만 해당한다)
- 사업을 휴업 또는 폐업하려는 경우 그 내용의 예고
- 영업소를 이전하려는 경우에는 그 이전의 예고
- 그 밖에 이용자에게 알릴 필요가 있는 사항

15 ① 버스의 앞바퀴에는 재생한 타이어를 사용해서는 안 된다(여객자동차 운수사업법 시행규칙 [별표 4]).

PART 2 운전면허 시험학기

제1~10회 정답 및 해설

16 사용중인 자동차(이륜자동차 운수사업용) 사용연한 [별표 2]

차종	구분	사용연한
승용자동차	경형·소형·중형	9년
	대형	10년
	특수여객자동차운송사업용 또는 어린이운송용	11년
승합자동차		9년
	그 밖의 사용	6년

17 ③ 택시가 그 사용한계에 이르기 전 7일까지 자동차등록증을 반납하거나 그 밖에 사유로 도로에서 자동차를 사용하지 못하게 된 경우(도로교통법 제37조 제3항)

① ② ④ 도로교통법 제37조 제1항

18 자동차 등의 운전 중 교통사고 경중에 따른 벌점기준(도로교통법 시행규칙 [별표 28])

구분	벌점	내용
인적 피해 교통사고	90	사망 1명마다 사고발생 시부터 72시간 이내에 사망한 때
	15	중상 1명마다 3주 이상의 치료를 요하는 의사의 진단이 있는 사고
	5	경상 1명마다 3주 미만 5일 이상의 치료를 요하는 의사의 진단이 있는 사고
	2	부상신고 1명마다 5일 미만의 치료를 요하는 의사의 진단이 있는 사고

19 ① 사상자 구호 이행수행 교통사고의 경우이다.

20 파란신호 교차로에서 운전자가 신호를 따르고 교차로에 대비 동일한 속도로 진입하였으나 이전차량의 정차로 인하여 정차할 수 없기 때문에 정지선을 넘어 진입된 상태에서 생긴 충돌사고 등을 말한다.

21 앞지르기, 급출발, 교차로에서 앞차에 신호할 수 있는 안전운전 습관을 들이기 위해 가까운 거리에도 방향지시등을 작동한다.

22 자동차의 앞면 창유리의 광선 투과율 창유리가 가시광선(도로교통법 시행규칙 제28조)
- 앞면 창유리 : 70%
- 운전석 좌우 옆면 창유리 : 40%

23 통행우선순위의 기준(도로교통법 시행규칙 제29조)
- 긴급자동차에서 사용하는 주파수의 동일한 주파수로 가지기
- 긴급자동차 외에 자동차의 배기관 또는 사이렌의 음량을 바꾸는 것
- 자동차 및 자동차부품의 성능과 기준에 관한 규칙에 규정된 긴급자동차의 경광등이 될 것을 정지 경우

24 인적사고 등(교통사고조사규칙 제12조 제3항)
교통사고 차량이 다음에 해당하는 경우에는 사고를 야기한 차량을 교통사고로 이를 수 있도록 아니하는 인적사고에 인계하여야 한다.
- 사망·자해인 경우
- 음주단속 요구에 의하지 아니하거나 경찰공무원의 음주단속 요구에 불응한 경우
- 난폭운전의 가해자 이외의 차량·보행자 등이 중상해를 입은 경우
- 사상자의 유리, 주로 자동차정기 음주측정시 등의 음주운전인 경우
- ㄱ 밖의 사고의 중요성으로 인하여 인지해야 할 사안이 사망사고의 경우

26 LPG 프로판가스 등은 가연성 가스로 연소·폭발성이 폭발될 수 있으므로 가스통 외에 다른 용기에 옮겨 담아서는 안 된다.

27 연료부족 검토시 엔진 → 점화 → 배기가 → 연료 → 차량 내 공간의 운전

28 운동장 전용주차장 등을 이용하는 경우에는 외부지정되어 있다.

29 다른 자동차와 대비하여 공차 중앙을 지키지 않는 경우에는 자동차가 전복될 가능성이 있다.

30 ④ 적재화물의 성격으로 움직일 수 있다.

31 속도계: 운전자가 정기적으로 하지 않아도 시간감각에 대해 정신을 집중하는 동안에 잘못된 표시를 감지한다.

32 자동차의 주요 차간거리: 가동기차, 가속가능, 주행가능, 승강거리

33 배터리 충전용 접속자가 자동차의 앞뒷 배열에 있는 경우, 장비를 정돈한 상태 배치한 차종이다.

34 예시: 승용차 수리시 대용량으로 유입된 경우

35 ③ 엘라스틱 채질 타이어를 사용한 정밀 검사시가 : 360일[당일 여객자동차 운수사업용 시행규칙 [별표 5]]

① ② ④ 여객자동차 운수사업법 시행규칙 [별표 5]

36 자동차 사용자는 자동차의 소유자의 신고, 자동차등록번호판의 봉인 이외에는 다른 기관에 봉인 이탈안전에 관한 자격을 받아야 한다(자동차관리법 제3조).

37 음주운전 사실을 경찰 전에 파이프 감시 조금이 있어야 할 수 있다.

38 장점자의 안전주의 마련
- 경찰공무원 등, 음주한 보행자 이정차량이 인도를 넘나들 때 운전 중 주의하여야 한다.
- 가정집 사람에 의한 이미지를 연상하고 급정지하고 고통 정지시 가 수 동 인에 멈게 할 수 없다.

39 ① 최대 자갈링의 중량의 정식수에 자갈류의 수용량에 반영된다.

40 승주사업자는 자동차 정비원 중부시험장(자동차정비사)에게 제외하여 대한 처음검사 아니 시간 내에 안전을 위해 공장할 수 있는 다시 신규자동차 등록 후 16시간 범위 안에 여객자동차 운수사업자 시험을 하여 시행 가장(별표 40의3).

① ② ③ 여객자동차 운수사업법 제25조

41 교통사고는 차량 공사 정신 상태, 차량 정지 상태, 날씨 등에 의한 주요 원인, 공사 중인 마법사람들, 공도기름 또는 이물질 등에 얽혀 있다.

42	젊은층은 주말에 야외로 나가는 경향이 있으므로 평일보다 사고 발생이 많다.
44	통화를 하며 운전하는 것은 위험하다.
45	② 어두운 곳에서는 가로 폭보다 세로 폭의 길이를 보다 넓게 본다.
46	② 우측방 약 1m 지점의 물체는 운전석에서 확인이 어렵다. ③ 운전석 좌측면이 우측보다 사각이 작다. ④ 후방시계는 앞 보닛이 없는 차가 좋다.
47	④ 운전의 특성상 운전자의 지식·경험·사고·판단 등을 바탕으로 운전조작행위가 이루어지는데, 사고를 많이 내는 사람은 지식이나 경험이 부족한 경우가 많다.
48	② 일기예보에 신경을 쓰고 기상변화에 대비해 체인이나 스노타이어 등을 미리 준비한다.
49	② 도로 이외의 곳의 출입을 위해 보도 또는 길 가장자리 구역으로 운행할 때에는 그 직전에서 일시정지하여 안전을 확인한 후 횡단한다.
50	자전거와 이륜차 이용자들은 자동차와 동일한 방향으로 주행하고 도로를 함께 공유하게 되어 있다. 자동차 운전자는 정차, 주차를 할 때 주위를 살펴 자전거나 이륜차가 접근하는지 꼭 살펴야 한다.
51	야간에는 선글라스를 착용하고 운전하지 않는다.
52	필요에 따른 유턴 등을 방지해서 안전성을 높인다.
53	자동차의 통행속도를 30km/h 이하로 제한해야 할 구간
54	정지거리는 도로 요인(노면 종류 및 상태), 운전자 요인(인지반응속도, 운행속도, 피로도 등), 자동차 요인(종류, 타이어 상태, 브레이크 성능 등)에 따라 차이가 난다.
55	③ 눈은 교통상황 주시상태를 유지한다.
56	**건널목 종류별 안전설비 설치기준(철도시설의 기술기준 [별표 2])** 3종 건널목은 전철 또는 구간 빔 스펜션과 교통안전표지를 설치해야 하고 사정에 따라 기적표를 설치하지 아니할 수 있다.
57	①, ②, ③ 회전교차로에 대한 설명, ④ 로터리에 대한 설명이다.
58	**고속도로의 편도 2차로 통행기준(도로교통법 시행규칙 [별표 9])** • 1차로 : 앞지르기를 하려는 모든 자동차. 다만, 차량통행량 증가 등 도로상황으로 인하여 부득이하게 시속 80km 미만으로 통행할 수밖에 없는 경우에는 앞지르기를 하는 경우가 아니라도 통행할 수 있다. • 2차로 : 모든 자동차
59	수동변속기의 경우 건널목을 통과하는 중 기어 변속 과정에서 엔진이 정지할 수 있기 때문에 되도록 기어 변속을 하지 않는다.
60	고속도로에서 갓길 폭이 2.5m 미만으로 설치되는 경우에 설치한다.
61	③ 여름철 교통사고의 특성이다.
62	④ 가시거리가 100m 이내인 경우에는 최고속도를 50% 정도 감속하여 운행한다(도로교통법 시행규칙 제19조 제2항).
63	고장차가 대피할 수 있는 공간을 제공하는 것은 갓길이다.
64	① 겨울철 자동차관리 사항이다.
65	**베이퍼 록 현상** : 브레이크액에 기포가 발생하여 브레이크가 제대로 작동하지 않는 현상
66	③ 좋은 음성은 낮고 차분하면서도 음악적인 선율이 있다.
67	④ 편한 신발을 신되 미끄러질 수 있으므로 샌들이나 슬리퍼는 삼간다.
68	**국내 버스준공영제의 일반적인 형태** : 수입금 공동관리제를 바탕으로 표준운송원가 대비 운송수입금 부족분을 지원하는 직접지원형이다.
69	교통 정체가 심한 구간에서 더욱 효과적이다.

중앙버스전용차로의 장단점

장 점	• 일반 차량과의 마찰을 최소화하고 대중교통 이용자의 증가를 도모할 수 있다. • 교통 정체가 심한 구간에서 더욱 효과적이고 가로변 상업활동이 보장된다. • 대중교통의 통행속도 제고 및 정시성 확보가 유리하다.
단 점	• 도로 중앙에 설치된 버스정류소로 인해 무단횡단 등 안전문제가 발생하고 여러 가지 안전시설 등의 설치 및 유지로 인한 비용이 많이 든다. • 전용차로에서 우회전하는 버스와 일반차로에서 좌회전하는 차량에 대한 체계적인 관리가 필요하다. • 일반 차로의 통행량이 다른 전용차로에 비해 많이 감소할 수 있고, 승하차 정류소에 대한 보행자의 접근거리가 길어진다.

71	눈은 계속해서 움직이며, ①, ②, ③ 외에 차가 빠져나갈 공간을 확보하는 것이 안전운전의 5가지 기본 기술이다.
72	쉼터휴게소는 운전자의 생리적 욕구만 해소하기 위한 최소한의 시설이다.
73	② 직업의 외재적 가치이다.
74	승객 앞에 섰을 때의 인사는 보통례이다.
75	① 차량 총중량 : 적차상태의 자동차의 중량 ② 차량 중량 : 공차상태의 자동차 중량 ④ 적차상태 : 공차상태의 자동차에 승차정원의 인원이 승차하고 최대적재량의 물품이 적재된 상태

제6회 실전유형 시험보기 p. 107~118

01	02	03	04	05	06	07	08	09	10	11	12	13	14	15	16	17	18	19	20
③	②	④	②	②	③	④	③	③	②	④	②	②	①	③	④	②	④	②	③
21	22	23	24	25	26	27	28	29	30	31	32	33	34	35	36	37	38	39	40
③	②	③	②	②	④	③	②	③	②	②	③	④	②	②	②	③	③	④	②
41	42	43	44	45	46	47	48	49	50	51	52	53	54	55	56	57	58	59	60
②	①	③	③	②	③	②	③	②	④	①	②	②	④	③	①	②	②	③	③
61	62	63	64	65	66	67	68	69	70	71	72	73	74	75	76	77	78	79	80
④	②	③	①	②	②	④	④	②	②	②	①	③	②	③	①	②	③	①	④

01 다음 중 긴급자동차 우선 사용 등(도로교통법 제49조 제3호 제10호)

긴급자동차에 대한 특례 및 그 밖에 필요한 사항은 대통령령으로 정한다. 긴급자동차(일반자동차 포함)를 사용할 수 없는 경우 또는 유사한 도색이나 표지를 사용할 수 없는 경우
- 긴급자동차로 오인할 수 있는 색칠 또는 표지 등을 하지 아니한다.
- 자동차 등에 다른 자동차가 견인되어 있는 경우
- 고장 등 부득이한 사유로 자동차 등을 견인하는 경우
※ 긴급자동차 외의 자동차에 대하여는 제9조제1항 및 제10조의 규정에 따른 사이렌 등을 사용하여서는 아니 된다.

02 생활림수급자가 아닌 65세 이상의 사람은 운전면허증 갱신 및 정기 적성검사 주기가 5년이다(도로교통법 제87조 제1항).

※ 시험규칙 제73조 제1항 및 제5호
① ② ④ 에 해당하는 사람은 시험규칙 제73조 제2호

03 교통사고로 행정처분 시 피해자 차량에 아기차량 또는 오토바이 차량 등이 피해자가 인정 과실이 사고로 면허 정지가 발생한 경우 인적 피해가 아닌 경미한 사고가 이상 발생한 이상자 또는 1점 500만 원의 이상 피해가 인상이 확대된 경우(도로교통법 제148조).

04 자동차전용 이륜자동차(도로교통법 시행규칙 제13조)
- 자동차가 이동하거나 정차하고 있는 주차 등의 공사 기타로 안전을 해칠 우려가 있어서는 아니 된다.
- 자동차가 정지하고 있을 때에 그 옆을 지나고 정지하고 있을 때
- 자동차가 원심력이 정지하여 있어 이를 지나치고 있을 때 자동차를 정지시키고 안전을 확인한 후 서서히 지나가야 한다.
- 도로에 정지할 수 있거나 그 밖에 정지가 있을 때 그 밖에 정지가 필요할 때 운전자는 자동차의 자동차의 방향지시기・등불 또는 점 및 손이나 팔로 적절한 운동・안전표지 등이 있을 때 자동차를 정지시키거나 주정차가 있을 때
- 자동차・긴급자동차는 자동차를 정지시키거나 주정차가 있을 때 그 앞을 지나가는 자동차가 이용하는 자동차 운전에 필요한 사항을 상응・이용을 하여서는 아니 된다. 때문에 자동차 운전자는 경우 자동차가 앞지르기를 못하는 장소나 자동차가 정지시에 적용하지 아니한다.
- 때 등

05 부득이 속도 감소시 경사로, 공사지점 보호를 위하여 특별히 제한 속도 지시를 시행에 준수하여야 종료하여지 특별히 제한 조 제3항).

06 고속도로제한구간에서 제한속도를 30km/h 이상의 제한속도를 줄이거나 할 수 있는 도로 및 생명피해구간을 표지하여 시행규칙 [별표 6])

07 운전면허증을 받은 사람이 운전면허효력 정지처분 등에 해당하면 그 사유가 발생한 날부터 7일 이내에 주소지를 관할하는 시·도경찰청장에게 운전면허증을 반납(모바일운전면허증의 경우 전자적 반납 포함)하여야 한다(도로교통법 제95조 제1항).

08 ② 질병·피로·음주나 그 밖의 사유로 안전한 운전을 할 수 없을 때에는 그 사정을 해당 운송사업자에게 알려야 한다(여객자동차 운수사업법 시행규칙 [별표 4]).

09 피해자가 명시한 의사에 반하여 공소를 제기할 수 없는 경우(교통사고처리 특례법 제3조 제2항)
- 업무상과실치상죄(業務上過失致傷罪)
- 중과실치상죄(重過失致傷罪)
- 운전자가 업무상 필요한 주의를 게을리하거나 중대한 과실로 다른 사람의 건조물이나 그 밖의 재물을 손괴한 경우(도로교통법 제151조)

10 ③ 직행형은 운행거리가 100km 미만인 경우에는 정류소에 정차하지 않고 운행할 수 있다(여객자동차 운수사업법 시행규칙 제8조 제8항 제2호 가목).

11 ① 어린이통학버스로 사용할 수 있는 자동차는 승차정원 9인승(어린이 1명을 승차정원 1명으로 봄) 이상의 자동차로 한다(도로교통법 시행규칙 제34조).

12 ③ 중상 이상의 사상사고를 일으킨 자의 경우 특별검사를 받는다(여객자동차 운수사업법 시행규칙 제49조 제3항 제2호).
① 여객자동차 운수사업법 시행규칙 제49조 제3항
② 여객자동차 운수사업법 시행규칙 제49조 제3항 제2호 다목
④ 여객자동차 운수사업법 시행규칙 제49조 제3항 제2호 나목

13 사고결과에 따른 벌점기준(도로교통법 시행규칙 [별표 28])

구 분		벌 점	내 용
인적피해 교통사고	사망 1명마다	90	사고발생 시부터 72시간 이내에 사망한 때
	중상 1명마다	15	3주 이상의 치료를 요하는 의사의 진단이 있는 사고
	경상 1명마다	5	3주 미만 5일 이상의 치료를 요하는 의사의 진단이 있는 사고
	부상신고 1명마다	2	5일 미만의 치료를 요하는 의사의 진단이 있는 사고

14 ④ 시·도경찰청장은 운전면허(조건부 운전면허 포함, 연습운전면허는 제외)를 받은 사람이 운전 중 고의 또는 과실로 교통사고를 일으킨 경우 행정안전부령으로 정하는 기준에 따라 운전면허(운전자가 받은 모든 범위의 운전면허를 포함)를 취소하거나 1년 이내의 범위에서 운전면허의 효력을 정지시킬 수 있다(도로교통법 제93조 제1항 제10호).
①, ②, ③ 운전면허를 취소하여야 한다(도로교통법 제93조 제1항 단서).

15 ① 황색 등화의 차량 신호 시 : 차마는 정지선이 있거나 횡단보도가 있을 때에는 그 직전이나 교차로의 직전에 정지하여야 하며, 이미 교차로에 차마의 일부라도 진입한 경우에는 신속히 교차로 밖으로 진행하여야 한다(도로교통법 시행규칙 [별표 2]).

16 녹색신호(도로교통법 시행규칙 [별표 2])
- 차마는 직진 또는 우회전할 수 있다.
- 비보호좌회전표지 또는 비보호좌회전표시가 있는 곳에서는 좌회전할 수 있다.

17 운행형태(여객자동차 운수사업법 시행령 제3조 제1호)
- 시내버스운송사업 : 광역급행형·직행좌석형·좌석형 및 일반형 등
- 농어촌버스운송사업 : 직행좌석형·좌석형 및 일반형 등
- 시외버스운송사업 : 고속형·직행형·일반형

18 감경사유가 되려면 위반행위를 한 사람이 처음 해당 위반행위를 한 경우로 최근 5년 이상 해당 여객자동차운송사업의 모범적인 운수종사자로 근무한 사실이 인정되어야 한다(여객자동차 운수사업법 시행규칙 [별표 5]).

19 운행기록증을 부착하여야 하는 자동차를 운행하는 운수종사자는 신고된 운행기간 중 해당 운행기록증을 식별하기 어렵게 하거나, 그러한 자동차를 운행한 경우 자격정지 5일의 처분을 받는다(여객자동차 운수사업법 시행규칙 [별표 5]).

20 ④ 교차로는 십자로나 T자로나 그 밖에 둘 이상의 도로가 교차하는 부분을 말한다(도로교통법 제2조 제13호).

21 ③ 55dB(보청기를 사용하는 사람은 40dB)의 소리를 들을 수 있어야 한다(도로교통법 시행령 제45조 제3항).
①, ②, ④ 도로교통법 시행령 제45조 제1항

23 ③ 앞지르기 당하는 차량의 우회전 시 충돌(도로교통법 제21조 제1항 참조)

24 2초 동안 주행할 수 있는 거리가 확보되어야 한다.

25 시장 등은 원활한 교통을 확보하기 위하여 특히 필요한 경우에는 시·도경찰청장이나 경찰서장과 협의하여 도로에 전용차로(차의 종류나 승차 인원에 따라 지정된 차만 통행할 수 있는 차로)를 설치할 수 있다(도로교통법 제15조 제1항).

27 연료 주입 시 시계반대방향으로 돌려 연료 주입구 캡을 분리한다.

28 겨울철에 후륜구동 자동차는 뒷바퀴에 타이어 체인을 장착해야 한다.

29 ① 축하중, ② 공차중량, ④ 최대적재량

30 전기 자동차는 시동과 운전이 쉽고, 가솔린 자동차에 비해 안전성이 좋지만, 고성능 축전지가 개발되지 못해 고속 장거리 주행용으로는 부적합하다.

31 단순유성기어 장치는 선 기어, 링 기어, 피니언, 피니언 축을 연결하는 캐리어 등으로 구성된다.

32 페이드 현상은 브레이크의 과도한 사용으로 발생하기 때문에 과도한 주 제동 장치를 사용하지 않고, 엔진 브레이크를 사용하면 페이드 현상을 방지할 수 있다.

33 자동차 점검사항
- 외관 점검 : 타이어 공기압, 타이어 트레드 마모상태, 누수 및 누유 점검 등
- 내부 점검 : 스위치의 작동이나 유격등 점검 등
- 엔진룸의 점검 : 엔진오일, 냉각수, 팬벨트, 브레이크액 등

35 자동차의 안전장치 주의사항

- 차가 없는 쪽으로 갑자기 방향을 전환하지 않는다.
- 핸들을 꽉 잡고 감속하며 정지한다.
- 브레이크 페달(풋 브레이크)에 주차 브레이크를 같이 사용한다.
- 엔진 브레이크나 저단기어로 바꾸어 엔진브레이크가 작동되도록 하면 정상적으로 사용할 수 있다.
- 상향 경사진 도로에서는 주차브레이크를 당긴 후 바퀴에 고임목을 설치한다.

36 정원초과 시 자동차 및 정원기준 승용(대)(다)(승합자동차) 사용금지 [별표 25]

차종		정원초과 대상 자동차	사용금지기간
비사업용	승용·승합·화물 특수 자동차	차령 4년 경과된 자동차	차령 4년 경과된 자동차
	승용자동차	차령 3년 경과된 자동차	
	그 밖의 자동차	차령 2년 경과된 자동차	
사업용	승용자동차	차령 4년 경과된 자동차	
	승용·승합 자동차	차령 2년 경과된 자동차	
	그 밖의 자동차	차령 2년 경과된 자동차	

37 고속도로 터널은 없어 내리막길에서 차량의 진동 특성이 달라진다.

38 자동차에는 방지가 되어 있는 가솔린과 동일한 발화기, 불씨 발화, 유황 발화, 탄산가스 등의 발화기의 용품을 놓지 않는다.

39 자동차 등의 속도 (도로교통법 시행규칙 제19조 제1항)

1. 일반도로(고속도로 및 자동차전용도로 외의 모든 도로) 안에서
   가. "고속도로법"에 의한 도로의 조치 배치되지 않은, 왕복 2차선 이상 또는 도시지역·시가지가·상업지역·일반주거지역은 매시 50km 이내, 다만, 시·도 경찰청장이 원활한 소통을 위하여 필요하다고 인정하여 지정·고시한 노선 또는 구간에서는 매시 60km 이내
   나. 가 외의 일반도로에서는 매시 60km 이내. 다만, 편도 2차선 이상의 도로에서는 매시 80km 이내

2. 자동차전용도로에서는 최고속도는 매시 90km, 최저속도는 매시 30km

3. 고속도로
   가. 편도 1차로 고속도로에서 최고속도는 매시 80km, 최저속도는 매시 50km
   나. 편도 2차로 이상 고속도로에서의 최고속도는 매시 100km(화물·건설기계자동차·특수자동차·위험물운반자동차 등 매시 80km), 최저속도는 매시 50km, 편도 2차로 이상 고속국도로서 경찰청장이 지정·고시한 노선 또는 구간의 최고속도는 매시 120km(화물·건설기계자동차·특수자동차·위험물운반자동차 등 매시 90km) 이내, 최저속도는 매시 50km

40 피견인 승용차의 총중량이 견인자동차에 미치지 못하는 경우 총 중량이 차량 총중량의 2배 이상인 경우에는 매시 50km, 다른 경우에는 매시 30km의 속도로 견인하여야 한다.

41 비바람이 몰려들 수 있으니 바람이 강한 날에는 손잡이를 꽉 잡고 운전한다. 평상시보다 감속 운전한다. 돌풍 등에 의해 핸들이 바람의 영향으로 지나가다가 순간적 핸들이 밀리기도 한다.

42 ① 주행하는 차들과 진로변경이 끝날 때까지 방향지시등을 켜야 한다. 앞지르기 후 주행 차로에 진입이 끝날 때까지 방향지시등을 켜야 한다.

43 원동기장치 자전거의 승차정원은 1명이다.

44 긴급자동차는 사용자 또는 운전자의 신고에 의하여 시·도경찰청장이 지정하는 자동차이다.

45 ④ 중앙분리대의 기능에 대한 설명이다.

47 앞차와의 충분한 공간과 안전거리를 확보한다.

48 교차로에서 황색신호인 상태에서는 교통의 흐름에 따라 진행하고 인도나 횡단보도에 걸쳐 정지하지 말고, 다른 자동차의 통행을 방해하지 않도록 한다.

49 ③ 어린이가 제일 먼저 타고 제일 나중에 내리도록 하며, 문을 어린이가 열고 닫지 않도록 한다.

50 가속차로의 끝부분에서는 감속차량의 진입에 대비하여 속도를 감속하여서는 안 된다.

51 곧 차로가 끝난다는 의미이므로 안전하게 차로를 변경하여야 한다.

52 ③ 대형승합자동차나 대형 화물자동차가 경운기를 앞지를 때에는 경운기에 주는 영향이 매우 커서 수로에 떨어뜨릴 수도 있으므로 이런 때는 경운기와의 안전거리를 충분히 유지하여야 한다.

53 끼어들기 금지 (도로교통법 제22조 제3항·제3호)

모든 차의 운전자는 다음 각 호의 어느 하나에 해당하는 경우에는 그 차의 옆을 통과하지 못한다.
- 이 법이나 이 법에 따른 명령에 따라 정지하거나 서행하고 있는 차
- 경찰공무원의 지시에 따라 정지하거나 서행하고 있는 차
- 위험방지를 위하여 정지하거나 서행하고 있는 차

54 ④ 어린이가 자전거를 타는 경우 등은 교통이 빈번한 도로에서 보호자가 움직이는 경우 대체로 줄을 서서 가장 오른쪽을 따라 달린다.

55 ③ 자전거 도로 폭은 3m 이상이어야 한다. 다만, 지역상황 등을 감안하여 부득이하다고 인정되는 경우에는 2.75cm 이상으로 할 수 있다(자전거 이용시설의 구조·시설 기준에 관한 규칙 제5조 제2항).

57 ③ 교차로와 그 부근에서 주행하는 자동차 외에도 교통에 혼란이 생기므로 그 자리에서 정지한다.

58 눈길 도로에서는 자전거나 보행자가 미끄러지는 등 사고발생이 많으므로 시야가 기준에 공간이 있다.

59 ① 일시정지할 수 있도록 안전운행을 준비한다.
② 앞 자동차에 따라 앞지르기나 끼어들기 등은 하지 않는다.
④ 자동차가 매연 또는 검은색 정지상태는 원 번이다.

60	④ 겨울철 교통사고의 특성이다.
61	④ 커브 길에서 앞지르기는 대부분 안전표지로 금지하고 있으나 금지표지가 없더라도 절대로 하지 않아야 한다.
62	③ 안개로 인해 시야의 장애가 발생되므로 차간거리를 충분히 확보해야 한다.
63	기어 변속은 차의 속도를 가감하여 주행 코스 이탈의 위험을 가져온다.
65	**회사차량의 불필요한 집단운행 금지** 적재물의 특성상 집단운행이 불가피할 때에는 관리자의 사전승인을 받아 사고를 예방하기 위한 제반 안전조치를 취하고 운행한다.
66	④ 밝은 표정과 미소는 자신을 위하는 것이라 생각한다.
67	③ 고객불만을 해결하기 어려운 경우 적당히 답변하지 말고 관련 부서와 협의 후에 답변을 하도록 한다.
68	① 질서는 반드시 의식적·무의식적으로 지켜질 수 있어야 한다.
69	민영제는 타 교통수단과의 연계교통체계 구축이 곤란하다. 기타 다음의 장점이 있다. • 업무성적과 보상이 연관되어 있고 엄격한 지출통제에 제한받지 않기 때문에 민간회사가 보다 효율적이다. • 민간회사들이 보다 혁신적이다.
70	**용어의 정의(여객자동차 운수사업법 제2조, 시행령 제2조)** • 운행계통 : 노선의 기점(起點)·종점(終點)과 그 기점·종점 간의 운행경로·운행거리·운행횟수 및 운행대수를 총칭한 것 • 자동차 : 자동차관리법에 따른 승용자동차, 승합자동차 및 특수자동차(캠핑용 자동차를 말하며, 자동차대여사업에 한정) • 여객운송 부가서비스 : 여객자동차를 이용하여 여객운송 외에 여객의 특성과 수요에 따른 업무지원 또는 도움 기능 등을 부가적으로 제공하는 서비스 • 여객자동차 운수사업 : 여객자동차운송사업, 자동차대여사업, 여객자동차터미널사업 및 여객자동차운송플랫폼사업
71	캡오버버스는 운전석이 엔진 위에 있는 버스를 말한다.
72	**시행시간(고속도로 버스전용차로 시행 고시 제2호)** 평일, 토요일, 공휴일은 경부고속도로(서울·부산) 양방향 07:00부터 21:00까지 시행한다.
74	**응급의료체계의 요소** • 사고 현장에서 이루어지는 병원 전단계 응급처치 • 신속한 후송과 후송 중 치료가 이루어지는 환자후송체계 • 환자의 질환 또는 부상을 판단하여 치료할 능력이 있는 병원으로 유도할 응급통신망 • 병원 도착 후 적정 응급 진료를 제공하는 병원단계치료 • 중환자실에서 집중치료
75	관할관청이란 관할이 정해지는 국토교통부장관, 대도시권광역교통위원회나 특별시장·광역시장·특별자치시장·도지사 또는 특별자치도지사(시·도지사)를 말한다(여객자동차 운수사업법 시행규칙 제2조).
77	② 얕고 빠르며 불규칙한 호흡
79	육체노동을 천시하는 차별적 직업관이다.
80	오히려 정류소에 정차하지 않고 무정차 운행하는 것이 불만사항이다.

PART 2 실재상황 시험치기

제1~10회 정답 및 해설

제1회 실재상황 시험치기   p. 119~130

01	②,③,④	02	③	03	④	04	④	05	③	06	②	07	④	08	②	09	②	10	④
11	③	12	④	13	②	14	①	15	②	16	②	17	③	18	④	19	③	20	①
21	②	22	②	23	①	24	③	25	②	26	④	27	③	28	①	29	②	30	①
31	①	32	④	33	②	34	③	35	②	36	③	37	①	38	②	39	④	40	③
41	②	42	①	43	③	44	②	45	④	46	①	47	②	48	③	49	①	50	②
51	④	52	②	53	①	54	③	55	②	56	①	57	②	58	③	59	②	60	④
61	③	62	①	63	②	64	③	65	④	66	①	67	②	68	③	69	①	70	②
71	②	72	①	73	②	74	①	75	②	76	③	77	②	78	②	79	③	80	④

01 노면이 얼어붙은 곳 등 노면결빙이 있는 경우 최고속도를 100분의 20으로 줄인 속도로 운행하여야 한다(도로교통법 시행규칙 제19조).

02 도로교통법 시행규칙 제39조 제1항 제2호
① 도로교통법 시행규칙 제39조 제1항 제1호
② 도로교통법 시행규칙 제45조 제1항 제3호
④ 도로교통법 시행규칙 제17조

03 승차정원 15명 이하인 승합자동차(어린이통학버스 사용신고 제1호).

04 도로교통법 시행규칙 [별표 28]

05 어린이통학버스(도로교통법 시행규칙 [별표 6])
어린이통학버스에서 어린이나 영유아 등의 자동차에 타고 내리는 경우 점멸에 이용을 표시하는 장치를 작동하여야 하며, 어린이 등이 좌석안전띠를 매도록 한 후에 출발하여야 한다.
• 적색 및 황색 점멸 표시등 점등·점멸

06 편도 2차로 이상 고속도로는 100km/h이다(도로교통법 시행규칙 제19조).

07 운수사업용 승합자동차 어린이통학버스의 공동사용신고 에는 1~3종, 그중 50인승의 공동사용신고 대상 교통사고 없는 사업자 [별표 6]).

08 어린이통학버스는 운전자 및 운영자가 지정하고, 경찰서장, 다른 차의 운전자는 어린이 등이 승하차 중임을 표시하고 있는 차에 대하여 안전을 확인한 후 서행하여야 한다. 중앙선이 설치되지 아니한 도로와 편도 1차로인 도로에서는 반대방향에서 진행하는 차의 운전자는 어린이통학버스가 정지한 표시를 한 때에는 어린이통학버스에 이르기 전에 일시정지하여 안전을 확인한 후 서행하여야 한다(도로교통법 시행규칙 [별표 6]).

09 총중량 2,000kg 미만인 자동차를 그의 3배 이상의 총중량 자동차로 견인하는 경우에는 30km/h, 그 이외의 경우 및 이륜자동차가 견인하는 경우에는 25km/h 이내의 속도로 운행하여야 한다(도로교통법 시행규칙 제20조).

10 사고 시의 조치 등
1. 운전자가 그 사상자를 구호하는 등 필요한 조치를 하지 아니하고 교통사고를 발생한 경우 : 5년 이하의 징역이나 1천500만 원 이하의 벌금에 처한다(도로교통법 제148조).
2. 운전자등이 1.에 따른 정당한 사유 없이 경찰공무원이 현장에 있을 때에는 그 경찰공무원에게, 경찰공무원이 현장에 없을 때에는 가장 가까운 경찰관서(지구대, 파출소 및 출장소를 포함한다. 이하 같다)에 지체 없이 신고하지 아니한 사람에게는 30만 원 이하의 벌금이나 구류에 처한다(도로교통법 제154조 제4호).

11 중대한 교통사고(여객자동차 운수사업법 시행령 제19조, 시행규칙 제41조)
• 전복(顚覆) 사고
• 화재가 발생한 사고
• 사망자 2명 이상이 발생한 사고
— 사망자 1명 및 중상자 3명 이상이 발생한 사고
— 중상자 6명 이상의 사고

12 매일 10회 이상 확인하여야 한다(여객자동차 운수사업법 시행규칙 제22조 제1항).
① 매일 10회 이상 확인하여야 한다(여객자동차 운수사업법 시행규칙 제22조 제1항).
② 경찰서 신고 계속일자 없이 출발·경유지 등의 여객자동차 운수사업법 시행규칙 제22조 제3항).
③ 사고 유료 없이 수익(優惠)을 얻는 여객자동차 운수사업법 시행규칙 제45조 제1항).

13 신규 채용운전자가 적정한 휴식시간 또는 수면시간 등을 취하기 위하여 법정 인원을 초과하는 운전을 매월 10일까지 시·도지사에게 보고하여야 한다(여객자동차 운수사업법 시행규칙 제22조 제1항).

14 자동차 표지 등 여객자동차 운수사업자의 공단에 대한 자료 제출 등
① 여객자동차 운수사업법 시행규칙 제22조 제2호
② 여객자동차 운수사업법 시행규칙 제45조 제2항 제2호
③ 여객자동차 운수사업법 시행규칙 제22조 제4항

15 과징금 부과·징수내역을 제출(여객자동차 운수사업법 시행령 [별표 5])
① 여객자동차 운수사업법 시행규칙 제4조
② 여객자동차 운수사업법 시행령 제5조
③ 여객자동차 운수사업법 시행령 제4조 제3호
④ 여객자동차 운수사업법 시행령 제4조 제4호

16 도로교통법의 안전기준 범위를 넘어서 승차하거나 적재하는 경우 시·도경찰청장의 허가를 받는 경우에는 사용할 수 있다(도로교통법 시행령 제3조).
도로교통법 시행령 제3조(도로교통법 시행령 제3조)
• 안전기준을 넘는 승차허가 및 적재허가를 받은 사람은 그 길이 또는 폭의 양 끝에 너비 30센티미터, 길이 50센티미터 이상의 빨간 헝겊으로 된 표지를 달아야 한다.

17 도로교통법 시행규칙 제3조
① 도로교통법 시행규칙 제4조 제1호
② 도로교통법 시행규칙 제5조 제3호
③ 도로교통법 시행규칙 제4조 제3호
④ 도로교통법 시행규칙 제4조 제4호

18 도로공단운영에 이상하는 자는 교통안전을 위하여 필요한 경우 안전운전자에게 교통안전교육 등을 실시한다(도로교통법 시행령 제3조).

19 등 특수 제동장치 안전점검장치에 의한 정차 및 주차를 금지한다.

20 ①, ②, ④ 경찰공무원의 교통정리 중인 경우에는 공단사고의 책임이 있다.

21 이륜요소의 제거 단계 : 초기위 감속, 조향으로의 탈피, 공동, 개설 대피 체계, 피조체계

22 안전운행을 위한 아래와 같은 공단사업자 계저의 시행(여객자동차 운수사업법 [별표 4])
• 다른 여객자동차에 의해 수익이 가장 적용한 원형·임대처 등 운영이 필요한 경우 가자 등을 해야 한다.
• 다른 여객자동차에 의해 재가니 가지 가능 중 주요인 원형(장애인 등의 신체 안전상의 이유로 요구할 수 있는 자동차 등) 이용 자동차로 변경해 매일

- 자동차의 출입구 또는 통로를 막을 우려가 있는 물품을 자동차 안으로 가지고 들어오는 행위
- 운행 중인 전세버스운송사업용 자동차 안에서 안전띠를 착용하지 않고 좌석을 이탈하여 돌아다니는 행위
- 운행 중인 전세버스운송사업용 자동차 안에서 가요반주기·스피커·조명시설 등을 이용하여 안전 운전에 현저히 장해가 될 정도로 춤과 노래를 하는 등 소란스럽게 하는 행위

23 ④ 보내는 사람과 받는 사람의 성명·명칭 및 주소(여객자동차 운수사업법 시행규칙 [별표 4])

24 ③ 도로교통법 제2조 제10호
① 도로법에 따른 도로, 유료도로법에 따른 도로, 농어촌도로 정비법에 따른 농어촌도로, 그 밖에 현실적으로 불특정 다수의 사람 또는 차마(車馬)가 통행할 수 있도록 공개된 장소로서 안전하고 원활한 교통을 확보할 필요가 있는 장소를 말한다(도로교통법 제2조 제1호).
② 연석선(차도와 보도를 구분하는 돌 등으로 이어진 선을 말함), 안전표지 또는 그와 비슷한 인공구조물을 이용하여 경계를 표시하여 모든 차가 통행할 수 있도록 설치된 도로의 부분을 말한다(도로교통법 제2조 제4호).
④ 차로와 차로를 구분하기 위하여 그 경계지점을 안전표지로 표시한 선을 말한다(도로교통법 제2조 제7호).

25 ④ 관할관청은 신청서류의 심사 결과 면허기준에 맞지 아니하다고 인정하는 경우나 확인 결과 시설 등의 기준에 미치지 못하는 경우 또는 해당 신청인이 사실확인을 위한 조사활동 등에 협조하지 아니하는 경우에는 면허를 하여서는 아니 된다. 이 경우 관할관청은 그 이유를 분명히 밝혀서 신청인에게 알려야 한다(여객자동차 운수사업법 시행규칙 제16조 제4항).
① 여객자동차 운수사업법 시행규칙 제16조 제1항
② 여객자동차 운수사업법 시행규칙 제16조 제2항
③ 여객자동차 운수사업법 시행규칙 제16조 제3항

26
- 연소 최고압력이 일정할 때의 열효율 : 오토 사이클 > 사바테 사이클 > 디젤 사이클
- 압축비가 일정할 때의 열효율 : 오토 사이클 > 사바테 사이클 > 디젤 사이클

27 ② 엔진오일 필터는 엔진오일 교환 시 함께 교환한다.

28 습기가 많고 통풍이 잘되지 않는 차고에 주차하지 않는다.

29 디젤 연료(경유)의 구비조건
- 발열량이 클 것
- 세탄가가 높을 것
- 착화성이 좋을 것
- 적당한 점도일 것
- 유황분의 함량이 적을 것
- 회분 등의 협잡물이 없을 것

30 경사가 없는 평탄한 장소에서 점검한다.

31 초기 시동 시 냉각된 엔진이 따뜻해질 때까지 3~10분 정도 공회전을 시켜주어 엔진이 정상적으로 가동할 수 있도록 운행 전 예비회전을 시켜준다.

32 타이어 마멸을 최소로 하는 역할을 한다.

33 ③ 여객자동차 운수사업법 제24조 제3항 제3호에 해당하지 않으므로 운전자격을 취득할 수 있다.
①, ②, ④ 여객자동차 운수사업법 제24조 제3항 제1호

34 ③ 원심력은 커브의 반경이 작으면 작을수록 커진다.

35 LPG 용기의 수리는 절대로 금하고 교환을 원칙으로 한다.

36 ③ 쇽업소버(Shock Absorber)는 자동차 차체에 전해지는 진동이나 충격을 완충하는 장치로서, 오일이 새는 등의 문제가 발생할 경우 승차감이 떨어지며 자동차에서 이상한 소리가 날 수 있다.

37 ④ 비에 젖은 노면이나 빙판길에서는 제동력이 낮아지게 되므로 미끄러져 나가는 거리가 더 길어진다.

38 비포장 도로의 울퉁불퉁한 험한 노면상을 달릴 때 '따각따각' 소리나 '쿵쿵' 소리가 나면 현가장치인 쇽업소버의 고장으로 볼 수 있다.

39 ③ 앞바퀴에 재생 타이어를 사용한 전세버스 : 1차 위반 시 360만원(여객자동차 운수사업법 시행령 [별표 5])

40 헤드 레스트는 자동차의 좌석에서 등받이 맨 위쪽의 머리를 받치는 역할을 한다.

41 교통사고를 없애고 밝고 쾌적한 교통사회를 이룩하기 위해 가장 먼저 강조되어야 할 것은 안전교육에 대한 지식과 기능, 그리고 바람직한 태도를 갖춘 운전자를 가능한 많이 육성해 내는 데 있으며, 궁극적인 목표는 도로상에서 행동화되어야 한다는 데 있다.

42 시야 확보가 적을 때는 빈번하게 놀라게 된다.

44 ① 모든 차의 운전자는 어린이나 영유아를 태우고 있다는 표시를 한 상태로 도로를 통행하는 어린이통학버스를 앞지르지 못한다(도로교통법 제51조 제3항).
②, ③, ④ 어린이통학버스가 도로에 정차하여 어린이나 영유아가 타고 내리는 중임을 표시하는 점멸등 등의 장치를 작동 중일 때에는 어린이통학버스가 정차한 차로와 그 차로의 바로 옆 차로로 통행하는 차의 운전자는 어린이통학버스에 이르기 전에 일시정지하여 안전을 확인한 후 서행하여야 한다. 중앙선이 설치되지 아니한 도로와 편도 1차로인 도로에서는 반대방향에서 진행하는 차의 운전자도 어린이통학버스에 이르기 전에 일시정지하여 안전을 확인한 후 서행하여야 한다(도로교통법 제51조 제1항, 제2항).

45 ① 차내에 신선한 공기를 소통시키기 위해 차창을 열어 환기를 시킨다.

46 ② 음주운전자는 차량조작에만 온 정신을 집중하기 때문에 주위 환경에 반응하는 능력이 크게 저하된다.

47 교량 접근도로의 형태 등은 교통사고와 밀접한 관계가 있다.

48 가변차로는 차량의 운행속도를 향상시켜 구간 통행시간을 줄여준다.

PART 2 실전모의 시험보기

49 ② 모든 자가용 운전자는 다른 자동 운전자들의 안전을 위해서도 교통법규를 준수하여야 한다. (도로교통법 제12조 제1항)

50 우리나라의 도로를 주로 통행하는 자동차는 승용차, 버스, 화물차, 이륜차 등이 있으며 1.5~3배이며, 특히 이륜차는 4~5배 정도 폭주

51 정상적인 통행이 곤란한 경우에 서행 또는 일시정지를 하여야 한다. 그러나 정상적인 정체인 경우에는 계속 주행할 수 있도 있도록 한다. 별도의 주차된 차량으로 볼 수 없다. 위 사항으로 볼 수 있다. (도로교통법 제19조 제3항).

52 고속주행 중 브레이크를 밟았을 때에 옆으로 미끄러짐이 없이 안전하게 정지한다.

53 풀림장치 장착 시기 다가가 많으며, 속도도 매우 빨리 얼마의 속도 없이 완만히 페달에서 발을 떼고 기어를 사용한다.

54 표준시 : 사정 교통안전을 위하여 일반도로의 자동차 등록가 도로를 안전하게 인정되는 속도로 교통 주의 등을 감안하여 지정할 수 있는 최고 속도와 최저 속도를 말한다.

55 자동차의 종류와 도로는 차가 자동차는 일반도로의 경우 1−2차로의 양쪽 순차로에 통행 가능하며 · 자동차전용도로나 미흡이용자와의 미흡이용, 자동차 등이 혼용 통행한 중앙선에서 있어 경우 상해 정도가 상대적으로 높다.

56 방향전환지시 설치 장소 및 기간에 따라 그리고 노변의 기상조건, 교통성, 중앙분리대유무 등에 따라 가로등 분광도통법은 시설물이 따라 구분된다.

57 ① 고차도의 대부분은 없이 곧 끝나는 경우에 들어가 없어야 한다.

58 차를 길함께 세우고 이동하기 위해 브레이크를 사용하고 있으며 매도가 없는 경우 공사 한도 올라고 대비하였다.

59 자동차의 통행속도를 30km/h 이상으로 제한을 필요가 있다고 인정되는 지점

60 ① 바퀴 속도 별 전기 운동이 많기 진로에 도로를 받으면서 장애임이 되는지 기 때문에 시야 호리가 좋았다.

61 ③ 운전공원, 나들이퍼 · 분기점은 이용자전환이 후방자들에 대해 공원의 과장이가 주의 의 공원이 생겨 있 생고 공장의 여러가지 대해 공원이 나타나는 공원을 알 수 있다.

62 곤모의 사고율 : 결함 있 < 주 결함 없 < 곤 운동 결함 < 결함 없 결함

63 통행 중 진행방향이 움직기 쉬운 시도를 추가적으로 한 된다.

64 ④ 인가는 별행비용히고 대출의 사고 장면이지만 승용차로서 상대 장면에 옮기 이런다.

65 ② 긴급자동차의 운전자는 긴급하고 부득이한 경우에는 도로의 중앙이나 좌측 부분을 통행할 수 있다(도로교통법 제5조 제1항).

66 별로는 공진하게 된다.

67 버스공영업체 주요 시행업체 및 내용

• 시설계공공의 사실을 위한 서면적인 예방대책 제시
  정비공장인 기술자원 및 정성강사속도로 표준공공기 및 표준
  경영공정 도출
  • 버스사업자의 전해 기원을 공영업인 운영공공을 유도
• 버스이용자 편제, 경영상 승급, 버스에 대한 이미지 개선 사설사 공공을 유지
• 사설및 이용상화 개선
• 대중교통 이용 활성화 유해 정보공공을 도모

68 승용차의 설계목적 대 지자성능이 일정한 이동사 승용차를 간접적으로 과적할 수 없다.

69 다인승 공공공에 대응한 (가압파일체, 시긴공공체 등) 유입이다.

70 ② 운수사업자는 여객자동차 운수종사자의 경로 용도에 대한 임금을 임금공공기, 단체면 등 정당 근로조건에 관한 사항에 대해 운수운수자의 여객자동차 운수종사자 시행규칙 [별표 4])

71 ① 시도공공 인경우를 지도지도에서 상관사가 공공에 의해 이 성장되어 공장을 사용할 수 있다. 불경의 이용공업을 배제 장공공 경우 마수이 의명 일공에 동으가 두려워서, 손수적공을 올리 경우 등이 있다. ② 미운과 이상이 있는 경우 안정된 공장자에서 공사 장착사이는 이성을 공공자 공공이 증가하는 매력으로 여러가지 모음이 공자와 같으실 감정을 수 있다.

72 ③ 감의 심리적 의미이다.

73 일반택시의 재해는 사용종사에는 별 견다(여객자동차 운수사업법 시행규칙 [별표 4]).

• 예시((별표 4))
  의자운동차 운수사업자 여객자동차 운수사업법 시행규칙 [별표 4]

74 ①, ③, ④ 이의 경상피운가 혼잡출당기, 자사기 중상당거 등이 있다.

75 운수회사의 대중금유사업에 있는 교호에 대한 과오를 할 수 있다.
• 공공의 여객등에 대해 물가 주의 이어 할 수 없다.
• 상용종사의 여객운동의 경찰의 최소 공공의 여개사용자는 사용
  하지 아니하여 가능하여 한다.
• 응금환자가 의료기관에 잘 들어올 말을 수 있어 사용한다.

76 포근하고, '감' 을 듣는 상대 운전자에 들이 있도록, '승', '정착' 을 사용한다.

77 경공가 올린 필요성을 과소평가한다.

78 운송업과 참자 버스 운영업체에 경영문 축진을 꺼리이다.

79 ④ 일하하는 참사공공이 주가되는 제공중요으로 배공을 할 수 있기 때문에 배정에 대한 대응량을 다시 갖출 수 있어 책임이 생긴다.

80 버스교통 정책의공 버스정기시스템(BIS)의 주요 기능이다.

제8회	실제유형 시험보기																p. 131~143		
01	02	03	04	05	06	07	08	09	10	11	12	13	14	15	16	17	18	19	20
①	①	③	①	③	③	④	③	③	②	③	①	④	④	②	③	④	②	③	④
21	22	23	24	25	26	27	28	29	30	31	32	33	34	35	36	37	38	39	40
③	①	④	③	③	③	①	①	④	②	③	④	④	②	③	④	④	④	①	①
41	42	43	44	45	46	47	48	49	50	51	52	53	54	55	56	57	58	59	60
①	④	②	③	④	②	①	②	②	④	②	④	③	②	①	④	②	①	②	④
61	62	63	64	65	66	67	68	69	70	71	72	73	74	75	76	77	78	79	80
③	②	②	①	④	②	①	③	①	④	①	②	②	②	②	②	②	①	②	②

01 대형사고란 3명 이상이 사망(교통사고 발생일부터 30일 이내에 사망한 것을 말함)하거나 20명 이상의 사상자가 발생한 사고를 말한다(교통사고조사규칙 제2조).

02 자전거 나란히 통행 허용표지이다(도로교통법 시행규칙 [별표 6]).

03 횡단보도표시로 횡단보도 전 50m에서 60m 노상에 설치, 필요할 경우에는 10m에서 20m를 더한 거리에 추가 설치(도로교통법 시행규칙 [별표 6])

04 ②, ④ 장소적 요건, ③ 피해자요건

05 ③ 여객자동차 운수사업법 시행규칙 제41조 제2항

06 공소권이 있는 12가지 법규위반 항목(교통사고처리 특례법 제3조)
- 신호·지시 위반사고
- 중앙선 침범, 고속도로 등에서의 횡단·유턴 또는 후진하는 경우
- 속도위반(20km/h 초과) 과속사고
- 앞지르기의 방법·금지시기·금지장소 또는 끼어들기 금지 위반사고
- 철길건널목 통과방법 위반사고
- 보행자보호의무 위반사고
- 무면허운전사고
- 주취운전·약물복용운전사고
- 보도침범·보도횡단방법 위반사고
- 승객추락 방지의무 위반사고
- 어린이 보호구역 내 안전운전의무 위반사고
- 화물고정조치 위반사고

07 ④ 외에 문을 연 상태에서 출발하여 타고 있는 승객이 추락한 경우, 승객이 타거나 또는 내리고 있을 때 갑자기 문을 닫아 문에 충격된 승객이 추락한 경우가 있다.

08 공소권 없는 사고로 처리하는 중앙선 침범의 경우
- 불가항력적 중앙선 침범
- 부득이한 중앙선 침범
  - 사고피양 급제동으로 인한 중앙선 침범
  - 위험 회피로 인한 중앙선 침범
  - 충격에 의한 중앙선 침범
  - 빙판 등 부득이한 중앙선 침범
  - 교차로 좌회전 중 일부 중앙선 침범

09 국제운전면허증 또는 상호인정외국면허증에 의한 자동차 등의 운전(도로교통법 제96조)
국제운전면허증 또는 상호인정외국면허증을 발급받은 사람은 국내에 입국한 날부터 1년 동안 그 국제운전면허증 또는 상호인정외국면허증으로 자동차 등을 운전할 수 있다.

10 여객자동차운송사업에 사용되는 자동차의 종류(여객자동차 운수사업법 시행규칙 [별표 1])
- 시내버스운송사업 및 농어촌버스운송사업 : 중형 이상의 승합자동차(관할관청이 필요하다고 인정하는 경우 농어촌버스운송사업에 대해서는 소형 이상의 승합자동차)
- 시외버스운송사업 : 중형 또는 대형승합자동차
- 택시운송사업 : 승용자동차 또는 승합자동차(배기량 2,000cc 이상이고 승차정원 13인승 이하, 「환경친화적 자동차의 개발 및 보급 촉진에 관한 법률」에 따른 자동차로서 승차정원 13인승 이하)
- 마을버스운송사업 : 중형승합자동차(단, 관할관청이 필요하다고 인정하는 경우에는 소형 또는 대형승합자동차로 할 수 있다)
- 전세버스운송사업 : 중형 이상의 승합자동차(승차정원 16인승 이상의 것만 해당)
- 특수여객자동차운송사업 : 특수형 승합자동차 또는 승용자동차(일반장의 자동차 및 운구전용 장의자동차로 구분)
- 수요응답형 여객자동차운송사업 : 승용자동차 또는 소형 이상의 승합자동차

11 ③ 국가나 지방자치단체 소유의 자동차이면서 교통약자의 교통편의를 위하여 운행되는 경우일 때 유상 운송용으로 제공하거나 임대할 수 있다(여객자동차 운수사업법 시행규칙 제103조 제5호).
①, ②, ④ 여객자동차 운수사업법 제81조

13 ④ 운전 경력 등의 면허기준이 적용되는 여객자동차운송사업은 개인택시운송사업으로 한다(여객자동차 운수사업법 시행령 제5조).
① 여객자동차 운수사업법 제5조 제1항 제1호
② 여객자동차 운수사업법 제5조 제1항 제2호
③ 여객자동차 운수사업법 제5조 제1항 제3호

14 ④ 교육실시기관은 매년 11월 말까지 조합과 협의하여 다음 해의 교육계획을 수립하여 시·도지사 및 조합에 보고하거나 통보하여야 하며, 그 해의 교육결과를 다음 해 1월 말까지 시·도지사 및 조합에 보고하거나 통보하여야 한다(여객자동차 운수사업법 시행규칙 제58조 제6항).
① 여객자동차 운수사업법 시행규칙 제58조 제3항
② 여객자동차 운수사업법 시행규칙 제58조 제4항
③ 여객자동차 운수사업법 시행규칙 제58조 제5항

15 ② 시외버스운송사업자는 우편물 등의 멸실(滅失)·파손 등으로 인하여 그 우편물 등을 받을 사람에게 인도할 수 없을 때에는 우편물 등을 보낸 사람에게 지체 없이 그 사실을 통지해야 한다(여객자동차 운수사업법 시행규칙 [별표 4]).
①, ③, ④ 여객자동차 운수사업법 시행규칙 [별표 4]

16 ③ 여객자동차운송사업용 자동차 또는 화물자동차운수사업법에 따른 화물자동차 운수사업용 자동차의 운전 업무에 종사하다가 퇴직한 자로서 신규검사를 받은 날부터 3년이 지난 후 재취업하려는 자. 다만, 재취업일까지 무사고로 운전한 자는 제외한다(여객자동차 운수사업법 시행규칙 제49조 제3항 제1호).
①, ②, ④ 여객자동차 운수사업법 시행규칙 제49조 제3항 제1호

17 ④ 운송사업자는 새로 채용한 운수종사자(사업용 자동차를 운전하다가 퇴직한 후 2년 이내에 다시 채용된 자는 제외)에 대하여는 운전업무를 시작하기 전에 신규 교육을 16시간 받게 하여야 한다(여객자동차 운수사업법 시행규칙 [별표 4의3]).
① 여객자동차 운수사업법 제25조 제1항
② 여객자동차 운수사업법 제25조 제2항
③ 여객자동차 운수사업법 제25조 제3항

PART 2 실내향원 시험학기

18 신호등의 등화 6단계
- 초간의 구성: 신호교차로에서 사용할 수 있는 기본 조건 구성, 신호교차로 설정
- 신호운영의 원칙: 신호교차로 등화 순서, 방향별 구성, 공사시간 교차로 이용방법 등의 원칙을 말한다.
- 녹색: 녹색신호시간 동안 계속적으로 통과할 수 있는 녹색 대기를 말한다.
- 녹색점멸: 녹색신호등화 기간에 서서히 대기가 진행되고 녹색신호가 가장 영향력이 있을 때 사용한다.
- 황색(호박색): 교차로에 미리 진입해야 한다.

19 ③ 운동 경기장의 동작 신호에 따라 차로를 통행하는 동행하는 경우가 발생한 때
(어린이보호규칙 제26조 제5항)
① 어린이보호규칙 제26조 제1항 제1호
② 어린이보호규칙 제26조 제1항 제2호
③ 어린이보호규칙 제26조 제1항 제3호

20 특별시·광역시·특별자치시 또는 시·군(광역시 관할 구역 안의 군을 제외한다)의 교통안전시설의 설치 및 관리에 필요한 사항(도로교통법 시행령 제3조 제1항 제5호).
① 어린이보호규칙 시행규칙 제3조 제8항 제1호 가목
② 어린이보호규칙 시행규칙 제3조 제8항 제2호 가목
③ 어린이보호규칙 시행규칙 제3조 제8항 제3호 가목

21 ③ 운동경기장을 신고하거나 이동하고 이용하면 아니하기 되는 기간(어린이보호규칙 시행규칙 제32조 제2항).
① 어린이보호규칙 시행규칙 제9조 제1호
② 어린이보호규칙 시행규칙 제9조 제2호
③ 어린이보호규칙 시행규칙 제9조 제10호

22 신호 중에는 자신이 생각하고 다른 운전자들이 이 신호 운영방식을 미리 예상할 수 있으므로 이에 대비하는 마음가짐으로 운영한다.

23 ④ 어떤 경우 적신 이용신호가시가 소원한 사각화한 인공한 것이 있을 경우 그 위치를 옳기 수 있다. 다만, 파괴한 등의 채결화시가 이로한 경우에는 아니하거나 설치(어린이보호)(시행규칙 [별표 6])

24 버스 베이에서 버스가 승하차시간이 있으므로 대기를 파고가 있다.

25 남녀·무지장수 잡지된 있은 않은 신호등(도로교통법 시행규칙 [별표 28]) 그림이 작아서, 시·군지구의 인하여 남녀 간진지수가 다른가의 잡징 남녀 수가 시·군·구지구의 경우
- 1차로 통행 노드: 수용가능 사용이상 12건 공정법로 하다
- 2차로 통행 노드: 수용가능 사용이상 20건 공정법로 하다
- 3차로 통행 노드: 수용가능 사용이상 27건 공정법로 하다

26 교차로정지에서 교차로정지가 1회전(360°)하면 1시간이면 회전하므로 1,080° 회전하고 3시간이 상이된다.

---

27 ③ 경찰의 신호가 정지 사이 신호신호등에 있는 비이동지정과 정지가 장면하다 일라한 경우 그 지자자에 관하여 교차로진입을 사용하여 수차 운영 작업 중지를 한다 결정·결지장·[도로교통법 시행규칙 [별표 2]]
① ② ④ 도로교통법 시행규칙 [별표 2]

28 수입은 베이 온도는 110°C 정도이나 실내 공사 운영이 80° 상당 신호로 조정된다.

29 응을 없진의 3대 조건
- 운영을 중인하기
- 인성을 하며
- 빠른 시기에 영업한다.

30 ④ 열보운영 제품이 응 등 빠지기 쉬운 관성이 운영을 알기자있다.

31 차량의 대비기가 나쁜 방정은 ① ② ③ 이며 이러한 기타의 매우 까다한 일이다.

32 라디에이터 구입조기
- 년가 리어리시 클 것
- 방어의 등이 자율에 청을 것
- 송량이 차을 것
- 주행 청정할 것

33 ④ 위상제가 기준점에 미리는 매우에 큰 우에는 기능이 말로더의 장된 공학을 는 경지

34 ④ 누구가 말같이 될 수 있다.

35 실린더
- 동구 실린더(직통가 집중): 가령가 실 가시 정지 정일이 양업자 공용해서 이동해야 밝을 들어 한다.
- 습소 실린더: 가솔 사 식세에 액립을 사용한다.
- 보통 각 엔지의 실린더는 상태을 일지하기 위해 배플로 정지하는 것이 기본 위치이다.

36 ① 생명시 주사가 자릴의 주락 하늘이 신장상의 입자성분이 증가할 수 있다. ② 만관 지하수 상당하는 경각 초과된다. ③ 생명 운영의 청도가 낮으면 배출가스 내 단수·일산화 탄소가 증가한다. 결료의 연소가 노와 주의 영도 높여 연소성다.

37 사·도지사는 자동차가 신신동력장치의 결함 감시로 그 자동차의 운영장 세기를 일어하로 위하여 결험등 시위를 경지시 경용이 설립된 경우에는 그 운영을 일리전의 결합성의(자동차관리법 제63조) 수로 돌릴 수 있다.

38 다과환자유의 반식이 배용으로부터 가 관리로모니 기계강실으로 배용되기 경지 거쳐 과정을 간통링크 → 차동장로 → 결감자자이 → 과릉링 → 구극사속기

39 다같 움직이의 구비조기
- 가동이 사용 것
- 녹수시설이 쉽을 것
- 영소온잔의 관측 것
- 열효율이 목을 것
- 단질고모가 작고 양상이 수압 것

40	① 연료의 공급에 이상이 있을 때의 원인이다.
41	**운전의 3단계 과정** : 인지단계 → 판단단계 → 조작단계
42	④ 상대방과의 신뢰관계가 이익을 창출하는 것이 아니라 상대방에게 도움이 되어야 신뢰관계가 형성된다.
43	적당한 크기와 속도로 자연스럽게 인사해야 한다.
44	④ 어린이를 데리고 보행할 때에는 언제나 차도 쪽에 보호자가 걷고, 도로의 안쪽에 어린이가 걷도록 한다.
45	③ 운전자의 바람직한 동기와 사회적 태도(운전상태에 대하여 인지, 판단, 조작하는 태도)가 결여될 때 교통사고가 자주 발생된다.
46	앞차의 뒤를 너무 가까이 따라가는 것이 음주운전 차량이다.
47	② 커브가 예각을 이룰수록 원심력은 커진다.
48	**증발현상** : 야간에 대향차의 전조등 눈부심으로 순간적으로 보행자를 잘 볼 수 없게 되는 현상
49	교차로 내에서 우회전할 때에는 교차하는 교통이나 대향 좌회전차 또는 보행자 등이 없는가를 확인하여야 한다.
50	② 바람직한 경우이다.
51	교통의 흐름에 맞지 않을 정도로 **빠르게** 차를 운전하게 된다.
52	④ 앞지르기는 필연적으로 진로변경을 수반한다. 진로변경은 동일한 차로로 진로변경 없이 진행하는 경우에 비하여 사고의 위험이 높다.
53	② 밤에 산모퉁이 길을 통과할 때에는 전조등을 상향과 하향을 번갈아 켜거나 껐다 켰다 해서 자신의 존재를 알린다.
54	③ 횡단을 방지할 수 있어야 한다.
56	차단기가 내려져 있지 않은 때에도 안전확인은 필수이다.
57	빗길 노면의 경우 최고속도의 20%를 줄인 속도로 운행해야 한다(도로교통법 시행규칙 제19조 제2항 제1호).
58	강성 방호울타리는 시설물의 강도에 따른 종류이다.
60	**교차로 안전운전 방어운전** • 신호등이 있는 경우 : 신호등이 지시하는 신호에 따라 통행 • 교통경찰관 수신호의 경우 : 교통경찰관의 지시에 따라 통행 • 신호등 없는 교차로의 경우 : 통행의 우선순위에 따라 주의하며 진행
61	③ 커브가 끝나는 조금 앞부터 핸들을 돌려 차량의 모양을 바르게 한다.
62	설계목적으로 시거를 계산할 때 젖은 노면상태를 기준으로 한다.
63	눈이 쌓인 미끄러운 오르막길에서는 주차 브레이크를 절반쯤 당겨 서서히 출발하며, 자동차가 출발한 후에는 주차 브레이크를 완전히 푼다.
64	① 여름철 자동차관리 사항이다.
65	안전띠를 착용하면 머리와 가슴에 전달되는 2차적인 충격을 예방한다.
66	**고객이 싫어하는 시선** 위로 치켜뜨는 눈, 곁눈질, 한곳만 응시하는 눈, 위아래로 훑어보는 눈
67	**대화의 3요소** • 말씨는 알기 쉽게 • 내용은 분명하게 • 태도는 공손하게
68	서비스는 누릴 수는 있으나 소유할 수는 없는 무소유권이며, ①·②·④ 외에 서비스의 질이 누가, 언제, 어디서 제공하느냐에 따라 차이가 나는 이질성이 있다.
69	불평하는 고객이 침묵하는 불만족 고객보다 낫다. 불평이 없다고 해서 아무런 문제가 없다고 생각하는 것이 흔히 많은 기업들이 갖고 있는 착각이다. 또한 불평을 제기한 고객은 유용한 정보를 제공한다. 고객 불평을 통해 기업은 고객의 미충족 욕구를 파악할 수 있으며 제품이나 서비스를 어떻게 개선할 수 있는가에 대한 중요한 자료로 수집할 수 있다.
70	운전자, 보행자의 불안감을 해소해준다.
71	**버스운영체제의 유형** • 공영제 : 정부가 버스노선의 계획, 버스차량의 소유·공급, 노선의 조정, 운행에 따른 수입금 관리 등 버스운영체계의 전반을 책임지는 방식이다. • 민영제 : 민간이 버스노선의 결정, 버스운행, 서비스의 공급주체가 되고, 정부규제는 최소화하는 방식이다. • 준공영제 : 노선버스 운영에 공공개념을 도입한 형태로 운영은 민간이, 관리는 공공영역에서 담당하게 하는 운영체제이다.
72	② 노선의 사유화로 노선의 합리적 개편이 적시적소에 이루어지기 어렵고, 타 교통수단과의 연계교통체계 구축이 어렵다.
73	② 버스노선, 요금의 조정, 버스운행 관리에 대해서는 지방자치단체가 개입하고, 지방자치단체의 판단에 의해 조정된 노선 및 요금으로 인해 발생된 운송수지적자에 대해서는 지방자치단체가 보전한다.
74	대중교통 이용률 하락으로 인해 도입되었다.
75	비상등을 점멸시키며 갓길에 차를 정차한다.

PART 2 실전모의 시행학기

제9회 실전모의 시행학기 p. 144~157

01	02	03	04	05	06	07	08	09	10	11	12	13	14	15	16	17	18	19	20
③	④	①	②	③	④	②	①	④	③	②	①	③	④	②	①	③	④	②	③
21	22	23	24	25	26	27	28	29	30	31	32	33	34	35	36	37	38	39	40
③	②	④	①	③	②	④	①	③	②	④	②	①	③	④	②	①	③	④	②
41	42	43	44	45	46	47	48	49	50	51	52	53	54	55	56	57	58	59	60
③	④	①	②	③	④	②	①	③	②	④	①	③	④	②	①	③	②	④	③
61	62	63	64	65	66	67	68	69	70	71	72	73	74	75	76	77	78	79	80
②	④	①	③	②	④	①	③	②	④	①	③	②	④	①	③	②	④	①	③

01 "여객자동차운송사업"이란 다른 사람의 수요에 응하여 자동차를 사용하여 유상으로 여객을 운송하는 사업을 말한다(여객자동차 운수사업법 제2조 제3호).

02 노선 여객자동차운송사업에는 시내버스운송사업, 농어촌버스운송사업, 마을버스운송사업, 시외버스운송사업이 있다. 시민(개인, 일반)택시운송사업은 구역 여객자동차운송사업에 속한다(동법 제3조).

03 시내버스운송사업 등(여객자동차 운수사업법 시행규칙 제8조 제1 항 제6호)
- 좌석형 : 시내좌석버스를 사용하여 각 정류소에 정차하면서 운행하는 형태
- 입석형 : 시내일반버스를 사용하여 각 정류소에 정차하면서 입석 과 좌석을 혼용하여 운행하는 형태
- 다인승합형 : 다인승합자동차를 사용하여 각 정류소에 정차하면 서 좌석으로 운행하는 형태

04 ②·④는 지입금에 대한 설명이고, ③은 도급금에 대한 설명이다(여객자동차 운수사업법 시행규칙 제3조 제8호).

05 ② 운수사업자는 사용하려는 자동차의 종류별로 교통안전, 공공복리 및 운송서비스의 개선을 위하여 필요하다고 인정되는 경우에 운송사업의 면허를 받을 수 있다. 다만, 운행에 필요한 조건을 붙여서 운송사업의 면허를 할 수 있는 경우에는 여객자동차운송사업 시행규칙 제19조 제1항에 따라 시·도지사가 이를 정한다.
① 여객자동차운송사업법 시행규칙 제19조 제1호
③·④ 여객자동차운송사업법 제19조 제2항

06 운수종사자 등의 자격요건 등(여객자동차운수사업법 제25조 제1항)
운수사업자(개인택시)는 국토교통부령이 정하는 운수종사자의 자격을 갖춘 자를 운수종사자로 채용해야 하며, 그 자격요건 등에 따라 시·도지사에게 보고하여야 한다.
- 신규 채용하거나 퇴직한 운수종사자 명단(신규채용의 경우 성명을 포함한다): 신규채용이나 퇴직한 날이 속하는 달의 다음 달 7일까지
- 운수종사자 현황 통보 : 매월 10일까지
- 정기적 교통안전 운수종사자에 대한 교육의 실시 결과 보고 : 매월 10일까지

07 운수종사자의 교육 등(여객자동차 운수사업법 제25조)
운수사업자는 국토교통부령이 정하는 바에 따라 운수종사자에게 각 종 교육을 받게 하여야 한다.
- 여객자동차 운수사업 관계 법령 및 교통안전 법령
- 서비스의 자세 및 운송질서의 확립
- 교통안전수칙
- 응급처치의 방법

08 승차를 거부하고 공동운행에 대응해야 한다.

- 차량용 소화기 사용법 등 차량화재 발생 시 대응방법
- 지속가능 교통물류 발전법 제2조 제15호에 따른 경제운전
- 그 밖에 운전업무에 필요한 사항

08 ③ 고속도로를 뜻한다(도로교통법 제2조 제3호).

09 "노면전차"란 도시철도법에 따른 노면전차로서 도로에서 궤도를 이용하여 운행되는 차를 말하며, "노면전차 전용로"란 도로에서 궤도를 설치하고, 안전표지 또는 인공구조물로 경계를 표시하여 설치한 도시철도법 제18조의2 제1항 각 호에 따른 도로 또는 차로를 말한다(도로교통법 제2조 제17의2호 및 제7의2호).

10 ① 녹색화살표의 등화(도로교통법 시행규칙 [별표 2])
③ 황색화살표등화의 점멸(도로교통법 시행규칙 [별표 2])
④ 황색화살표의 등화(도로교통법 시행규칙 [별표 2])

11 ① 긴급자동차는 긴급하고 부득이한 경우에는 도로의 중앙이나 좌측 부분을 통행할 수 있다(도로교통법 제29조 제1항).
② 도로교통법 제29조 제4항
③ 도로교통법 제29조 제5항
④ 도로교통법 제29조 제6항

12 ④ 도로교통법 제4조 제2항
① 교통안전시설의 종류, 교통안전시설의 설치·관리기준, 그 밖에 교통안전시설에 관하여 필요한 사항은 행정안전부령으로 정한다(도로교통법 제4조 제1항).
② 도로교통의 안전을 위하여 각종 제한·금지 등의 규제를 하는 경우에 이를 도로사용자에게 알리는 표지를 규제표지라고 한다(도로교통법 시행규칙 제8조 제1항 제2호).
③ 도로상태가 위험하거나 도로 또는 그 부근에 위험물이 있는 경우에 필요한 안전조치를 할 수 있도록 이를 도로사용자에게 알리는 표지를 주의표지라고 한다(도로교통법 시행규칙 제8조 제1항 제1호).

13 ㉡ 장의(葬儀) 행렬, ㉢ 군부대나 그 밖에 이에 준하는 단체의 행렬, ㉥ 말·소 등의 큰 동물을 몰고 가는 사람이 이에 해당한다(도로교통법 시행령 제7조 참조).

14 ③ 비·안개·눈 등으로 인한 거친 날씨에 최고속도의 20/100을 줄인 속도로 운행하여야 하는 경우는 비가 내려 노면이 젖어 있는 경우와 눈이 20mm 미만 쌓인 경우이다(도로교통법 시행규칙 제19조 제2항 제1호).
①, ④ 최고속도의 50/100을 줄인 속도를 운행하여야 하는 경우이다(도로교통법 시행규칙 제19조 제2항 제2호).

15 주차금지의 장소(도로교통법 제33조)
모든 차의 운전자는 다음의 어느 하나에 해당하는 곳에 차를 주차해서는 아니 된다.
- 터널 안 및 다리 위
- 다음의 곳으로부터 5m 이내인 곳
  - 도로공사를 하고 있는 경우에는 그 공사 구역의 양쪽 가장자리
  - 다중이용업소의 안전관리에 관한 특별법에 따른 다중이용업소의 영업장이 속한 건축물로 소방본부장의 요청에 의하여 시·도경찰청장이 지정한 곳
- 시·도경찰청장이 도로에서의 위험을 방지하고 교통의 안전과 원활한 소통을 확보하기 위하여 필요하다고 인정하여 지정한 곳

16 ④ 운전자는 안전을 확인하지 아니하고 차 또는 노면전차의 문을 열거나 내려서는 아니 되며, 동승자가 교통의 위험을 일으키지 아니하도록 필요한 조치를 해야 한다(도로교통법 제49조 제1항 제7호).
① 도로교통법 제49조 제1항 제1호
② 도로교통법 제49조 제1항 제2호
③ 도로교통법 제49조 제1항 제5호

17 ④ 술에 취한 상태에 있다고 인정할 만한 상당한 이유가 있는 사람으로서 경찰공무원의 측정에 응하지 아니하는 사람(자동차 등 또는 노면전차를 운전한 경우로 한정)은 1년 이상 5년 이하의 징역이나 500만원 이상 2천만원 이하의 벌금에 처한다(도로교통법 제148조의2 제2항).
①, ②, ③ 도로교통법 제148조의2 제3항

18 처벌의 특례(교통사고처리 특례법 제3조)
1. 차의 운전자가 교통사고로 인하여 형법 제268조의 죄를 범한 경우에는 5년 이하의 금고 또는 2,000만원 이하의 벌금에 처한다.
2. 차의 교통으로 1.의 죄 중 업무상과실치상죄 또는 중과실치상죄와 도로교통법 제151조의 죄를 범한 운전자에 대하여는 피해자의 명시적인 의사에 반하여 공소(公訴)를 제기할 수 없다.

19 ③ 피해자가 신체의 상해로 인하여 생명에 대한 위험이 발생하거나 불구(不具)가 되거나 불치(不治) 또는 난치(難治)의 질병이 생긴 경우에는 공소를 제기할 수 있다(교통사고처리 특례법 제4조 제1항 제2호).
① 교통사고처리 특례법 제4조 제3항
② 교통사고처리 특례법 제4조 제1항
④ 교통사고처리 특례법 제4조 제1항 제3호

20 피해자가 이미 사망하였다고 사체 안치 후송 등의 조치 없이 가버린 경우, 피해자를 병원까지만 후송하고 계속 치료를 받을 수 있는 조치 없이 가버린 경우, 쌍방 업무상 과실이 있는 경우에 발생한 사고로 과실이 적은 차량이 도주한 경우, 자신의 의사를 제대로 표시하지 못하는 나이 어린 피해자가 '괜찮다'라고 하여 조치 없이 가버린 경우 등은 도주(뺑소니)에 해당한다.

21 ④ 다른 사람의 건조물이나 그 밖의 재물을 손괴한 교통사고(물피사고)의 처리기준에 해당한다(교통사고조사규칙 제20조 제3항).
① 교통사고조사규칙 제20조 제1항 제1호
②, ③ 교통사고조사규칙 제20조 제1항 제4호

22 인피 뺑소니 사고의 경우에는 특정범죄가중처벌 등에 관한 법률 제5조의3을 적용하여 기소의견으로 송치한다(교통사고조사규칙 제20조 제4항).

23 안전거리 확보의무 위반의 경우 일반도로라면 승합자동차의 범칙금이 2만원이지만 고속도로·자동차전용도로라면 5만원의 범칙금이 부과된다(도로교통법 시행령 [별표 8]).

24 ④ 도로교통법 제27조 제4항
① 모든 차 또는 노면전차의 운전자는 보행자가 횡단보도를 통행하고 있거나 통행하려고 하는 때에는 보행자의 횡단을 방해하거나 위험을 주지 아니하도록 그 횡단보도 앞(정지선이 설치되어 있는 곳에서는 그 정지선을 말한다)에서 일시정지하여야 한다(도로교통법 제27조 제1항).
② 모든 차 또는 노면전차의 운전자는 교통정리를 하고 있는 교차로에서 좌회전이나 우회전을 하려는 경우에는 신호기 또는 경찰공무원 등의 신호나 지시에 따라 도로를 횡단하는 보행자의 통행을 방해하여서는 아니 된다(도로교통법 제27조 제2항).
③ 모든 차 또는 노면전차의 운전자는 보행자가 횡단보도가 설치되어 있지 아니한 도로를 횡단하고 있을 때에는 안전거리를 두고 일시정지하여 보행자가 안전하게 횡단할 수 있도록 하여야 한다(도로교통법 제27조 제5항).

PART 2 실전모의 사학학기

25 ① 이 고속도로등에서의 운전 중 갓길(고장 자동차의 이동을 위한 공간은 제외한다)로 통행하여서는 아니 된다. 다만, 다음 각 호의 어느 하나에 해당하는 경우에는 그러하지 아니하다.(도로교통법 제60조 제1항).
②, ③, ④ 이 경우에는 20민인 이하의 과태료를 부과할 수 있다(도로교통법 제160조 제2항).

26 운전면허 정지처분을 받고 있는 때에 벌점, 자동차등 운전 중 교통사고를 일으킨 경우 벌점을 추가 산정한다.

27 ④ 커브길 교통사고 중 가장 많이 발생하는 것은 정면충돌사고이다.

28 ① 터널에서 나올 때에는 2~3초에 걸쳐 눈이 점점 밝은 조명에 익숙해지도록 명암순응기를 사용한다.

29 ③ 대부분의 운전자들은 직진경로를 추종하려는 경향이 있으므로 도로선형에 맞는 경로를 이탈하여 차선을 이탈하기 쉽다. 즉 운전자는 원심력에 위해 도로 바깥쪽으로 튀어나가지 않기 위해 서행한다.

30 ② 안전거리에 필요한 제동거리를 감소시키지 않도록 (건식)노면이 되고 유지하도록 한다.

31 ② 시계 반대방향으로 돌이나 감속조작이 필요하 된다.

32 ④ 결속 라이드의 장점이다.

33 ④ 시속타이어 장착차는 시동이 꺼지지 않는 경우의 주행안정이다.

34 ①, ②, ③ 드럼브레이크 방식의 경우의 주행안정이다.

35 벤트로 공기의 공해, 주행거리, 제동 횟수 등의 마모 탐침 차량화 대응 기회는 불리하지만 이를 차감한다고 보통 공기압 상태의 주행을 유지하는 정도의 이점이 있어서 자동차의 주행측면에서 장점을 가지고 있다고 평가받는다.

36 ②, ③, ④ 조향핸들이 무거운 원인이다.

37 강속 브레이크 체인의 브레이크, 엔진 브레이크, 제이크 브레이크, 리타더 브레이크 등이 있다.

38 ④ 에너지 소비가 적다.

39 보행자보호용 안전표지(자동차전용의 시행규칙 제5조 제1항)
당방향인지보드, 고장 경고, 후부 주요주의문자(정례대비포), 바상자동 점멸소 등

40 사고용 자동차의 경사경기를 체결하지 않은 경우에는 30일 이내, 구조금을 경사경기를 체결한 경우 7일 이내, 가입되지 않은 경우 10일 이내의 기간으로 정하되, 이를 3회 위반한 경우 11일째부터 가능하며 운영정지 1일에서 8정지일 기간을 합하다. 다만, 과태료가 운행정지처분에 갈음하여 적용된 경우에는 100만원의 범위에서 부과한다(자동차손해배상 보장법 시행령 [별표 5]).

41 시동이 걸린 뒤에는 기어가 들이가 않으면 엔진이 쉬여있는 동안 기어를 넣고 시동 걸지 않도록 한다.

42 고속도로에는 매로 오토바이, 갓길은 고장자동차들의 표류공간으로 진입하여 긴급 경우 이외에는 가능한 사용을 억제해야 한다.

43 펑크는 타이어의 문지라는 언급, 원인 부적은 상태로 운전할 경우 핸들이 한쪽으로 쏠리며 수도가 있고 속도를 내면 바퀴가 심하 떨고 이상 진동이 온다. 즉, 2차 사고의 우려가 있으므로 가장자리에 정차시키도록 한다.

44 PTO펌프 운전사동차에서 운전중에 갑자기 흔들림·튀어남·엔진꺼짐·제어블편 등의 현상이 발생하는 것은 결함불이다.

45 빛이 대어서는 안전거리를 유지하고 급선동을 삼가하지 않는다.

46 교차로를 지날 때는 옆으로 제쳐나가거나 추월하지 않는다.

47 당일운전에 필요한 점검을 하지 말고, 고장을 미리 방지한다.

48 커브 진입전에 운동장 미리 1.5~2배 정도 줄이 기어단수를 가지 내부로 진입 감속한다. 빗길, 완공도가 높지 않거나 시선경우가 나쁠때에는 좀 더 느리게 가야하지, 이 경우 아간운전에서 고속도로의 커브길을 주행할 때 전면등을 통해 전로의 예측을 용이하게 해야 한다.

49 가속·감속 과도로 하는 것이 연료낮춰가는 좋은 방법이다.

50 경제운전은 알 길 있는 가지 요소, 즉(가)로, 차량, 운전자 동에 대한 각각 본질파용 검토하고, 연료소비용 줄이거나 차량 효율을 가장 중정성상 운전방법이다. 다른 용어 새로 에코드라이빙(Eco-driving) 또는 그린드라이빙(Green-driving)이라고 한다.

51 차선에 자동차들이 많은 곳에서는 빈번한 매이크 잡기 가능한 한 통법상 감속을 줄여라.

52 차선을 여러 가지로 과격하게 연속적이지 않도록 주의해야 한다.

53 고속도로에서 방향전환을 실시하는 경우 30m 이상 지점에서 길 100m 이상 지점에서 시그널을 보내야 한다. 실재로는 교차로나 광장에서 방향전환을 할 경우 진로를 변경할 때 30m 이상 지점에서 방향지시(고속도로의사용등)을 켜야한다. 시행령 [별표 2]).

54 앞지르기하려는 대향 진행반대의 연이프를 일으키지 않고 옆지르기하려는 사이는 반대접선 보여주어 앞지로기 위해 생각자동차는 접선지 않아

55 빙교차로와 다는 차량의 순행공상인 경우 국도 언급되기 밤과 인공용지를 정지하고 고속자동차가 지나면, 고속자동차가 어떤 등의 좌측 공간에 가깝게 가장자리로 걷는다.

56 ③은 주정차대에 대한 설명이다. 교통섬은 자동차의 안전하고 원활한 교통처리나 보행자도로 횡단의 안전을 확보하기 위하여 교차로 또는 차도의 분기점 등에 설치하는 섬 모양의 시설이다(도로교통법 제2조 제13의2).

57 ⓒ 측대 : 길어깨(갓길) 또는 중앙분리대의 일부분으로 포장 끝부분 보호, 측방의 여유 확보, 운전자의 시선을 유도하는 기능을 갖는다.
ⓑ 분리대 : 자동차의 통행방향에 따라 분리하거나 같은 방향에서 성질이 다른 교통을 분리하기 위하여 설치하는 도로의 부분이나 시설물을 말한다.

58 신호대기 등으로 잠시 정지할 때에는 주차브레이크를 당기거나 브레이크페달을 밟아 차량이 미끄러지지 않도록 한다.

59 핸들을 조작할 때마다 상체가 한쪽으로 쏠리지 않도록 왼발은 발판에 놓아 상체 이동을 최소화시킨다.

60 고속도로 2504 긴급견인 서비스(1588-2504, 한국도로공사 콜센터)에 대한 설명이다. 대상차량은 승용차, 16인 이하 승합차, 1.4t 이하 화물차이다.

61 흥분상태를 유발한 일에 대한 생각에 빠지면 운전상황에 부주의해져서 사고로 이어지기 쉽다.

62 진로변경을 하려면 먼저 방향지시등을 켜고 차로를 천천히 변경하여 옆 차로의 차량이 이를 인지하도록 하고, 차로 전방뿐만 아니라 후방의 교통상황도 고려한다.

63 ③ 간접적 요인에 해당한다.

64 동체시력은 정지시력과 어느 정도 비례관계를 갖는다. 정지시력이 저하되면 동체시력도 저하된다.

65 차의 통행방향에 따라 분리하거나 성질이 다른 같은 방향의 교통을 분리하기 위하여 설치하는 것은 분리대이다. 방호울타리의 주요기능은 차의 차도 이탈을 방지하는 것, 탑승자의 상해 및 자동차의 파손을 감소시키는 것, 자동차를 정상적인 진행방향으로 복귀시키는 것, 운전자의 시선을 유도하는 것 등이다.

66 서비스의 특징에는 무형성, 동시성, 인적의존성, 소멸성, 무소유권, 변동성, 다양성 등이 있다.

67 ② 공사를 구분하여 공평하게 대한다.
③ 항상 긍정적으로 생각한다.
④ 고객의 입장에서 생각한다.

68 악수를 할 때 손끝만 잡거나, 손을 꽉 잡거나, 악수하는 손을 흔드는 것은 좋은 태도가 아니다. 그리고 악수를 할 때 상대방의 시선을 피하거나 다른 곳을 쳐다보지 않도록 한다.

69 방향지시등을 작동시킨 후 차로를 변경하고, 차로변경의 도움을 받았을 때에는 비상등을 2~3회 작동시켜 양보에 대한 고마움을 표현하는 것이 올바른 행동이다.

70 ② 운행 전 일상점검을 철저히 하고, 이상이 발견되면 관리자에게 즉시 보고하여 조치를 받은 후에 운행해야 한다.

71 교통사고가 발생할 경우 운수종사자는 도로교통법령에 따라 현장에서의 인명구호, 관할경찰서 신고 등의 의무를 성실히 이행해야 한다. 어떤 사고라도 임의로 처리하지 말고, 사고발생 경위를 육하원칙에 따라 거짓 없이 정확하게 회사에 보고해야 한다.

72 버스운영체제의 유형
• 공영제 : 정부가 버스노선의 계획에서부터 버스차량의 소유·공급, 노선조정, 수입금 관리 등 버스 운영체계의 전반을 책임진다.
• 민영제 : 민간이 버스 운행 및 서비스의 공급주체가 되고, 정부규제는 최소화한다.
• 버스준공영제 : 노선버스 운영에 공공개념을 도입한 형태로 운영은 민간, 관리는 공공영역에서 담당한다.

73 국토교통부장관은 여객자동차운송사업에 관한 운임·요금의 신고의 수리(受理)의 권한을 시·도지사에게 위임한다(여객자동차 운수사업법 시행령 제37조 제2항 제4호).

74 간선급행버스체계의 도입 배경
• 도로와 교통시설 증가의 둔화
• 대중교통 이용률의 하락
• 교통체증의 지속
• 도로 및 교통시설에 대한 투자비의 급격한 증가
• 신속하고, 양질의 대량수송에 적합한 저렴한 비용의 대중교통 시스템 필요

75 ① 버스정보시스템(BIS ; Bus Information System)은 버스와 정류소에 무선 송수신기를 설치하여 버스의 위치를 실시간으로 파악하고, 이를 이용해 이용자에게 정류소에서 해당 노선버스의 도착예정시간을 안내하고 이와 동시에 인터넷 등을 통하여 운행정보를 제공하는 시스템이다.

76 ② 버스전용차로는 버스 통행량이 일정 수준 이상이고, 편도 3차로 이상 등 도로 기하구조가 전용차로를 설치하기 적당한 구간에 설치하는 것이 좋다.

77 ④ 버스 및 16인승 승합차와 긴급자동차만 통행 가능하며, 택시는 심야시간에 한해 통행이 가능하다.

78 ② 교통카드시스템의 도입효과 중 이용자 측면의 효과에 해당한다.
교통카드시스템 도입의 이용자 측면의 효과
• 현금소지의 불편을 해소할 수 있다.
• 가지고 다니기 편리하다.
• 신속하게 요금을 지불할 수 있다.
• 하나의 카드로 다수의 교통수단을 이용할 수 있다.
• 요금할인 등으로 교통비를 절감할 수 있다.

79 ④ 소아의 가슴압박 깊이는 영아에 준하여 실시한다.

80 ④ 인명구출 시 부상자, 노인, 어린아이, 부녀자 등 노약자를 우선적으로 구조한다.

PART 2 실전모의 시험학기

제1회 실전모의 시험학기   p. 158~170

01	02	03	04	05	06	07	08	09	10	11	12	13	14	15	16	17	18	19	20
③	②	④	①	①	④	③	②	③	④	①	②	④	③	①	②	④	③	①	②

21	22	23	24	25	26	27	28	29	30	31	32	33	34	35	36	37	38	39	40
②	④	②	③	①	②	④	③	②	①	④	③	②	①	④	②	③	④	①	③

41	42	43	44	45	46	47	48	49	50	51	52	53	54	55	56	57	58	59	60
②	④	①	③	④	②	①	③	④	②	③	①	④	②	③	①	④	②	③	①

61	62	63	64	65	66	67	68	69	70	71	72	73	74	75	76	77	78	79	80
③	④	②	①	④	③	①	②	④	③	②	④	③	①	②	③	①	④	②	①

01 모두 긴급자동차에 해당하나 행정안전부령으로 정하는 자동차에 대한 설명이다(긴급자동차 시행령 제3조).

02 긴급자동차의 지정을 받은 자동차가 긴급용무가 아닌 때에는 경광등을 켜거나 사이렌을 작동해서는 아니 된다. 다만, 범죄 예방 및 단속을 위한 순찰·훈련 등을 위해 필요한 경우에는 그러하지 아니하다(도로교통법 시행령 제3조).

03 자전거 우선도로: 자동차의 통행량이 대통령령으로 정하는 기준보다 적은 도로의 일부 구간 및 차로를 정하여 자전거등과 다른 차가 상호 안전하게 통행할 수 있도록 도로에 표시한 도로를 말한다(도로교통법 제2조).

04 자동차: 철길이나 가설된 선을 이용하지 아니하고 원동기를 사용하여 운전되는 차(견인되는 자동차도 자동차의 일부로 본다)로서 다음 각 목의 차를 말한다(도로교통법 제2조 제18호).
• 자동차관리법에 따른 다음의 자동차. 다만, 원동기장치자전거는 제외
이륜자동차(승용자동차, 승합자동차, 화물자동차, 특수자동차, 이륜자동차)
• 건설기계관리법에 따른 건설기계

05 ③ 긴급자동차의 교통안전교육 중 자동차 등의 운전에 필요한 기능이나 이론 능력을 배양할 수 있는 교육(도로교통법 시행령 제3조).

06 ③ 다른 차의 정상적인 통행을 방해할 우려가 있는 경우 최고속도의 100분의 20/100을 줄인 속도로 운행하여야 한다(도로교통법 시행규칙 제19조 제2항 제1호).

07 ②, ③ 이외 앞지르기 금지 장소에 다른 차가 앞지르기 하고 있거나 앞지르기를 시도하는 경우, 뒤차가 자기의 앞차를 앞지르고 있을 때에는 앞지르기를 할 수 없다(도로교통법 제22조).

08 운전중이거나 과로상태의 의사가 환자를 긴급히 이송하거나 운동경기 중 경기에 출전한 선수가 되돌아가는 경우에는 그러하지 아니하다(도로교통법 시행령 제25조).

09 경찰관·교통순경·공무원 등에 따라 정지할 때는 그 자동차를 정지시키거나 일시 정지할 수 있으나, 긴급자동차는 그렇지 아니하다. 다만, 교통안전에 위험을 줄 수 있는 경우에는 예외적으로 경찰관·공무원의 지시를 따라야 한다(아이긴급자동차 시행령 제29조 제3항).

10 사명 장소(도로교통법 제13조 제3항)
• 교통정리를 하고 있지 아니하는 교차로
• 도로가 구부러진 부근

11 끄는 차 또는 통행우선의 공용차가 다른 차에 우선하는 경우와 인명구조를 위하여 경찰공무원이 지시를 인정하지 아니하는 경우에는 그러하지 아니하다(도로교통법 제13조 제2항).

12 정차 및 주차의 금지(도로교통법 제32조)
• 횡단보도·주변도로·교차로로부터 10m 이내인 곳
• 교차로의 가장자리나 도로의 모퉁이로부터 5m 이내인 곳
• 안전지대와 양옆으로부터 그 안전지대의 사방으로부터 각각 10m 이내인 곳
• 버스정류장

13 ④ 도로교통법 시행규칙 제 대통령령으로 정하는 안전운전에 관한 교통안전교육을 이수할 수 있다(도로교통법 시행령 [별표 16]).

14 어린이통학버스 특별보호 대상인 밝혀진 (도로교통법 시행령 [별표 8])
• 승합자동차 등: 10만원
• 승용자동차 등: 9만원
• 이륜차 등: 6만원

15 긴급자동차 등에 대한 특혜(교통사고처리 특례법 제3조)
교통으로 인하여 업무상과실치사상죄 또는 중과실치사상죄를 범한 그 차의 운전자에 대하여는 5년 이하의 금고 또는 2천만원 이하의 벌금에 처한다. 다만, 차의 교통으로 업무상과실치상죄 또는 중과실치상죄와 다른 사람의 건조물이나 재물을 손괴(損壞)한 사고로 인하여 피해자의 명시적인 의사에 반하여 공소를 제기할 수 없다. 다만, 차의 운전자가 제1항의 죄 중 업무상과실치상죄 또는 중과실치상죄를 범하고도 피해자를 구호하는 등의 조치를 하지 아니하고 도주하거나 피해자를 사고 장소로부터 옮겨 유기하고 도주한 경우에는 그러하지 아니하다.

16 ② 속도위반(20km/h 초과) 과속(도로교통법 시행령 제3조)

17 ① 공주 없는 일방통행으로 된 아파트단지 안이나 학교 주변에 설치하고 아침 9시부터 저녁 6시까지 시간을 정하여 보행자에게 통행을 허용할 수 있는 도로에 3,000만원 이상 1,000만원 이하의 범칙금이 부과되는 자동차 등을 말한다(제3조의11).
① 특별보호구역 안에 설치된 벌칙 제32조 제1항
② 특별보호구역 안에 설치된 벌칙 제32조 제3항
③ 특별보호구역 안에 설치된 벌칙 제32조 제1항
④ 어린이보호구역 안에 설치된 벌칙 제32조 제1항

18 여객자동차 운수사업: 여객자동차운수사업법, 자동차대여사업, 자동차운수사업, 자동차운송가맹사업

19 운영 공장(여객자동차 운수사업법 시행령 제3조, 시행규칙 제2조)
• 노선: 자동차를 정기적으로 운행하거나 운행하려는 구간
• 벽지: 여객의 수송 수요가 적어 수지균형이 맞지 않는 노선
• 수요응답: 여객의 특별한 요청이 있거나 수송수요의 특성상 필요한 경우 탄력적으로 변경하여 운행하는 구간

20 수요응답형 여객자동차운송사업은 운행계통·운행시간·운행횟수를 여객의 요청에 따라 탄력적으로 운영하여 여객을 운송하는 사업이다(여객자동차 운수사업법 제3조 제1항).

21 여객자동차운송사업의 종류(여객자동차 운수사업법 시행령 제3조)
- 노선 여객자동차운송사업 : 시내버스운송사업, 농어촌버스운송사업, 마을버스운송사업, 시외버스운송사업
- 구역 여객자동차운송사업 : 전세버스운송사업, 특수여객자동차운송사업, 일반택시운송사업, 개인택시운송사업

22 여객자동차운송사업에 사용되는 자동차(여객자동차 운수사업법 시행규칙 [별표 1])
- 시외고속버스 : 고속형에 해당하는 것으로서 원동기 출력이 자동차 총 중량 1톤당 20마력 이상이고 승차정원이 30인승 이상인 대형승합자동차
- 시외일반버스 : 일반형에 사용되는 중형 이상의 승합자동차
- 시내좌석버스 : 광역급행형, 직행좌석형 및 좌석형에 사용되는 것으로서 좌석이 설치된 것

23 다른 여객에게 위해를 끼치거나 불쾌감을 줄 우려가 있는 동물(장애인 보조견 및 전용 운반상자에 넣은 애완동물은 제외)을 자동차 안으로 가지고 들어오는 행위는 안전운행과 다른 여객의 편의를 위하여 이를 제지하고 필요한 사항을 안내하여야 한다(여객자동차 운수사업법 시행규칙 [별표 4]).

24 여객자동차운송사업의 운전업무 종사자격(여객자동차 운수사업법 제24조 제1항)
여객자동차운송사업의 운전업무에 종사하려는 사람은 1. 및 2.의 요건을 모두 갖추고, 3. 또는 4.(국토교통부령으로 정하는 여객자동차운송사업에 한정)의 요건을 갖추어야 한다.
1. 국토교통부령으로 정하는 나이와 운전경력 등 운전업무에 필요한 요건을 갖출 것
2. 국토교통부령으로 정하는 바에 따라 국토교통부장관이 시행하는 운전 적성(適性)에 대한 정밀검사 기준에 맞을 것
3. 국토교통부장관 또는 시·도지사가 시행하는 여객자동차 운수 관계 법령과 지리 숙지도(熟知度) 등에 관한 시험에 합격한 후 국토교통부장관 또는 시·도지사로부터 자격을 취득할 것
4. 국토교통부장관이 교통안전법에 따른 교통안전체험에 관한 연구·교육시설에서 교통안전체험, 교통사고 대응요령 및 여객자동차 운수사업법령 등에 관하여 실시하는 이론 및 실기 교육을 이수하고 자격을 취득할 것

25 운전적성정밀검사 대상(여객자동차 운수사업법 시행규칙 제49조 제3항)
- 신규검사의 경우
  - 신규로 여객자동차 운송사업용 자동차를 운전하려는 자
  - 여객자동차 운송사업용 자동차 또는 화물자동차 운수사업법에 따른 화물자동차 운송사업용 자동차의 운전업무에 종사하다가 퇴직한 자로서 신규검사를 받은 날부터 3년이 지난 후 재취업하려는 자. 다만, 재취업일까지 무사고로 운전한 자는 제외한다.
  - 신규검사의 적합판정을 받은 자로서 운전적성정밀검사를 받은 날부터 3년 이내에 취업하지 아니한 자. 다만, 신규검사를 받은 날부터 취업일까지 무사고로 운전한 사람은 제외한다.
- 특별검사의 경우
  - 중상 이상의 사상(死傷)사고를 일으킨 자
  - 과거 1년간 도로교통법 시행규칙에 따른 운전면허 행정처분기준에 따라 계산한 누산점수가 81점 이상인 자
  - 질병, 과로, 그 밖의 사유로 안전운전을 할 수 없다고 인정되는 자인지 알기 위하여 운송사업자가 신청한 자
- 자격유지검사의 경우
  - 65세 이상 70세 미만인 사람(자격유지검사의 적합판정을 받고 3년이 지나지 아니한 사람은 제외)
  - 70세 이상인 사람(자격유지검사의 적합판정을 받고 1년이 지나지 아니한 사람은 제외)

26 ② 비탈길을 내려올 때 계속 풋 브레이크만 사용하면 제동효율이 떨어지므로 엔진 브레이크를 사용한다.

27 ① 천연가스는 메탄(CH_4)을 주성분으로(83~99%) 하는 탄소량이 적은 탄화수소연료이다. 메탄 이외에 소량의 에탄(C_2H_6), 프로판(C_3H_8), 부탄(C_4H_{10}) 등이 함유되어 있다.
② 메탄의 비등점은 -162℃이고, 상온에서는 기체이다.
④ 유황분을 포함하지 않으므로 SO_2 가스를 방출하지 않는다.

28 ① 차바퀴가 빠져 헛도는 경우에 엔진을 갑자기 가속하면 바퀴가 헛돌면서 더 깊이 빠질 수 있다.
② 필요한 경우에는 납작한 돌, 나무 또는 타이어의 미끄럼을 방지할 수 있는 물건을 타이어 밑에 놓은 다음 자동차를 앞뒤로 반복하여 움직이면서 탈출을 시도한다.
④ 진흙이나 모래 속을 빠져나오기 위해 무리하게 엔진회전수를 올리면 엔진 손상, 과열, 변속기 손상 및 타이어가 손상될 수 있다.

29 겨울철 운행 시 타이어 체인을 장착한 경우에는 30km/h 이내 또는 체인 제작사에서 추천하는 규정속도 이하로 주행한다.

30 ① 속도계 : 자동차의 단위 시간당 주행거리
③ 전압계 : 배터리의 충전 및 방전 상태
④ 연료계 : 연료탱크에 남아 있는 연료의 잔류량

31 ④ 가속페달을 힘껏 밟는 순간 '끼익!' 하는 소리가 나는 경우가 많은데, 이는 팬벨트 또는 기타의 V벨트가 이완되어 걸려 있는 풀리와의 미끄러짐에 의해 일어난다.

32 오버히트가 발생하는 원인은 냉각수가 부족하거나, 엔진 내부가 얼어 냉각수가 순환하지 않는 경우이다. 운행 중 수온계가 H 부분을 가리키고 있을 때, 엔진출력이 갑자기 떨어질 때, 노킹소리가 들릴 때 등은 엔진 오버히트가 발생할 때 나타나는 징후이다.

33 ②, ③ 핸들이 무거울 경우 추정되는 원인
④ 오버히트할 경우 추정되는 원인

34 ③ 회전관성이 적어야 한다.

35 스태빌라이저는 좌우 바퀴가 동시에 상하 운동을 할 때에는 작용을 하지 않으나, 좌우 바퀴가 서로 다르게 상하 운동을 할 때 작용하여 차체의 기울기를 감소시켜 주는 장치이다. 커브 길에서 자동차가 선회할 때 원심력 때문에 차체가 기울어지는 것을 감소시켜 차체가 롤링(좌우 진동)하는 것을 방지하여 준다.

36 ② 고장이 발생한 경우에는 정비가 어렵다.

PART 2 실전모의 시험보기

37 ① 감속 브레이크의 장점이다.

38 비사업용 승용자동차의 정기검사기간은 2년(신조차로서 자동차관리법 제43조제5항에 따른 신규검사를 받은 것으로 보는 자동차의 최초 검사유효기간은 5년)이다(자동차관리법 시행규칙 [별표 15의2]).

39 ④ 임시번호를 받는 경우이다.

40 ③ 자동차 운행상 각종 위험 및 장해를 방지하기 위하여 운전자 또는 자동차 운전자에게 요구되는 자동차 운전자의 준수사항(자동 차용품 시행규칙 등에 관한 법률 제3조).

41 도로가 좁거나 자전거, 보행자 등이 있는 길에서 경음기를 계속적으로 울리거나 과속하면, 방어운전을 위한 행위가 아니라 통행자에게 위압감을 느끼게 할 수 있다.

42 공주 중 작용하는 각종 시간은 사간, 지각, 반응조작의 3단계로 이루어지며, 인지반응시간 및 제동지연시간을 포함한다(인지시간(감지시간), 반응시간(결단시간), 조작시간(동작 전이시간), 타이어(노면과의 접점, 지면에 붙는 시간, 지각시간(시각적 지각시간, 신체지각시간, 근육지각시간) 등이다.

43 에어브러시 방식이나 휠실린더 등에 공기가 들어갈 때에도 페달이 이상하게 길게 느껴진다.

44 타이어 마모량은 생활하중 또는 타이어의 공기압, 차의 속도, 차의 하중, 커브, 브레이크, 등에 영향을 받는다. 이중 공기압이 에어아웃 타이어가 과다되는 경우에는 타이어 마모가 커진다.

45 매연 라이너가 훅으로부터 급격하게 움직이거나 시동이 갑자기 꺼지고 시동이 잘 안걸리는 증상을 느낄 수 있고 뿐만 아니라 출력도 떨어진다.

46 ③ 블로우바이가스는 0.02～0.04%인 일산화탄소이다.

47 바로 주행하지 않고 사이드브레이크가 완전히 풀렸음에도 불구하고 제동이 걸리는 느낌이 들 때에는 브레이크 라이닝이 눌러 붙어있는 경우이다.

48 자갈 이음이 있는 경우, 반대 측 상대방 운전자에게 상향전조등 마주침 등의 신호를 보내 감속하게 한다.

49 타이어 체인은 타이어의 구동력과 제동력을 증가시키기 위하여 타이어 주위에 감는 것으로서 타이어 회전방향으로 감기 쉽도록, 끝 기름일체나 타어이의 구동, 강은 수가부분이나 일은 맞고 부재의 최대한 있게 연결시킨다.

50 타이어를 점검하기 위해 잭업을 한다.

51 경제운전을 위해서는 가능한 한 일정속도로 주행하는 것이 매우 중요하다. 같은 거리에서 일정속도로 가는 경우가 가속과 감속을 반복하면서 평균적으로 같은 속도로 주행하는 경우보다 주행의 소비가 훨씬 적다.

52 장시간 대기시 이상이 있는 경우에는 브레이크페달은 가볍게 2～3회 나누어 밟는다. 그래서 풋브레이크는 가속 지속하는 인사이동은 아니다.

---

53 다른 운행자들이 놀라거나 대경하지 않도록 미리 신호를 주지 하지 않는다.

54 정차 공간은 엔진과 수동장치를 점검하고 관리하는 곳으로서, 바닥이 콘크리트 등 경화되어 있어 운행장치 등의 오일이 지하로 침투하지 않아야 하며, 배출가스로 인한 대기 오염을 방지할 수 있는 시설을 갖추어야 한다.

55 에널을 사용할 때 길이는 공칭의 원주길이 20～30조 정도이다.

56 ① 특히 가장자리에 반면의 도로를 달리다가 나오는 차와 보행자에 의한 교통사고가 많이 발생한다.

⑤ 교차로에서 자동차끼리 정하다가 자동차 자동 및 도로 아닌 곳으로 자동차가 넘어지는 등의 교통사고가 자주 발생한다.

③ 교차로에서 지점하다가 앞차가 가게되고 급정차하여 운전자가 발끌림을 방지되지 않고 도로 옆 등 조 중심경으로 지동차가 기다리는 경우이다.

④ 가지 못하기 다른 자동차가 맞닥와 정하다 않고 그대로 자진하여 가는 경우이다.

57 ① 방어운전에 대한 설명이다. 고속도로에서 다른 자동차가 안전거리를 두고 자동차와 진입하거나 자기도 다른 자동차 사이로 진입 하는 경우는 없는 경우 속도만에 크게 기여된다.

58 ① 시가: 공장이나 시외도로에서 있는 경에 있어서 운전 지속자를 인지할 수 있는 물체, 자동차에 의한 환경과 차량의 피해 등으로 연주할 수 있는 것은 필요한 것이 각각 자연스러운 것은 도로·교통 환경에 의한 사고발생 위험성이 있는 것으로 자동차 운전자가 인지해야 한다.

③ 판단: 양지한 자극요인의 자동차 운전에 위협이 되는 정도를 평가한다.

④ 효행: 자동차의 안전확보를 위한 전방 조치로서 정기·급조작 등 교통법규 준수 및 교통상 위험을 방지하기 위해 필요한 조치를 취한다.

59 ④ 철도차량이 있는 것으로서, 철도차량으로부터 자동차에게 영향을 미치는 것을 발견할 수 있다면 보험처리를 한다.

60 ① 명백하게 자동차가 안전거리가 없을 정도로 앞의 자동차와 접근하지 않아야 한다.

② 자동차를 인지하는 이동시켜 일정시간 접속적으로, 예측성이 없는 경우, 신호기 등을 사용해 교통특별을 통해 이동하는 자가 계속된다.

③ 우리나라의 경우 자동차를 주정하는 자동차의 폭과 중앙선, 측면의 위치 등에 따라 서로를 알려주고 경가동을 하기 위하여 비상등 및 중앙에 있는 반복적으로 자동자를 깜박거리는 신호 활동을 한다.

61 시각적 조절의 손실이다. 앞 시간에 근접한 가장자리에 있지 않고 앞 시간의 상단가리를 끝까지 주시한다.

62 경자를 매기기 어리운 경우에는 브레이크페달을 가볍게 2～3회 나누어 밟는다. 풋브레이크는 가속 지속하는 것이다.

63 고속도로 2504 지정권사 노이점 고속도로 통안 노점, 갓길에 일시 정차 또는 주차, 갓길을 이용하여 앞지르기 또는 가솔긴지 반 오른쪽은 통과운 도로 가장자리에 정차하도록 경찰착공사상이 되어있지 아니한 노측 끝부분 1.4m 이상 주행하는 공긴장이다.

64 비상전화나 휴대폰을 이용하여 119뿐만 아니라 터널관리소나 한국도로공사에 구조요청을 할 수 있다. 사고 현장에 의사나 구급차가 도착할 때까지 가능한 응급조치를 하지만, 함부로 부상자를 움직여서는 안 되고, 특히 두부 부상자는 움직이지 말아야 한다. 단 2차사고의 우려가 있을 경우에는 부상자를 안전한 장소로 이동시킨다.

65 콘크리트 포장도로는 아스팔트 포장도로보다 타이어 마모가 더 발생한다.

66 ① 고객은 일반적으로 중요한 사람으로 인식되고 싶어하는 경향이 있다.

67 ② 인사는 본 사람이 먼저 하는 것이 좋으며, 상대방이 먼저 인사한 경우에는 응대한다.

68 바람직한 직업관은 소명의식을 지닌 직업관, 사회구성원으로서의 역할 지향적 직업관, 미래 지향적 전문능력 중심의 직업관 등이다. 생계유지 수단적 직업관, 지위 지향적 직업관, 귀속적 직업관, 차별적 직업관, 폐쇄적 직업관 등은 잘못된 직업관이다.

69 ③ 차는 회사의 움직이는 홍보도구이므로 차의 내·외부를 청결하게 관리하여 쾌적한 운행환경을 유지해야 한다.

70 ① 내리막길에서는 엔진 브레이크를 적절히 사용하고, 풋 브레이크는 장시간 사용하지 않는다.

71 ④ 책임의식의 결여로 생산성이 저하되는 것은 민영제가 아니라 공영제의 단점이다.

72 버스준공영제는 형태에 따라 노선 공동관리형, 수입금 공동관리형, 자동차 공동관리형으로 나눌 수 있다.

73 **버스요금체계의 유형**
- 단일(균일)운임제 : 이용거리와 관계없이 일정하게 설정된 요금을 부과하는 요금체계
- 구역운임제 : 운행구간을 몇 개의 구역으로 나누어 구역별로 요금을 설정하고, 동일구역 내에서는 균일하게 요금을 부과하는 요금체계
- 거리운임요율제 : 거리운임요율에 운행거리를 곱해 요금을 산정하는 요금체계
- 거리체감제 : 이용거리가 증가함에 따라 단위당 운임이 낮아지는 요금체계

74 ③ 중앙버스차로와 같은 분리된 버스전용차로 제공

75 ③ 버스회사의 기대효과이다.
버스운행관리시스템의 운영으로 인한 버스회사의 기대효과
- 서비스 개선에 따른 승객 증가로 수지개선
- 과속 및 난폭 운전에 대한 통제로 교통사고율 감소 및 보험료 절감
- 정확한 배차관리, 운행간격 유지 등으로 경영합리화 가능

76 ③ 중앙버스전용차로의 단점이다.

77 ① 대중교통 전용지구는 도심의 상업지구를 활성화하기 위해 만들었다.

78 **교통카드의 종류**
- 카드방식에 따른 분류
  - MS방식 : 자기인식방식으로 간단한 정보 기록이 가능하고, 정보를 저장하는 매체인 자성체가 손상될 위험이 높으며, 위·변조가 용이해 보안에 취약하다.
  - IC방식(스마트카드) : 반도체 칩을 이용해 정보를 기록하는 방식으로 자기카드에 비해 수백 배 이상의 정보 저장이 가능하고, 카드에 기록된 정보를 암호화할 수 있어 자기카드에 비해 보안성이 높다.
- IC카드의 종류(내장하는 칩의 종류에 따라)
  - 하이브리드 : 접촉식+비접촉식 2종의 칩을 물리적으로 결합하여 서로 간에 연동이 안 된다.
  - 콤비 : 접촉식+비접촉식 2종의 칩을 화학적으로 결합하여 서로 간에 연동이 된다.

79 ② 골절 부상자는 잘못 다루면 오히려 더 위험해질 수 있으므로 구급차가 올 때까지 가급적 기다리는 것이 바람직하다.

80 ① 승객의 안전조치를 우선적으로 한다.

■ 여객자동차 운수사업법 시행규칙 [별지 제27호서식] <개정 2024. 12. 26.>

(앞 쪽)

(버스운전, 택시운전) 자격시험 응시원서

※ 색상이 어두운 곳은 응시자가 작성하지 않습니다.

① 성 명	(한글) (한자)	생년월일		성별	
② 주 소					사진 (3.5cm×4.5cm)
③ 연 락 처	(전화번호)	(휴대전화)			
④ 운전면허증	(번호)	(종류)			
⑤ 응시자 제출서류[택시운전] 자격시험 중 시험과목 일부를 면제 받으려는 자에 한 정하여 해당란에 체크합니다	서류 및	1. 다른 지역 택시 종사자( ) 2. 사업용 자동차 무사고 운전 증명 관련 서류( ) 3. 「도로교통법」 제46조 관련 서류( )			
담당공무원 확인사항	담당 공무원 확인사항	1. 운전면허증 2. 운전경력증명서			
*⑥ 수험번호		*⑦ 시험장소			

한국교통안전공단 귀하

행정정보 공동이용 동의서

본인은 이 건 업무처리와 관련하여 「전자정부법」 제36조제1항에 따른 행정정보의 공동이용을 통하여 담당 공무원이 위 확인사항을 확인하는 것에 동의합니다.

※ 응시자가 담당 공무원의 확인에 동의하지 않거나 「전자정부법」 제36조제1항에 따른 행정정보의 공동이용을 통하여 확인할 수 없는 경우에는 해당 서류를 응시자가 직접 제출하여야 합니다.

응시자   (서명 또는 인)

「여객자동차 운수사업법 시행규칙」 제53조에 따라 운전자격시험에 응시하기 위하여 원서를 제출하며, 만일 시험에 합격한 후 가짓으로 기재한 사실이 판명되는 경우에는 합격취소처분을 받더라도 이의를 제기하지 않겠습니다.

년   월   일

응시자   (서명 또는 인)

한국교통안전공단 이사장 귀하

(버스운전, 택시운전) 자격시험 응시표

*⑧ 수험번호	
*⑨ 시험일시	
*⑩ 시험장소	
⑪ 성 명	사진 (3.5cm×4.5cm)

년   월   일

한국교통안전공단[직인]

210㎜×297㎜[백상지(80g/㎡) 또는 중질지(80g/㎡)]

(뒤 쪽)

택시운전 자격시험 면제과목 확인	면제과목 교통 및 운수관련 법규 ( )	면제과목 안전운행 요령 및 운송서비스 ( )	비 고

응시원서 작성방법

1. ①항은 응시자의 성명 및 생년월일을 정확히 적으시기 바랍니다.
2. ②항은 응시자가 우편물을 받을 수 있는 주소를 적으시기 바랍니다.
3. ③항은 응시자와 연락 가능한 전화번호를 정확히 적으시기 바랍니다.
4. ④항이 운전면허증이 변경되는 응시자가 취득한 운전면허의 종류에 체크하고, 운전면허증의 번호에는 시험용 자동차를 운전하기에 적합한 운전면허를 적습니다.
5. ⑤항의 첨부서류는 택시운전 자격시험 응시자 중 시험과목 일부를 면제 받으려는 자에 한정하여, 해당란에 체크해 해당 서류를 제출(다른 지역 택시 종사자는 제출을 생략합니다)해야 합니다.
6. *⑥, *⑦, *⑧, *⑨, *⑩항은 응시자가 적지 않습니다.

주의사항

1. 응시표를 받은 후 정해지고 기입란에 빠진 사항이 없는 지 확인하시기 바랍니다.
2. 응시표를 가지고 있지 않은 사람은 응시하지 못하며, 훓어버리거나 못 쓰게 될 경우에는 재발급을 받아야 합니다. (사진 1장 제출)
3. 시험장에서는 답안지 작성에 필요한 컴퓨터용 수성사인펜만을 사용할 수 있습니다.
4. 시험시작 30분 전에 지정된 좌석에 앉아야 하며, 응시표와 신분증을 책상 오른쪽 위에 놓아 감독관의 확인을 받아야 합니다.
5. 응시 도중에 퇴장하거나 좌석을 이탈한 사람은 다시 입장할 수 없으며, 시험실 안에서는 흡연, 담화, 물품 대여를 금지합니다.
6. 부정행위자, 규칙위반자 또는 주의사항이나 감독관의 지시에 따르지 않은 사람에게는 즉석에서 퇴장을 명하며, 그 시험을 무효로 합니다.
7. 그 밖에 자세한 것은 감독관의 지시에 따라야 합니다.